切实保护耕地

合理利用耕地

提高耕地质量

确保农业可持续发展

李嘉存

山东耕地质量评价与应用丛书

平阴耕地

谢培才　李红光
　　　　　　　　　　主编
李　涛　吴　兵

山东大学出版社

图书在版编目(CIP)数据

平阴耕地/谢培才等主编．—济南:山东大学出版社,2011.11
ISBN 978-7-5607-4522-0

Ⅰ．①平...
Ⅱ．①谢...
Ⅲ．①耕地—土壤肥力—土壤调查—平阴县
②耕作土壤—评价—平阴县
Ⅳ．①S159.252.4②S158

中国版本图书馆 CIP 数据核字(2011)第 263030 号

山东大学出版社出版发行
(山东省济南市山大南路 20 号　邮政编码:250100)
山 东 省 新 华 书 店 经 销
山东鸿杰印务集团有限公司印刷
787×1092 毫米　1/16　11.75 印张　13 插页　287 千字
2011 年 11 月第 1 版　2011 年 11 月第 1 次印刷
定价:45.00 元

《平阴耕地》编辑委员会

《平阴耕地》编著人员名单

主　　编　谢培才　李红光　李　涛　吴　兵

副 主 编　王秋堂　靳慧君　马冬梅　王胜利

编 著 者　李　涛　赵庚星　王　健　卢桂菊　泉维洁　吴　兵
王秋堂　江　媌　郭继明　李宗乾　王敬民　刘绍法
赵广强　张铨民　刘承忠　谢培才　李红光　靳慧君
马冬梅　王胜利　谷志金　毕秀丽　魏　勇　于瑞忠
刘传珍　王笃兵　郝庆水　周淑华　孔长青　闫　磊
张化良　赵秋月　丁　彬　马元磊　吴　真　张衍河
李学勇　马洪元　张兴德　刘承国　冯　伟　李　涛
王　宁　常　莉　陈忠田　吴兴杰　杨海霞　商孟喜
韩　明　张俊士　马红霞　杨士磊　刘　红　陈　青
张尚柱　国伯鸿　张　昆　李庆寅　尹逊堂　赵淑荣
张召明　陈思兴　贾思珂　吴　华

审　　稿　李嘉存　于庆印　王奉光　李宗乾

制　　图　赵庚星　冯　颂

数据统计　李红光　靳慧君　马冬梅　王胜利

调查与化验　谢培才　李红光　靳慧君　马冬梅　王胜利
刘传珍　周淑华　闫　磊　毕秀丽　魏　勇
赵秋月　马元磊　吴　真　丁　彬

序

耕地是民生之本，关系到社会的稳定和发展；耕地是巨大的财富，珍惜、合理利用耕地，切实保护耕地，才能促进经济的可持续发展。新中国成立，历届平阴县委、县政府十分重视耕地保护工作，平阴县先后于1959年和1979年两次开展了土壤普查。1979年的第二次土壤普查，全面评述了土壤肥力状况和生产性能，科学地对土壤资源进行质量评价，为土地资源的综合利用、施肥制度改革、大面积提高粮食产量和农民增收做出了积极贡献。

今天，城乡经济出现了前所未有的变化，一方面是各项事业的发展对土地提出了巨大的需求，另一方面是人们对农产品的消费水平不断提高，对农产品质量的要求越来越高。面对人口、资源、环境与经济的多重压力，以及改革开放以来农村经营体制、耕作制度、种植制度、肥料、农药等方面发生的巨大变化，耕地质量也发生了很大变化，产生了诸如耕地数量锐减、污染、水土流失、理化性状变差等一系列问题，再用过去的数据指导现实的农业生产已失去意义。

面对全县农业土地利用现状、耕地地力条件的新形势与新变化，按照国家农业部的统一部署，平阴县农业局在省、市土肥站的支持和帮助下，组织农业院校专家、学者和全县广大农业科技工作者，历经一年多的艰辛努力，通过深入挖掘、广泛搜集相关资料和精心汇总整理，完成了《平阴耕地》这部全面反映平阴县耕地状况的专著。

《平阴耕地》的出版，是平阴县农业发展史上的一件大事，标志着我县农业科研水平又上了一个新台阶。该书既有理论又有实践，是全县农业生产的工作指南，希望广大农业、科技、行政工作者和农民朋友们，认真学习、借鉴和加以应用。同时，也希望农业部门根据大家的意见和要求，不断对该书进行补充、更新和完善，使其更具针对性和指导性，为推广新技术、新品种提供准确依据，为农民增收、农业发展和建设社会主义新农村作出更新、更大的贡献。

平阴县农办主任、农业局局长
于庆印
2010年12月

前 言

党的十六届五中全会提出了建设社会主义新农村的重大历史任务。建设社会主义新农村的着眼点是发展现代农业，提高农业的综合生产能力，增强我国农产品参与国际竞争的能力，同时促进农业结构调整和优质、高产、高效、安全、生态农业的发展，以实现农业增效、农民增收、农村稳定富裕的目标。而土地作为农业生产的基础和基本生产资料，在发展现代农业中的重要性是显而易见的。随着农业发展进程的加快，耕地与人口、耕地与环境、耕地与粮食安全、耕地合理利用与管理已成为密切关注的重要课题。加之我国加入 WTO 后，国内、国际两大市场对农产品质量要求越来越严。面对人口、资源、环境与经济的多重压力，以及改革开放以来农村经营体制、耕作制度、种植制度、肥料、农药使用等方面发生的巨大变化，耕地质量也发生了很大变化，产生了诸如耕地数量锐减、污染、水土流失、理化性状变差等一系列问题，再用过去的数据指导现实的农业生产已失去意义。2006 年，根据农业部统一安排，平阴县开展了耕地地力调查与质量评价工作，对耕地进行准确“诊断”，查清耕地基础地力状况、耕地土壤理化性状、环境质量、水资源状况以及障碍因素。“辩证施治”，为提出合理的耕地资源合理配置建议、种植业结构调整规划、标准化生产意见、农田污染防治措施、可持续发展战略提供科学依据。

平阴县作为 2006 年全国耕地地力调查与质量评价的县之一，根据《2006 年全国耕地地力调查与质量评价总体工作方案》及《全国耕地地力调查与质量评价技术规程》等方面的技术要求，精心组织，科学谋划，严谨务实，勤奋工作，较圆满地完成了本次耕地地力调查与质量评价工作，并取得了一系列的成果。先后对平阴县的 6 个镇、1 个乡的 27796.53hm^2 耕地进行了调查取样，共布点 1373 个，取水样 60 个；化验分析土壤有机质、全氮、碱解氮、有效磷、速效钾、缓效钾、交换性钙镁、有效硫、有效锌、有效铜、有效铁、有效硼、有效锰、有效钼、pH 及土壤容重等项目 17 个，共计 13472 项次。共调查农户 500 余户，对他们的生产情况按照要求进行了详尽的调查，掌握了第一手资料。通过系统分析，获得了翔实数据，形成了平阴县耕地地力评价工作报告、技术报告、专题报告,绘制了平阴县耕地地力等级图、养分等级图等重要图件 23 幅。建立起了平阴县耕地资源信息管理系统和平阴县测土配方施肥专家咨询系统。

此次耕地地力调查与质量评价工作,是在新的历史时期,新的经济运行条件下进行的,农业生产环境发生重大变化,情况复杂,工作范围广,又首次在耕地调查中采用先进的"3S"技术,模糊数学评价方法等,技术难度高,时间紧,任务重,要求严。在整个工作的组织与实施过程中,得到了山东省土壤肥料总站、济南市农业局土肥站的大力支持与帮助。平阴县农业局成立了工作领导小组、技术小组、专业小组。领导小组,负责整个工作的协调;技术小组,负责工作方案的制定和落实;专业小组,负责野外调查、土样采集、资料收集、数理统计、资料录入。山东省农科院土肥所承担了水样的测试任务;平阴县农业局土肥站承担了有机质、大量元素、中量元素、pH、微量元素等的测试任务。山东农业大学资源环境学院承担了数字化图件的制作。在江苏省扬州市土肥站、山东农业大学资源环境学院的大力支持与协作下,建立起了平阴县耕地资源信息管理系统和测土配方施肥系统。参加过第二次土壤普查的部分老同志为工作的开展,提出了许多有益的意见和建议。工作中还得到了其他兄弟单位的大力支持与合作。在此,一并表示感谢。

为了将调查与评价成果尽快应用于生产,在山东省农业厅、山东省土壤肥料总站和平阴县委、县政府的正确领导下,我们在总结调查与评价成果的基础上,借鉴第二次土壤普查的部分成果,编写了《平阴耕地》一书。首次全面系统地阐述了平阴县耕地资源类型、地力状况、环境质量、利用状况等。书中引用了大量调查与化验数据,并配以成果图表,增加了可读性。但由于我们的水平所限,加之时间仓促,书中难免存在诸多问题,请广大读者及专家学者们批评指正。

编　者

2010 年 12 月

目 录

第一篇 耕地地力调查与评价

第三篇　专题报告

第一篇　耕地地力调查与评价

第一章　自然与农业生产概况

第一节　自然条件

一、地理位置

平阴县地处东经 116°12′～116°27′，北纬 36°1′～36°23′，位于山东省西部，距省会济南市 60km，与肥城、东平、东阿、长清等县（市）区接壤，全县耕地面积为 27796.53hm^2，总面积为 827km^2，总人口为 36 万，其中农业人口为 29 万，辖 6 镇 1 乡，共 346 个行政村（见图 1-1 和图 1-2）。

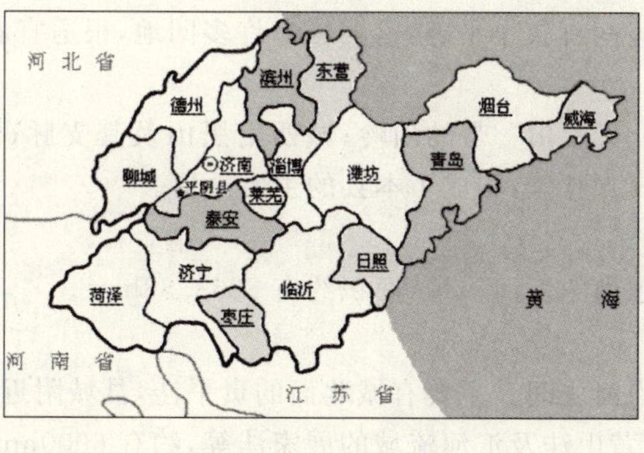

图 1-1　平阴县位置图

图 1-2 平阴县行政区划图

二、地形地貌

地形是重要的成土因素，它涉及土壤母质、光、水、热条件的重新分配。平阴县地处鲁中泰山西端，是山东丘陵的组成部分，因而本县地势的形成与山东丘陵的形成是分不开的。

(一)地形特征与分布

1. 丘陵岗埠起伏，纵横交错

遍布全县各地，但山势不高，除大寨山海拔 494.8m 外，大部分都在 400m 以下。丘陵的坡度均在 20°左右，陵间有狭小平谷，沿河区有许多凹地，很适宜农、林、牧业的发展。

2. 丘陵遍布全境

丘陵主要有城东北天堂山一带的山岭；城西南黑山及其支脉；城南九峪山及其支脉；县境中部的大荆山及其支脉等，构成了本县的主要地形。

3. 平原

平原分布在县城东南的汇河一带，面积约有 3333.33hm^2。

4. 洼地

洼地位于丘陵与沿河之间。主要有城北面的贵平洼，县城附近的城西洼，城西南的草山洼、豆山洼、小屯洼、黄山洼及汇河流域的展家洼等，约有 6000hm^2。

5. 山峰

平阴县山峦岗埠绵延起伏，纵横交错，盘蜒全境，是平阴县的主要地形特征。境内各山皆是泰山西伸余脉。大体是从肥城西部的桃山西延入境，主峰天堂山蜿蜒入伸于中、南、北、西各地。其分布：从毛铺东的天堂山起分南北两支：北支较短，由毛铺北面的兴隆镇村东起，向西北行，经栾湾直到黄河岸的三皇店和望口山一带，共长 15km；而南行一支遍布于大半个县，从毛铺的东山起，南行西延 15km 至圣井，桥口处分支后南行数里到分水岭，又分支南行 20km 在刁鹅岭转向西伸，起伏绵延至洪范池镇最南边的刘庄和东平县旧县乡王古店的中间，北向经东阿南又往西伸，全长共达 75km。

县境内主峰山有天堂山，烂柯山、九峪山、黑山、大寨山、大荆山等山峰。

（二）微地貌单元

地貌影响土壤中物质和能量的转化（水分、盐分、热量的平衡状况），使土壤属性（如理化性状及新生体内等）发生变异，形成不同的土壤类型，同时地貌条件与农业生产密切相关，在不同地貌的条件下，农、林、牧等产业结构、土壤利用方式均不相同。

全县各地形部位除受自然作用影响外，还深受人为的影响，使原来的地质构造所形成的局部地貌景观发生了变异，这些变异在人为的影响下，呈现一定的规律性。根据地力类型和形态，按照地貌分类原则，划分为荒岭坡、岭坡梯田、近山阶地、山前平地、扇间洼地、沿黄坡洼地等 6 个微地貌类型（见表 1-1）。

表 1-1　　平阴县微地貌类型表

国标名称及代码		名称及代码		主要土壤类型	面积（hm^2）	占总面积（%）
归属国标代码	归属国标地貌类型	代号	微地貌单元			
DMLX012	侵蚀－剥蚀丘陵	1	荒岭坡	钙质岩、薄层－中层褐土性土	17802.47	21.53
DMLX162	起伏侵蚀剥蚀高台地	2	岭坡梯田	中层褐土性土或中厚层褐土	20165.73	24.38
DMLX151	倾斜侵蚀剥蚀低台地	3	近山阶地	深厚层褐土	20757	25.10
DMLX141	平坦洪积高台地	4	山前平地	深厚层褐土或潮褐土	11120.67	13.45
DMLX114	洪积扇	5	扇间洼地	砂姜黑土或潮褐土	2886.87	3.49
DMLX111	平坦洪积平原	6	黄泛缓平洼地	潮土及褐土化潮土	9967.27	12.05

1. 荒岭坡

分布较广，各乡镇均有分布，面积为 17802.47hm^2，占总面积的 21.53%，分布于山岭的上部或顶部，坡度大于 30°，自然复被度大于 60%，多为荒坡或岭地。部分裸露石质荒岭，由石灰岩残积物形成多为薄层或中层的褐土性土。

2. 岭坡梯田

各乡镇均有分布，面积为 20165.73hm^2，占总面积的 24.38%。分布于山丘下部或顶部，梯田群的性状随坡形而异，部分呈阶式环山水平分布，田面大小不等，土层厚薄不一，多发育为褐土，由人工在坡积、洪积物上垒叠而成。

3. 近山阶地

各乡镇均有分布，面积为 20757hm^2，占总面积的 25.10%。多位于梯田下部，地势平缓，一般堰高大于 2m，每块数亩不等。部分大切沟（由洪水冲刷而成）沟深大于 3m 或 10m 以上，沟宽在几十米以上，土层深厚，主要由洪积物形成深厚层褐土。

4. 山前平地

除洪范池镇外，其他乡镇均有分布，面积为 11120.67hm^2，占总面积的 13.45%。该地貌分布于阶地下部，地势缓平，比降为 1/200～1/700，土层深厚，由洪积、冲积物形成深厚层褐土或潮褐土。

5. 扇间洼地

扇间洼地位于孝直镇，面积为 2886.87hm^2，占总面积的 3.49%。该地貌处于洪积扇与冲积扇交接之处，地势相对较低洼，由洪积物冲积物（受汇河影响）形成砂姜黑土或潮褐土。

6. 黄泛缓平洼地

黄泛缓平洼地位于安城乡、平阴镇、玫瑰镇、东阿镇沿黄四处乡镇，面积为9967.27hm^2，占总面积的12.05%。该地貌是由黄河泛滥的沉积物形成的，地势低平，地面坡降为1/7000左右，并有零星小洼地，易积水成洼，潜水埋深2m左右，土层深厚，多发育为潮土及褐土化潮土。

三、母岩和成土母质

成土母质是土壤的主要物质基础。任何土壤都是在母质上发育而成的，它的发育程度、肥力高低，都受到原来母质的影响。而成土母质又是由岩石风化而来的，因此，母岩母质是形成土壤的基本材料。

（一）母岩

平阴的成土母岩母质主要是白云质灰岩、大理岩等，它们在不同的外力作用下又形成不同的母质。

平阴县主要地层为寒武纪和奥陶纪沉积的石灰岩，属泰山隆断区西翼。多呈单斜构造，岩层多向西北或正北倾斜，倾角为5°～10°，长期受风化剥蚀。地层的变化方向为由东南向西北，从老到新，比较平缓。

全县出露地层可分为第四纪、奥陶纪、寒武纪（上、中、下）。

基岩顶部多覆盖第四纪坡洪积和冲洪积的黄红土，内含砂、砾层、透镜体及姜结石，红土内多含铁质结核。覆盖层厚度，山区斜坡处为15～20m；平原为20～30m；仅在汇河西岸漫滩上，夹有2～3层0.5～2m厚的粉细砂层透镜体及交错层。山区冲沟发育受地形影响，沟深平均为15～20m。沙砾层透镜体和洪积扇分布在洪范池镇、孝直镇的刁鹅岭、安城乡的八里沟一带，沿黄漫滩沉积了大量的粉土和粉细砂，厚度为2～10m。

基岩透露情况：在洪范池镇、孝直镇西部；孔村镇西部、安城乡东部等为中寒武系，张夏组厚层鲕状石灰岩为主，其顶部为长山冈山层、薄层灰岩及页岩3层。东阿镇、玫瑰镇、孔村镇、平阴镇南部为上寒武系，以风山组、长山组、岗山组、石灰岩及页岩5层为主。玫瑰镇西北部、平阴镇北部、安城乡东北部山区为下奥陶系白云质石灰岩地层出露。安城乡北部及孝直镇天兴一带零星分布中奥陶系厚层石灰岩地层，孝直镇、孔村镇东部、孝直镇中部平原区为隐状的中奥陶系灰岩地层。

（二）成土母质

母岩风化变成成土母质。成土母质是土壤的主要物质基础，受外力的作用形成不同的母质类型。平阴县成土母质按沉积形式可分为残积、残坡积、坡积、坡洪积、洪积、冲积、红色黏质土、黄土母质和浅湖沼相沉积物等。平阴县成土母质的性质如下：

1. 残积物

残积物主要处于荒岭坡及山坡梯田上，一般多由白云质灰岩、大理岩等石灰质风化物形成。风化的产物，未经搬运分选，呈杂乱的零星堆积，无层理，颗粒大小不均，有砾石，富含碳酸盐，该母质多形成薄层或中层的褐土性土，在利用上宜发展林业、牧业。

2. 坡积物

坡积物是由风化物本身的重力及雨水的冲刷作用而使母质移动沉积，在山坡或坡麓处而形成的。分选性不好，无层理，这些物质经人工垒叠而成为梯田群，阶差较大。多发育为厚薄不等的褐土，地薄易旱，水土易流失，宜发展农、林、果业。

3. 洪积物

洪积物是由山区临时性洪水把大量的风化碎物质携带到山前，由于坡度变缓，而使这些物质沉积形成的洪积物，土体深厚，多发育为褐土或潮褐土。

4. 冲积物

冲积物是河流搬运的物质，在流速减缓处沉积而成。平阴县有两条较大的河流，黄河是从黄土高原携带泥沙而流经平阴；汇河是起源于东部肥城酸性岩和石灰岩混合山区。两河流经母岩区域不同，因此，母质也有差异。黄河冲积物以粉砂质、黏质、壤质为主，砂、黏层明显，富含碳酸盐，石灰反应强烈，土壤发育为褐土化潮土及潮土。汇河冲积物是以壤质为主，其次为粗砂质，石灰反应中等或微弱，土壤为潮褐土。

5. 红色黏质土

红色黏质土是在第四纪形成的，质地黏重，较紧实，淡红或棕红色，呈块状结构，石灰反应微弱或无石灰反应。该母质有的处于深沟下部，有的出露于地表。

6. 黄土母质

黄土母质的成因，一般认为是风力搬运堆积，无层理，土层厚。部分除受风力外，又受洪水作用，使黄土发生了变化，具有层理，夹有砾石层，质地均一，粉砂质，富含碳酸盐，并有砂姜，结构疏松。易耕作，多孔隙，透水性强。易受洪水侵蚀，形成切沟。

7. 浅湖沼相沉积物

浅湖沼相沉积物是在第四纪形成的，这些沉积物中含有较高的游离碳酸钙，同时这些物质多处于低洼处，汛期易积水，使地下水中聚积了钙物质，为砂姜的形成提供了物质基础。

四、气候条件

(一)气候资源

平阴县气候属暖温带季风气候区，其特征是：气候温和，四季分明，冬季寒冷，少雨雪，春季干旱多风，夏季炎热多雨，秋季秋高气、爽温差大。这些对平阴县的土壤形成影响很大，特别是对褐土类更为明显。平阴县山区岩石属钙质岩类，其风化的成土母质为褐土发育奠定了基础。

1. 气温

据气象局1971～2000年30年记载，年平均气温为13.9℃，年较差为28.4℃，极端最高温度为39.8℃，最低温度为－20.3℃，一年中1月最冷，平均为－1.3℃，7月最热，平均为27.1℃。按物候季的温度界限划分四季，次年平均气温低于10℃为冬季开始，高于22℃为夏季开始，平均气温为10℃～22℃，为春季和秋季的界限。四季的划分为：春季3月26日至5月20日，共56天；夏季5月21日至9月5日，共108天；秋季9月6日至11月5日，共61天；冬季11月6日至3月25日，共140天。

2. 地温

平阴县地面温度与气温相似，30 年平均地温为 15.7℃，比年平均气温高 1.8℃。地温最高月份一般出现在 6 月，为 30.7℃，比同月气温高 0.1℃，地面极端最高温度出现在 1992 年 7 月 1 日，为 70.3℃，极端最低温度出现在 1990 年 1 月 31 日，为－28.2℃，最大冻土深度为 36cm，冻土时间一般长达 97 天，最长达 111 天，最短约为 83 天。地温的温差变化较大，有助于土壤的物理风化，促进褐土土类的形成发育。

3. 降水与蒸发

30 年平均降水量为 611.4mm，蒸发量为 1992.3mm，最大日降水量为 154.2mm，年降水量很不稳定，大于等于 0.1mm 日数为 67.7 天，大于等于 10.0mm 日数为 16.6 天，大于等于 25.0mm 日数为 6.9 天，大于等于 50.0mm 日数为 2.3 天。一般初雪在 12 月 6 日左右，终雪在 3 月 7 日左右，积雪日数为 10.6 天，最短为 3 天。

四季降水量差别较大，春季雨水偏少，常年降水量仅为 84mm 左右，占年降水总量的 12.8%，由于春季温度回升快，风力大，构成了平阴"十春七旱"的气候特点。夏季是降水量最多的季节，常年降水量为 400mm 左右，占年降水总量的 65.4%。但降水分布很不均匀，往往出现"伏旱"，对农业生产造成一定影响。秋季降水较夏季明显减少，常年降水量为 120mm 左右，占年降水总量的 18.7%。冬季雨雪稀少，常年降水量仅为 20.6mm，占年降水总量的 3.1%。

一年中各月雨量分布为：12 月至次年 3 月为雨水稀少季节，月平均降水量为 4.7～12.9mm，仅占年降水总量的 0.7%～2.0%；4 月至 5 月为少雨到多雨的过渡季节，月平均降水量为 33.4～37.7mm，占年降水总量的 5.1%～5.7%；6 月至 9 月为多雨季节，月平均降水量为 64.7mm 以上，其中 7 月是降水高峰，平均降水量为 204.7mm；10 月至 11 月为多雨向少雨季节过渡，月平均降水量由 9 月的 67.7mm 降至 16.5～39.0mm，占年降水总量的 2.5%～5.9%。

因降水分布不均匀，常引起旱涝灾害，但对土壤的形成和发育有很大影响。因夏季炎热，雨量集中，便于进行强烈的风化和次生黏化的形成及淋溶，为黏粒移动提供了条件。春秋两季的雨量减少，由半湿润变为半干旱，化学风化和淋溶作用显著减弱，促进了半淋溶性的褐土类土壤的形成。

蒸发：历年平均水面蒸发量 1992.3mm，为降水量的 3.3 倍，1 月最小，为 6.15mm，6 月最大，为 39.7mm，4～7 月蒸发量最大。

4. 积温

30 年资料统计，年平均积温为 4940.7℃，按各月平均，以 7 月最大，为 833.9℃，1 月最小，为－57.9℃。历年平均积温是：冬季为－3℃，春季为 1260.8℃，夏季为 2412℃，秋季为 129 7.9℃。稳定通过 0℃，初日在 2 月 21 日前后，终日在 12 月 9 日左右，历时 293 天，这期间的累积温度为 5089.3℃。日平均气温稳定通过 5℃，始于 3 月 14 日，终日在 11 月 18 日前后，历时 250 天，这期间的累积温度为 4920℃，年际间变化不大，一般为 530℃以内。最多的是 2002 年的 5120℃，最少的是 1986 年的 4590℃。月平均气温稳定通过 10℃，初日在 4 月 5 日前后，终日在 11 月 1 日左右，历时 211 天，此期间的累计温度为 4553.9℃。

5. 湿度

年平均相对湿度为65%,3月至5月为全年最低,为55%,7月、8月为全年最高,为78%～80%,12月至次年6月为全年相对湿度较小的时期,在平均值以下;7月至11月为湿度较大的时期,在平均值以上。最低相对湿度出现在4月,如2002年4月2日,最低相对湿度为0.2%。

6. 降霜

年平均有霜日数为60.5天。初霜到终霜为161.9天,最多为181天,最少为127天。全年最少有霜日数为25天,最多为82天,无霜期为204天,初霜平均在10月23日,终霜在4月2日。初霜最早见于10月9日,最晚11月10日;终霜最早3月7日,最晚4月18日。

7. 日照

常年平均日照时数为2446.1h,占全年可照射时数的54%,最多的是1986年,为2696.6小时;最少的是1996年,为2313.6小时,常年以5月日照时数最多,平均为269.44小时,12月最少,为164.4小时。月日照时数最多的是1997年6月,为316.4小时,月最少日照时数是1976年12月,为91.6小时。

8. 干燥度

一年除4月、12月和10月较干燥外,其他各月份都较湿润或湿润。历年四季的干燥度是:春季为2～3,夏季为0.9,秋季为1.7,除春季较干燥外,其他各季都较湿润。

总之,气候条件对土壤形成起了一定的促进作用。在季风型大陆性半干旱气候的影响下,因昼夜和四季温差较大,地面,特别是岩石表面,所受热力作用有差异,加之春末夏初,高温低湿,突降暴雨或冰雹,温度骤降,岩石胀缩,激烈交替,产生裂缝,水分渗入,经冻融交替,使裂缝扩大,促使岩石崩裂为碎片,同时水还可以进入某些矿物内部,使其成为水化矿物,体积增大,风化加快。溶解在水里的氧和二氧化碳,不仅能溶解矿物,而且可使岩石产生化学风化,使矿物的结构由复杂变为简单,由大变小,由整变碎,成分由难溶向易溶方面转化,释放出部分有效养分,初步产生了通气透水性和养分供应能力,形成母质。在此基础上,微生物能活动,低等植物能生长,这就为成土创造了条件。

平阴县年降水量为611.4mm。雨量分配极不均匀,夏季雨水集中,易造成河水泛滥,山洪暴发,使沿黄、沿汇和低洼地区的地下水位升高。在多年的洪积、冲积作用下,经多次沉积,逐渐在沿黄一带形成了潮土。在孝直镇的沿汇一带,同样使潜水升高,一般旱季1～2m,雨季可上升到2m以上,有的接近地表,甚至有短期积水现象,形成沼泽。由于在沼泽化或脱水沼泽化过程中,有机质在厌氧状态下积累,使沉积的黏质土成为黑色腐泥层。表层一般为后期覆盖的土层,厚薄不等,潜水中向下淋溶的钙质在界面附近淀积而形成砂姜,因此,形成了砂姜黑土。平阴县其余的成土母质、钙质岩类,在各种气候条件影响下,全部被发育为中性或微碱性、具有石灰反应的褐土土类。

五、河流和地下水

(一)河流

1. 河流的特点

平阴境内山峦起伏,形成沟河较多,河身短的支流较多,流域面积也不大,而流域面积极大的只有两条,河水全部入黄河。由于都是由山谷泉水形成的,因而坡度大,水流湍急,除汛期外,水量均较小,夹砂量也不大。河水的流量,季节性强,四季变化悬殊,枯水期与洪汛期的流量相差达几十倍,每到夏秋之季,河水猛涨,有时会引起决口,枯水期河水较少,有时甚至干涸。

2. 主要河流

境内主要河流有浪溪河和玉带河,县界河有黄河,与临县共有的有汇河等。这些河水直接影响潜水埋藏深度,与土壤水分动态有直接关系。

(1)浪溪河:源自山涧,"浪溪"二字是由狼吸水演变而成的。发源于洪范池镇南山中部袋峪的"丁泉"、"书院泉"和"洪范池",走向西北,经东阿中间,将东阿分成东西城又北走,经小河口入黄河。全长26km,平均宽为30~50m,流域面积为120km^2,下游水位一般为4.1m左右,最大流速为15m/s,最大流量为50m^3/s,含砂量为15%左右。

(2)玉带河:位于县城西南的玫瑰镇,源自南山峪中的孔村镇晁峪一带山区,流经孔村、玫瑰,穿过南北石硖的中间,蜿蜒北行,经夏沟村北面、西北流入黄河。玉带河全长27km,平均宽为50~70m,流域面积为180km^2,最大流速为13m/s,流量为40m^3/s,含砂量为15%左右。最小流量为0.05~0.1m^3/s,流速为0.05m/s,含砂为0.05%。由于上游泉小较少,到旱季有时断流。过去自夏沟至外山一段,长期无人治理,每到夏秋之季往往泛滥成灾,新中国成立以来,对这条河进行了五次疏挖和附堤,完成土石方40万立方米以上,并进行了山、水、林、田综合治理。

(3)汇河:发源于肥城市陶山南麓,是由数十条山溪汇集而成的,故名汇河。自西南流经孔村镇陈屯村入本县境内,又曲折东西流经孝直镇入东平县,经大清河入东平湖。境内流长为12km,平均宽为50~70m。流域面积为202km^2,水位海拔为57.21m。最大流速为3m/s,流量为103m^3/s,含砂为10%左右;最小流速为0.62m^3/s,流量为1.4m^3/s,含砂为0.5%。虽有金钱河、康王河等十余条支流,但遇春季大旱就断流。

(4)黄河:位于平阴县西北部的边界上,从东阿镇后姜沟村入平阴县境,曲折东北行,流经东阿镇、玫瑰镇、平阴镇、安城乡4处乡镇至安城乡王营村出境入长清区,全长约40km。

(5)龙柳河:发源于孔村镇石板台一带,经东阿镇流入黄河,全长约10km,属季节性河流,有排水之用。在该河上共建4座水库,对附近打井、提高地下水位有一定作用。

(6)安栾河:发源于安城乡段天井村附近,经济平干渠流入黄河,全长约10km,属季节性河流,上游建有2座水库。

(二)地下水

1. 地下水埋藏规律及含水量分布状况

(1)地下水储量

全县地下水主要来源是大气降雨渗透补给,其次是沿黄各扬水站及田山灌溉工程放水补给、山区各水库季节性蓄水补给。

根据平阴县地下水资源调查估算与评价,全县浅层地下水总储量为77442万立方米,多年平均降雨入渗补给量为12958万立方米,河渠渗漏补给量为36.9万立方米,灌溉回归补给量为1732.3万立方米,总补给量为14727.2万立方米,多年平均地下水可开采量为12437.16万立方米。

(2)地下水的埋深及其年变化

平阴县地下水主要是松散堆积岩层孔隙水和石灰岩岩溶裂隙水两大类,具有各自分布埋藏的特点。

松散堆积岩层孔隙水,分布在平阴县黄河、汇河两岸的冲积平原和山间冲沟各地及山麓堆积区。含水层多为冲洪积层,枯水期埋深一般1~20m,最小为0.5m,最大为32m。

石灰岩岩溶裂隙水,分布在本县南部及东部纯山区,及西部、中部,枯水期埋深一般为5~100m,最小为2.1m,最大达为120m,丰水期一般为2~70m,最小为1.3m,最大为130m。沿黄地区,枯水期埋深一般为2~5m,最小为0.7m,最大为65m,丰水期埋深一般为1~5m,最小为0.3m,最大为5m。

(3)地下水的变化及影响因素

地形条件和地质构造体系决定了地下水的运动方向及各类含水层排泄关系。总的趋向是各水文地质单元的地下水,均是从山区经丘陵向平原汇集。

地下水的变化主要受气候因素、大气降水和蒸发作用的影响,随时间呈有规律的变化。平阴县属温带大陆性季风气候,夏季炎热多雨,冬季寒冷干燥,降雨多集中在7、8、9月,占全年降雨量的65%~70%,地下水随季节有规律的动态变化。地下水最低水位出现在5、6月,最高水位在10、11月。水位的变化幅度随地表水的增加而变化。全县有56座水库[其中小(一)型15座、小(二)型41座],塘坝92座,总库容为4980万立方米,水利库容为2600万立方米,蓄水后直接影响附近地下水的变化。1030工程灌溉后,通过土壤渗透也影响了地下水位变化,补给了地下水,抬高了地下水位。

多年来,水利工程的大量兴建,影响了局部地下水位的变化。孔村镇、孝直镇二镇由于机井密度大,在大旱之年,水位大幅度下降,形成漏斗,给农业生产和人畜用水造成很大困难。

(4)地下水化学类型和矿化度

全县地下水化学类型除个别地区有CⅡca型和CⅠca甲型水外,多数为CⅢca型水,矿化度一般为200~500mg/kg,均为淡水。全县矿化度最高为661.5mg/kg,最低为169.9mg/kg,平均为287.4mg/kg。

2. 水文地质条件对土壤的影响

平阴县的河流,基本上都属季节性河流,每年河水的大小随降水量多少而变化。因此,这些河流水量直接影响潜水埋藏深度,与土壤水分的动态变化有直接关系。从平阴县各水文地质单元的地下水变动来看，均是从山区经丘陵向平原汇集。一般每到7、8、9月雨量集中时期，河水上涨，有时会形成洪涝灾害。在山区、丘陵造成水土流失，在沿黄、汇河一带的低洼平原地区积水成涝，地下水位升高，使土壤产生季节性的盐分累积与淋溶。特别是黄河，有些地方的河水高出地面，不仅不能排除水涝，反而大量补给地下水，直接抬高了河道两侧的地下水位。也成为地下水补给盐分的来源，如东阿镇、平阴镇就因此原因发生过土壤盐渍化，后经深挖翻土进行了改良。为此，要发展一水一麦，进行洪峰淤灌，抬高地面，防止土地次生盐碱化。

山区丘陵，地势较高，地下水埋藏深，径流畅通，矿化度较小，无洪涝威胁，但易干旱。在汇河低洼地带内，因地势低洼，地下水位高，径流极滞缓，有时又受河水的浸渍和顶托的影响，排水困难。

六、自然植被

平阴县属暖温带落叶阔叶林区，由于人为活动影响，现有自然植被具有明显的次生性质。全县自然植物资源有126科、185属、368种，其中木本植物资源为52科、74属、132种。1991年森林资源二类调查统计时，全县共有有林地面积为13594.2hm^2，其中用材林为1118.1hm^2，防护林为8357.2hm^2，经济林为4106.4hm^2，特用林为12.5hm^2；森林覆盖率为16.22%。2000年森林资源二类调查统计时，全县共有有林地面积为16176.9hm^2，其中针叶林为7310.3hm^2，阔叶林为7342.4hm^2，针阔混交林为524.2hm^2，森林覆盖率为20.45%。2003年，全县农作物种植面积为48541hm^2，森林覆盖率为20.68%。

防护林多分布于丘陵山地，且多为侧柏纯林，少部分为刺槐、侧柏混交林；用材林和道路植树多为速生杨；经济林以苹果、葡萄、玫瑰花和干杂果为主；其他如泡桐、香椿、臭椿，多为“四旁”植树。

第二节 农村经济与农业生产情况

一、农业经济情况

2008年，全县完成生产总值135.41亿元，同比增长13.7%。其中，第一产业总产值为32.5172亿元，增加值为17.36亿元，增长为4.3%，对经济增长贡献率为4.1%。

农业综合生产水平稳步提高。全县农业机械总动力为413000kW，同比增长1.2%。其中，农用排灌机械动力为65000kW，农用拖拉机为4214台，大中型拖拉机田间作业配套机械拥有量为8769台，农用运输车为13714辆，机播作业面积为24210hm^2，机收作业面积19620hm^2，见表1-3。

产业化水平进一步提高。新栽植油用玫瑰27.3万株，观赏玫瑰45万株，加工总量超过2000吨。继续实施万头奶牛、百万只肉羊、30万头瘦肉型猪基地建设，全县奶牛养殖小区发展到14处。继续发展酿酒葡萄、核桃、苹果等干鲜杂果产业，新植各类经济苗木1333.33hm^2，新建和完善绿色通道260km、农田林网1666.67hm^2。新发展无公害设施蔬菜200hm^2，新增食用菌大棚500个、土洞1000条，保护性栽培面积达到6000hm^2。全县四大主导产业产值占农业总产值的比重达75%。规模以上农业龙头企业发展到50家，农业合作组织67个，绿色、无公害品牌达32个，产地认定达23333hm^2，标准化种植面积达18666.67hm^2。

惠民措施力度加大。全年落实粮食直补、良种补贴、农资补贴、农机补贴等补贴资金2990万元，家电下乡5194台(件)，补贴资金99.6万元。

新农村建设深入开展。继续落实村镇建设、饮水安全、医疗惠民、文体益民等十项举措。2008年末，全县有效灌溉面积为16100hm^2，节水灌溉面积为15400hm^2；全县行政村通沥青(水泥)路率达100%，总里程达883km，行政村照明灯数量达4322盏；7万户农村居民用上了自来水，全县自来水入户率达到90.2%；农村社会保障体系初步形成，新型农村合作医疗镇、村覆盖率达100%；农民文娱生活逐步丰富，建成农村休闲健身广场182个，71个村建成图书阅览室，极大地丰富了农村文化生活。

二、农业生产现状

2008年，农作物播种面积为53671hm^2，比上年增长2.4%。其中，粮食为37399hm^2，与上年基本持平；蔬菜为7321hm^2，增长3.0%；油料为2955hm^2，增长7.0%；棉花为3781hm^2，增长29.3%。全年粮食产量为22.1万吨，增长0.4%；蔬菜产量为47.3万吨，增长6%；肉类产量为4万吨，增长11%；禽蛋产量为2.9万吨，增长13.2%(见表1-2)。

表1-2　2008年主要农产品产量

产品名称	单位	产品产量	比上年增长(%)
粮食	吨	220972	0.4
棉花	吨	4437	21.6
油料	吨	10479	10.9
水果	吨	114247	5.8
蔬菜	吨	473274	6.0
肉类	吨	39518	11.0
禽蛋	吨	29444	13.2
奶类	吨	20253	44.5
水产品产量	吨	1900	—

第三节　农业基础设施情况

2008年，全县农业机械总动力为413000kW，增长1.2%。其中，农用排灌机械动力为65000kW，农用拖拉机为4214台，大中型拖拉机田间作业配套机械拥有量为8769台，农用运输车为13714辆，机播作业面积为24210hm^2，机收作业面积为19620hm^2。

2008年全县有效灌溉面积为16410hm^2；节水灌溉面积为14280hm^2，机电井及配套为 1136 眼(见表 1-3)。

表 1-3 水利基本情况

类型	计量单位	总计
年末总灌溉面积	hm^2	18480
有效灌溉面积	hm^2	16410
林地果园灌溉面积	hm^2	2270
当年实灌面积	hm^2	11210
机电提灌面积	hm^2	3080
节水灌溉面积	hm^2	14280
旱涝保收面积	hm^2	12630
水库	座	56
总库容	$\times 10^4 m^3$	4547
机电井	眼	1136
配套机电井	眼	1136

第二章 土壤与耕地资源状况

第一节 土壤类型及分布

土壤是具有肥力的自然资源，在气候、母质、生物、地形和时间五大自然因素及人类生产活动的综合影响下发生变化。因此，土壤的分布依自然条件的变化和生产活动的差异而呈现明显的规律性。平阴县地处鲁中丘陵地区，中南部丘陵起伏，黄河、汇河从本县东西两侧流过，使地形地貌复杂，在暖温带半湿润半干旱季风气候的影响下，形成了不同的土壤。

一、土壤分类的依据

1981 年第二次土壤普查时，平阴县根据《全国第二次土壤普查暂行技术规程》和《山东省第二次土壤普查工作分类暂行工作分类方案》规定，按土壤发生学分类的原则，将平阴县土壤分为 3 个土类、7 个亚类、13 个土属和 47 个土种。

(一)土类

土类是土壤高级分类的基本单元，是在一定的生物气候条件、水文条件、耕作制度等自然和社会条件下形成的，具有独特的形成过程和土体类型，土类之间在性质上有明显的差异。如平阴县的褐土类，是在半干旱、半湿润的气候条件下，由钙质岩经强烈的化学及物理、生物的风化作用以及人为生产等因素影响而形成。由于降雨量较小，淋溶作用较弱，有利于剖面下部的碳酸钙的淀积，通体剖面呈中性至微碱性。又如潮土类，是由河流沉积物受地下水的作用，发生氧化还原反应而形成的。因此，土类与土类之间有着独特的成土过程，以及性质上的不同差异。全县土壤分为褐土、潮土、砂姜黑土 3 个土类。

(二)亚类

亚类是土类范围内的过渡类型。在主导土壤形成过程以外，还有一个附加的成土过程，使土壤属性起了很大变化，但同属一个土类的亚类，其成土过程的总趋势应该是一致的。如褐土类中的潮褐土亚类，它除了需具备形成褐土的条件以外，又附加了地下水的作用，这样又使它的属性起了很大变化。

(三)土属

土属即是亚类的续分，又是土种的归纳，是具有承上启下作用的分类单元，主要是根据母质、水文地质等地方性因子划分。根据成土母质类型，褐土性土亚类中为钙质岩类 1 个土属；褐土亚类中为坡积、洪积、洪积冲积、红色黏质土、黄土状母质 5 个土属，潮褐土亚类中为洪积、洪积冲积 2 个土属，褐土化潮土为褐土化潮亚类的 1 个土属，潮土为潮土亚类的 1 个土属，盐化潮土为盐化潮土亚类的 1 个土属，砂姜黑土亚类中为黄土覆盖小于 30cm、黄土覆盖 30～60cm 2 个土属，全县共为 13 个土属。

（四）土种

土种是基层分类命名的基本单元，它是发育在相同母质的基础上，具有相类似的发育程度和土体构型的一群土壤，非一般耕作措施在短期之内所能改变的，具有一定的稳定性。

二、土壤分类

（一）土壤类型

通过第二次土壤普查，将平阴县土壤分为 3 大土类，即褐土、潮土、砂姜黑土；7 个亚类，即褐土性土、褐土、潮褐土、褐土化潮土、潮土、盐化潮土、砂姜黑土；13 个土属，47 个土种（见表 2-1）。

1. 褐土土类

褐土土类（代号 B）在全县广泛分布，面积为 56687.08hm^2，占可利用面积的 87.09%，该类土壤剖面通体呈褐色或棕色。一般由耕作层、淀积黏化层和钙积层 3 个基本层段组成。它是由残积、坡积、洪积、洪积冲积物形成的。剖面中分布有假菌丝体，因黏粒有表层向下移动趋势，一般心土层偏黏，并且有明显或不明显的胶膜淀积，部分土壤底部有少量的石灰结核（当地群众叫姜沟石）、静铁锰结核（乌梅义），通常有石灰反应，土壤多呈中性或微碱性反应。理化分析表明，土壤养分一般，物理性状也较适宜，有机质含量较高，有效磷偏低，全氮偏低，速效钾较丰富，pH 为 7.3，C/N 为 9，耕层质地多为轻壤或中壤，下部多是均质重壤或中壤。土壤容重为 1.47g/cm^3，通透性良好，总孔隙度为 50.59%，毛管孔隙度为 40.14%，通气孔隙度为 10.45%，田间持水量为 22.49%。

该土类分为褐土性土、褐土、潮褐土 3 个亚类。

表 2-1　　　　　　　　　　　　　　土壤分类面积表

土类	亚类	土属	土种		
			发生学名称	面积（hm²）	占可利用面积(%)
褐土	褐土性土	钙质岩类	壤质表土薄层钙质岩褐土性土	10151.21	15.6
			壤质表土中层钙质岩褐土性土	7248.91	11.13
	褐土	坡积洪积物	轻壤表中层坡洪积褐土	370.75	0.57
			轻壤表厚黏心坡洪积褐土	150.50	0.23
			轻壤表厚黏腰坡洪积褐土	245.50	0.38
			轻壤均质坡洪积褐土	14307.31	21.98
			砂壤均质坡洪积褐土	93.19	0.14
		洪积物	轻壤均质洪积褐土	10964.02	16.84
			轻壤表薄黏心洪积褐土	164.16	0.25
			轻壤表厚黏心洪积褐土	842.29	1.29
			轻壤表厚黏腰洪积褐土	1152.75	1.77
		黄土母质	轻壤均质黄土母质褐土	1142.72	1.76
		红色黏质土	砂壤均质红色黏质褐土	28.94	0.04
			中壤表厚黏腰红色黏质褐土	386.19	0.59
		洪积冲积物	轻壤均质洪冲积褐土	783.04	1.2
			轻壤表厚黏腰洪冲积潮褐土	75.58	0.11
	潮褐土	洪积物	中壤表厚黏心洪积潮褐土	679.33	1.04
			轻壤均质洪积潮褐土	142.91	0.22
			轻壤表厚黏心洪积潮褐土	304.40	0.47
			轻壤表厚黏腰洪积潮褐土	317.42	0.49
		洪积冲积物	中壤表厚黏心洪冲积潮褐土	506.02	0.78
			轻壤表厚砂心洪冲积潮褐土	99.05	0.15
			轻壤均质洪冲积潮褐土	2639.56	4.06
			中壤均质洪冲积潮褐土	1125.78	1.73
			轻壤表厚黏腰洪冲积潮褐土	1157.54	1.78
			轻壤表厚黏心洪冲潮褐土	449.81	0.7
			黏均质洪冲积潮褐土	1158.19	1.78

续表

<table>
<tr><th rowspan="2">土类</th><th rowspan="2">亚类</th><th rowspan="2">土属</th><th colspan="3">土种</th></tr>
<tr><th>发生学名称</th><th>面积(hm²)</th><th>占可利用面积(%)</th></tr>
<tr><td rowspan="20">潮土</td><td rowspan="2">褐土化潮土</td><td rowspan="2"></td><td>轻壤均质褐土化潮土</td><td>647.65</td><td>1</td></tr>
<tr><td>重壤表厚黏腰褐土化潮土</td><td>135.07</td><td>0.21</td></tr>
<tr><td rowspan="18">潮土</td><td rowspan="17">潮土</td><td>轻壤表厚砂心潮土</td><td>430.76</td><td>0.66</td></tr>
<tr><td>轻壤表薄砂心薄黏底潮土</td><td>291.43</td><td>0.45</td></tr>
<tr><td>轻壤表薄黏心薄黏底潮土</td><td>58.69</td><td>0.1</td></tr>
<tr><td>砂壤表厚黏底潮土</td><td>545.94</td><td>0.84</td></tr>
<tr><td>轻壤表薄黏心厚砂心潮土</td><td>349.18</td><td>0.54</td></tr>
<tr><td>轻壤表厚黏腰潮土</td><td>864.70</td><td>1.33</td></tr>
<tr><td>砂壤表薄黏腰潮土</td><td>150.96</td><td>0.23</td></tr>
<tr><td>砂壤均质潮土</td><td>795.67</td><td>1.22</td></tr>
<tr><td>中壤均质潮土</td><td>315.60</td><td>0.48</td></tr>
<tr><td>轻壤表厚砂心厚黏底潮土</td><td>151.83</td><td>0.23</td></tr>
<tr><td>中壤表厚砂腰潮土</td><td>220.59</td><td>0.34</td></tr>
<tr><td>轻壤表厚砂腰厚黏底潮土</td><td>87.28</td><td>0.13</td></tr>
<tr><td>重壤表厚砂腰厚黏底潮土</td><td>160.28</td><td>0.25</td></tr>
<tr><td>黏均质潮土</td><td>2227.52</td><td>3.42</td></tr>
<tr><td>轻壤表厚黏底潮土</td><td>103.33</td><td>0.17</td></tr>
<tr><td>盐化潮土</td><td>轻壤表厚黏腰盐化潮土</td><td>103.33</td><td>0.16</td></tr>
<tr><td rowspan="2">砂姜黑土</td><td rowspan="2">砂姜黑土</td><td>洼坡</td><td>重壤表厚黑心覆盖黄土薄层砂姜黑土</td><td>421.36</td><td>0.64</td></tr>
<tr><td>风坡</td><td>中壤表厚黑土心覆盖黄土厚层砂姜黑土</td><td>339.08</td><td>0.52</td></tr>
</table>

(1)褐土性土

该亚类(代号 Ba,群众称为石渣土、岭砂土、石皮土等)是由钙质岩类的风化物,即残积物或坡积物形成的,主要分布在丘陵顶部的芦岭坡和部分岭坡梯田上,面积为 17400.13hm²,占可利用面积的 26.73%,全县均有分布。

本亚类土体发育不完全,土层薄,多为砾质壤土,水土流失严重,生产性能差,肥力低,有机质含量中等,有效磷、速效钾含量低,pH 为 7.35,C/N 为 9,物理性状也较差,土壤容重为 1.59g/cm³,总孔隙度为 50.55%,毛管孔隙度为 39.52%,通气孔隙度为 11.03%,田间持水量为 29.53%。

该亚类分为一个土属,即钙质岩类。分为 2 个土种,即按土体厚度分薄层和中层 2 种。现将 2 个土种的情况评述如下:

①壤质表土薄层钙质岩褐土性土(Ba 3 $\frac{5}{2}$),面积为 10151.20hm^2,占可利用面积的 15.6%。

典型剖面:6～012,采自孔村镇金沟村 N20°E700m 处。时间:1981 年 10 月 29 日。

该剖面土层浅薄,只有一层,厚 0～20cm,灰褐色,壤质,表土,块状结构,干而紧,孔隙度中等,植物根系和动物洞穴多,含有砾石,pH 为 7.3,石灰反应强烈,20cm 以下为硬石底。该地只能适宜作林业用地。

该土种除孝直镇以外,其他各乡镇均有分布,以洪范池镇、安城乡较多,此土种处于岭坡上,土层浅薄,一般为 0～25cm,以下即是硬石底,水土流失严重,通透性较好,生产性能差,因此,该土种适宜作林业用地。

②壤质表土中层钙质岩褐土性土(代号 Ba 3 $\frac{5}{2}$),面积为 7248.92hm^2,占可利用面积的 11.13%。

典型剖面:03～036,采自平阴镇贤子峪村 N60°W600m 处。时间:1981 年 10 月 5 日。

0～20cm,褐色,壤质,粒状结构,润而松,孔隙、植物根系和动物洞穴都很多,石灰反应强烈,pH 为 7.3。

20～50cm,深褐色,壤质,粒状结构,潮润而较紧,孔隙、植物根系和动物洞穴都多,石灰反应强烈,pH 为 7.3。

50cm 以下的土层为硬石底。

该土类全县除玫瑰镇、孝直镇以外,其他各乡镇土均有分布,以洪范池镇、安城乡、孔村镇较多。土体厚度一般为 0～60cm,该土处于荒岭坡、山坡梯田上,土壤肥力较低,水土流失严重,今后应发展林业,保持水土。

(2)褐土

该亚类(代号 Bd,群众叫灰黄土、黄土,文献资料上称为耕种褐土、石灰性褐土等)处于褐土性土之下,分布在岭坡梯田、阶地和山前平地上。全县均有分布,总面积为 30706.96hm^2,占可利用面积的 47.18%,是全县面积最多、耕种利用已久的重要农业土壤类型,pH 为 7.3,C/N 为 9,较适宜。土壤容重一般为 1.38g/cm^3(表层为 1.31g/cm^3)。通透性较好,总孔隙度为 48.16%(表层 49.64%),通气孔隙度为 9.79%(表层 10.4%),毛管孔隙度为 38.37%(表层为 39.24%),田间持水量为 20.87%(表层 22.18%)。

该亚类共挖 655 个剖面,分 5 个土属、14 个土种。

①土属:该亚类分 5 个土属,即坡积洪积、洪积、洪积冲、积红色黏褐土和黄土母质。

a. 坡积洪积物褐土:面积为 15167.25hm^2,共有 5 个土种,主要分布在平阴镇、安城乡、洪范池镇、孝直镇、玫瑰镇、孔村镇的岭坡梯田上。

如剖面⊕ 4～001(代号 Bd $\frac{4}{1}$)取自玫瑰镇陶庄村 N60°E300m、海拔 95m 的坡积洪积物上。它是从坡积物到洪积物的过渡土属,是因风化物本身的重力及雨水冲刷作用而使母质移动,沉积在山坡或坡麓处,后经山区临时性洪水活动,把大量风化物携带到山前,由于坡度变缓而使其沉淀,才形成的坡积洪积物。其主要特征是大小碎屑分选不良,颗粒磨圆度不好,粗细颗粒悬殊,混杂凌乱。但该土属厚薄不等,一般土地瘠薄,肥力不高,灌溉条件差，排水条件较好，有的能保水、保肥，但也有漏水、漏肥现象。

b. 洪积物褐土：面积为 13123.21hm²，共分 4 个土种，主要分布在安城乡、东阿镇、洪范池镇、玫瑰镇、孝直镇、孔村镇。

如剖面⊕ 4～049（代号 Bd 2 $\frac{4}{1}$），采自玫瑰镇野仙沟村 N45°E50m、海拔 70m 的坡积、洪积物下部的洪积物上。它是由于山区临时性洪水活动携带风化碎屑物堆积到山前地区而形成的，主要特征是大小碎屑物分选不良，颗粒磨圆度不好，分布面积比较宽广，在山前堆成扇形锥，称为洪积扇，几个相邻的洪积扇连接起来，形成了宽广而又平坦的山麓堆积平原。该土属的土壤，粗细颗粒悬殊，混杂凌乱，但有一个总的趋势，就是由山区向平原地区质地由粗到细，大致为巨砾→卵石→粗砂→细砂→壤土→黏土、淤泥，其厚度也从山前到平原，由厚变薄。该土壤土体深厚，耕种较久，表层质地较好，适耕性强，一般不漏水、漏肥，但有的排灌条件差。

c. 洪积冲积物褐土：面积为 858.62hm²，共分 2 个土种，主要分布在孝直镇。

该土属土壤是洪积物与冲积物相互交接的一个土属，它既有因山洪作用携带来的风化物的沉积，又有河流搬运风化碎屑物的沉积。全县几条河流都是属于季节性河流，汛期泛滥，决口改道，随之把风化碎屑物进行搬运，在流速减缓后沉积下来。在这种冲积物为主的地带，沉积物有良好的分选性。沉积层理明显，有的砂性重，有的黏性重，有的上砂下黏或黏砂间层，这是因河流多次改道及“紧沙慢淤，不紧不缓两合土”的沉积规律所致。该土属土壤耕种历史已久，土体深厚，保水、保肥，但灌溉条件差。

如剖面⊕ 7～063（代号 Bd 3 $\frac{4}{1}$），采自孝直镇谷楼村 N35°E1000m 处，时间：1981 年 9 月 29 日，海拔 62.9m，洪积冲积物上。它是受西部和南部山丘洪水活动的作用，和东部汇河汛期泛滥冲积作用所形成的。

d. 红色黏质土褐土：面积为 372.28hm²，共分 2 个土种，主要分布在平阴镇、玫瑰镇、孝直镇 3 个镇。

e. 黄土母质褐土：面积为 1142.72hm²，只有 1 个土种，主要分布在孔村镇、平阴镇、玫瑰镇。它是受风力搬运堆积而成的。经次生扰动，无层理，黄色粉质，富含碳酸盐，并且有大孔隙的黄土沉积物称为黄土。凡受再次搬运的，常具有层理和砾石层的粉状沉积物称为次生黄土母质，它主要分布在较大河流的两岸，形成几米或几十米高的阶地，黄土母质分别分布在山口斜坡和山麓上。

如剖面⊕ 5～009（代号 Bd $\frac{4}{1}$），就是采自孔村镇值金寨村 S50°W200m、海拔 190m 的近山阶地上，该剖面土壤就是由上述原因所形成的黄土母质。

②土种：该亚类土共分 14 个土种，即：

a. 轻壤表厚黏心坡洪积褐土（代号 Bd $\frac{4}{3}$），面积为 143.83hm²，占可利用面积的 0.23%。

b. 轻壤表中层坡洪积褐土（代号 Bd $\frac{4}{7}$），面积为 370.75hm²，占可利用面积的0.57%。

c. 轻壤表厚黏腰坡洪积褐土(代号 Bd $\frac{4}{5}$),面积为245.50hm^2,占可利用面积的0.38%。

d. 轻壤表壤均质坡洪积褐土(代号 Bd $\frac{4}{1}$),面积为14307.31hm^2,占可利用面积的21.98%。

e. 砂壤均质坡洪积褐土(代号 Bd $\frac{3}{1}$),面积为93.19hm^2,占可利用面积的0.14%。

f. 轻壤均质洪积褐土(代号 Bd $\frac{4}{1}$),面积为10964.02hm^2,占可利用面积的16.84%。

g. 轻壤表薄黏心洪积褐土(代号 Bd 2 $\frac{4}{2}$),面积为164.16hm^2,占可利用面积的0.25%。

h. 轻壤表厚黏心洪积褐土(代号 Bd 2 $\frac{4}{3}$),面积为842.29hm^2,占可利用面积的1.29%。

i. 轻壤表厚黏腰洪积褐土(代号 Bd 2 $\frac{4}{5}$),面积为1152.75hm^2,占可利用面积的1.77%。

j. 轻壤表壤均质黄土母质褐土(代号 Bd 7 $\frac{4}{1}$),面积为1142.72hm^2,占可利用面积的1.76%。

k. 砂壤均质红色黏质褐土(代号 Bd 5 $\frac{3}{1}$),面积为28.94hm^2,占可利用面积的0.04%。

l. 中壤表厚黏腰红色黏质褐土(代号 Bd 5 $\frac{5}{5}$),面积为386.19hm^2,占可利用面积的0.59%。

m. 轻壤表壤均质洪冲积褐土(代号 Bd 3 $\frac{4}{1}$),面积为783.04hm^2,占可利用面积的1.2%。

n. 轻壤表厚黏腰洪冲积褐土(代号 Bd 3 $\frac{4}{5}$),面积为75.58hm^2,占可利用面积的0.11%。

现将上述14个土种的几个主要土种的剖面特征、生产性能描述如下:

Ⅰ. 轻壤表壤均质坡洪积褐土(代号 Bd 1 $\frac{4}{1}$)

该土种除孝直镇以外,其他各乡镇均有分布,主要分布在平阴镇、安城乡、东阿镇、洪范池镇的岭坡梯田和阶地上。土层深厚,表层质地适中,无障碍层次,保肥水能力中等,耕性较好,水源条件较差,一部分地受干旱影响较大。当前有的一年一作,种植地瓜、棉花或花生，也有的一年两作。今后应重点放在建设水利设施上，以发挥该土更大的生产潜力。

代表剖面：⊕ 4～001，采自玫瑰镇陶庄村 N60°E300m 处，时间：1981 年 11 月 15 日。

0～20cm，浅褐色，轻壤土，团粒结构，润而松，孔隙较多，植物根系多，石灰反应强烈，pH 为 7.3。

20～40cm，浅褐色，轻壤质，团粒结构，润而松，孔隙少，植物根系较多，有砂姜，石灰反应强烈，pH 为 7.4。

40～90cm，棕褐色，中壤质，块状结构，有大量的假菌丝体，润而稍紧，植物根系较多，有砂姜，石灰反应强烈，pH 为 7.4。

90～150cm，棕色，砂质，块状结构，有大量的假菌丝，体润而紧，无孔隙及植物根系和动物洞穴，石灰反应强烈，pH 为 7。

Ⅱ. 轻壤表厚黏腰洪积褐土（Bd 2 $\frac{4}{5}$）

该土种主要分布在安城乡、玫瑰镇、洪范池镇、孝直镇、孔村镇，土层深厚，表土质地适中。60cm 左右出现黏化现象，质地呈现上轻下重，利于保肥、保水，所处的地形多为阶地和倾斜平地，排灌条件一般较好，产量较高，种植模式多为小麦—玉米，一年两作，今后应重点放在培肥地力上。

代表剖面：2～043，采自洪范池镇书院村正西 30m 处，时间：1981 年 10 月 29 日。

0～20cm，黄褐色，轻壤土，块状结构，润而松，孔隙、植物根系和动物洞穴都多，石灰反应强烈，pH 为 7.3。

20～80cm，棕色，中壤，块状结构，有较多的线状假菌丝体，润而稍紧，孔隙、植物根系和动物洞穴较多，石灰反应强烈，pH 为 7.6。

80～150cm，黑褐色，重壤土，块状结构，无新生体，润而紧，有少量孔隙、植物根系和动物洞穴，石灰反应强烈，pH 为 6.8。

Ⅲ. 轻壤均质黄土母质褐土（Bd 7 $\frac{4}{1}$）

该土种只分布在孔村镇、玫瑰镇、平阴镇的阶地上，土层深厚，表层质地适中，无障碍层次，便于耕作，保肥水能力中等，灌溉条件较差，一部分地受干旱威胁较大。

代表剖面：5～009：采自孔村镇值金寨村 S50°W200m 处，时间：1981 年 10 月 1 日。

0～15cm，浅褐色，轻壤土，粒状结构，干而松，孔隙、植物根系和动物洞穴都多，石灰反应强烈，pH 为 7.3。

15～50cm，浅褐色，轻壤质，粒状结构，干而稍紧，孔隙较多，植物根系和动物洞穴多，有少量的砂姜，石灰反应强烈，pH 为 7.5。

50～100cm，暗褐色，轻壤质，粒状结构，有少量的假菌丝体，润而稍紧，有少部分孔隙，植物根系和动物洞穴都多，有少量的砂姜，石灰反应中等，pH 为 7.5。

100～150cm，暗褐色，轻壤质，粒状结构，有较多的假菌丝体，干而稍紧，无植物根系和侵入体，有少部分孔隙和动物洞穴，石灰反应强烈，pH 为 7.5。

代表剖面：5～009，采自孔村镇值金寨村 S50°W200m 处，时间：1981 年 10 月 1 日。

0～15cm，浅褐色，轻壤土，粒状结构，干而松，孔隙、植物根系和动物洞穴多，石灰反应强烈，pH 为 7.3。

5～50cm，浅褐色，轻壤质，粒状结构，干而稍紧，孔隙较多，植物根系和动物洞穴多，有少量的砂姜，石灰反应强烈，pH 为 7.5。

50～100cm，暗褐色，轻壤质，粒状结构，有少量的假菌丝体，松而稍紧，有少部分孔隙，植物根系和动物洞穴都多，有少量的砂姜，石灰反应中等，pH 为 7.5。

100～150cm，暗褐色，轻壤质，粒状结构，有较多的假菌丝体，干而稍紧，无植物根系和侵入体，有少部分孔隙和动物洞穴，石灰反应强烈，pH 为 7.5。

Ⅳ. 中壤表厚黏腰红色黏质褐土（Bd $5\frac{5}{5}$）

该土种主要分布在平阴镇、孔村镇的坡麓梯田上，一般土体较薄，表土为中壤，60cm 左右出现黏化现象，质地呈现出上中下黏，有利于保肥、保水，耕性稍差，因地处部位较高，水源条件不足，种植模式多为小麦—玉米，一年两作，今后应增设水利设施，增施有机肥，不断培肥地力。

代表剖面：31058，采自平阴镇胡庄村教堂 N40°W200m 处，时间：1981 年 10 月 1 日。

0～20cm，淡褐色，中壤质，粒状结构，多孔隙，植物根系和动物洞穴都多，石灰反应强烈，pH 为 7.4。

20～60cm，淡红色，中壤质，粒状结构，较紧，孔隙多，植物根系都多，有少量的动物洞穴，侵入体有石子，石灰反应强烈，pH 为 7.3。

60～150cm，红色黏土，块状结相，有大量的铁锰结核，有少量的植物根系和孔隙，石灰反应强烈，pH 为 7。

Ⅴ. 轻壤表壤均质洪冲积褐土（Bd3 $\frac{4}{1}$）

该土种只分布于孝直镇的倾斜平地和微倾平地上。土体深厚，耕性较好，表土适中，无障碍层次，保肥水中等，水利条件较好，适种各种作物，一年两作，种植模式为小麦—玉米，今后应重点放在培肥地力上。

代表剖面：⊕ 7～068，采自孝直镇谷楼村 N35°E1000m 处，时间：1981 年 9 月 29 日。

0～20cm，黄褐色，轻壤质，粒状结构，干而松，孔隙、植物根系和动物洞穴都多，有少量的侵入体，石灰反应强烈，pH 为 7.5。

20～60cm，黄褐色，轻壤质，块状结构，润而松，有较多的孔隙与少量的植物根系和动物洞穴，石灰反应强烈，pH 为 7.5。

60～95cm，浅褐色，中壤质，块状结构，润而松，有少量的孔隙、植物根系和动物洞穴，石灰反应强烈，pH 为 6.5。

95～115cm，黄褐色，中壤质，块状结构，润而松，有少量的孔隙和动物洞穴，石灰反应强烈，pH 为 6。

115～150cm，褐色，重壤，块状结构，有较多的丝状假菌丝体，湿润稍紧，有少量的动物洞穴，石灰反应强烈，pH 为 6.7。

（3）潮褐土

该亚类（代号 Bf）群众称为黄土、金黄土、油黄土，文献资料上称为草甸褐土、黄垆土。

它是处于褐土带内的较低平地区的一种土壤，主要分布在山前平地、倾斜和微倾平地上。全县除洪范池镇外，其他各乡镇均有分布，以孝直镇、孔村镇、平阴镇、玫瑰镇、东阿镇较多，面积为 8580.02hm^2，占可利用面积的 13.18%。

该土壤也是耕种利用已久的主要农业土壤类型，地下水位一般为 2～4m，最深为 6～8m(因发展机井灌溉，潜水位有所降低)，土层深厚，剖面发育完全，表土心土发育明显，成土母质多是钙质岩类、洪积和洪冲积物质，大部分通体石灰反应强烈，亦有假菌丝体，灰土以下有铁锰结核。60～150cm 有较明显的锈纹、锈斑，多是中性或微碱性反应，pH 为平均为 7.4。土壤肥力较高，有机质含量较高，有效磷含量中等，速效钾较高，C/N 为 8，耕层土壤 20～25cm 质地多为轻壤，少部分是中壤或重壤。物理性状较好，土壤容重为 1.35g/cm^3，总孔隙度为 49.26%，毛管孔隙度为 37.69%，通气孔隙度为 11.60%，田间持水量为 21.61%，生产性能较好，多数具有水浇条件。

该亚类共挖剖面 110 个，分 2 个土属、11 个土种。

①土属：该亚类的 2 个土属为洪积物和洪冲积物。

a. 洪积物潮褐土：面积为 1444.06hm^2，分 4 个土种，即轻壤土均质、轻壤土厚黏心、中壤土厚黏心、轻壤土厚黏腰，主要分布在孔村、孝直两乡镇。它是由于山区临时性的洪水活动携带大量的风化碎屑物堆积到山前平地形成的。本土属的土壤土体深厚，耕种较久，表层质地较好，宜于耕作，但在 20～60cm 土层内出现重壤或黏土，虽利于保肥，但影响根系下扎和水分的运行，易造成季节性滞水僻涝，有时影响到耕层的理化性状，使产量不稳定，尤其是秋季产量不稳，当前主要种植小麦—玉米，一般年产为 500～600kg，如剖面⊕ 6～031(代号 BE 2 $\frac{4}{3\#}$)，采自孔村乡镇孙庄村 S75°W150m、海拔 79m 的微倾斜平地上，它就是因受西部山丘的山洪作用，把大量的风化物质携带下来，由于坡度骤然变缓迅速沉积而形成的，土体深厚，生产性能较好。

b. 洪积冲积潮褐土：面积为 7135.95hm^2，分 7 个土种，即轻壤土均质、中壤土均质、重壤土均质、轻壤土厚砂心、轻壤土厚黏心、中壤土厚黏心、轻壤土厚黏腰。除洪范池镇以外，其余各乡镇均有分布，但以孝直镇、孔村镇、玫瑰镇、东阿镇较多。该土属的土壤风化物一方面受山洪作用的携带，另一方面受河流搬运，在流速减缓处沉积而成。土体深厚，土壤肥沃，表层质地适中，利于耕作，但中下层土壤复杂，有的直接影响表层土的生产性能。如剖面⊕ 6～045(BE 3 $\frac{4}{3\#}$)，采自孔村镇前转湾村 S300m 处的倾斜平地上，它就是因风化物受西部山洪作用和东部汇河水搬运而形成的。

②土种：该亚类共分 11 个土种，即：

a. 中壤表厚黏心洪积潮褐土(代号 Bf 2 $\frac{5}{3\#}$)，面积为 679.33hm^2，占可利用面积的 1.04%。

b. 轻壤表壤均质洪积潮褐土(代号 Bf $\frac{4}{1}$)，面积为 142.91hm^2，占可利用面积的 0.22%。

c. 轻壤表厚黏心洪积潮褐土(代号 Bf 2 $\frac{4}{3\#}$)，面积为 304.40hm^2，占可利用面积的 0.47%。

d. 轻壤表厚黏腰洪积潮褐土(代号 Bf 2 $\frac{4}{5\#}$),面积为 317.42hm^2,占可利用面积的 0.49%。

e. 中壤表厚黏心洪冲积潮褐土(代号 Bf 2 $\frac{5}{3\#}$),面积为 506.02hm^2,占可利用面积的 0.78%。

f. 轻壤表厚砂心洪冲积潮褐土(代号 Bf 3 $\frac{4}{3\#}$),面积为 99.05hm^2,占可利用面积的 0.15%。

g. 轻壤表壤均质洪冲积潮褐土(代号 Bf 3 $\frac{4}{1}$),面积为 2639.56hm^2,占可利用面积的 4.06%。

h. 中壤表壤均质洪冲积潮褐土(代号 Bf 3 $\frac{5}{1}$),面积为 1125.78hm^2,占可利用面积的 1.73%。

i. 轻壤表厚黏腰洪冲积潮褐土(代号 Bf 3 $\frac{4}{3\#}$),面积为 1157.54hm^2,占可利用面积的 1.78%。

j. 轻壤表厚黏心洪冲积潮褐土(代号 Bf 3 $\frac{4}{3\#}$),面积为 449.81hm^2,占可利用面积的 0.7%。

k. 黏均质洪冲积潮褐土(代号 Bf 3 $\frac{6}{1}$),面积为 1158.19hm^2,占可利用面积的 1.78%。

现将上述 11 个土种中的几个主要土种剖面特征、生产性能叙述如下:

Ⅰ. 轻壤表均质洪积物潮褐土(代号 Bf 2 $\frac{4}{1}$)

这种土与洪积冲积物上发育的土种(代号 Bf 3 $\frac{4}{1}$、Bf 3 $\frac{5}{1}$)剖面基本相同,主要特征是表土轻壤或中壤,全剖面均为壤质,无障碍层次,主要分布在孔村镇、孝直镇、平阴镇、东阿镇的山前平地,倾斜平地和微倾斜平地上、这种土壤耕性良好,保肥、保水性中等,适宜种植各种作物,土壤理化性状也较好。

代表剖面:⊕ 6～025,采自孔村乡镇孔村村 S20°N250m 处,时间:1981 年 10 月 31 日。

0～20cm,灰黄褐色,轻壤质,粒状结构,润而松,孔隙、植物根系和动物洞穴都多,石灰反应较强烈,pH 为 7.5。

20～30cm,灰黄褐色,中壤质,粒状结构,润而稍紧,孔隙、植物根系和动物洞穴都多,石灰反应强烈,pH 为 7.5。

30～150cm,灰褐色,中壤质,粒状结构,湿润稍紧,孔隙、植物根系和动物洞穴较多,石灰反应中等，pH 为 7。对这种土，在今后利用上要增施有机肥料，扩大水浇面识。

Ⅱ. 中壤表厚黏心洪冲积潮褐土(Bf3 $\frac{5}{3\#}$)

该土种是与洪积物形成的，和表土为轻壤质的洪积物、和洪冲积物上发育的土种，剖面特征基本相同，以下 3 种代号(Bf2 $\frac{5}{3\#}$、Bf 3 $\frac{4}{3\#}$、Bf 2 $\frac{4}{3\#}$)其主要特征是在 20～60cm 土层内出现重壤或黏土这层质地黏重的土壤，影响着根系下扎和水分的上下运行，严重时会造成季节性滞水懈涝。如排水不畅导致秋作物因受涝害而减产，甚至绝产。出现部位浅的影响最大，有的甚至影响到耕层的理化性状，不宜耕作，适耕期短，湿时黏，干时硬，黏力强，费力费时，机具磨损大。这种土主要分布在孔村镇、孝直镇。

代表剖面：08～021，采自孝直镇焦柳沟村 N75°W600m 处，时间：1981 年 11 月 3 日。

0～27cm，黄色，中壤质，粒状结构，干而松，孔隙、植物根系和动物洞穴都多，石灰反应较弱，pH 为 7。

27～46cm，褐色，重壤质，块状结构，有少量的铁锰结核，干而紧，孔隙、植物根系和动物洞穴多，石灰反应较弱，pH 为 7。

46～125cm，黄褐色，轻壤质，粒状结构，有少量的铁锰结核，湿润而松，孔隙、植物根系和动物洞穴较少，石灰反应中等，pH 为 7。

125～150cm，暗褐色，重壤质，块状结构，有铁子，湿而紧、孔隙、植物根系和动物洞穴较少，石灰反应中等，pH 为 7。

Ⅲ. 轻壤表厚黏腰洪积潮渴土(Bf 2 $\frac{4}{5\#}$)

这种土是较好的一种土壤，群众常称为“蒙金地”(与其相似的有 Bf 3 $\frac{4}{5\#}$)。分布在孝直镇、孔村镇，其主要特征是黏土层出现在 60m 以下，表土及心土层上部质地适中，多为轻壤或中壤，肥力高，保肥力强，黏土层即不影响根系下扎，又能起到保肥、保水的作用。这种土适种多种作物。

代表剖面：⊕ 6～036，采自孔村镇东天宫村 N70°E450m 处，时间：1981 年 10 月 25 日。

0～20cm，灰色轻壤质，小粒状结构，润而松，孔隙、植物根系和动物洞穴都多，石灰反应较弱，pH 为 6.5。

20～55cm，灰色，轻壤质，小粒状结构，湿润而稍紧，孔隙、植物根系和动物洞穴都多，石灰反应较弱，pH 为 6.5。

55～150cm，深灰色，重轻质，小块状结构，湿润而稍紧，孔隙、植物根系和动物洞穴较多，石灰反应较弱，pH 为 7。

Ⅳ. 轻壤表厚砂心洪冲积潮褐土(代号 Bf 3 $\frac{4}{3\#}$)

这种土壤的最大特征是表土较好，表土以下至 60cm 以上均有约 30cm 厚的砂层，漏肥、漏水极为严重，有的出现旱龙道。这种土大部分是在河流附近，由于河道的变迁，后期覆盖了新的土层，部分为近年河滩造地、人工搬运的大寨田，没有剖面发育，层次不明显，砂黏不均，作物长势参差不齐，这种地主要分布在孝直镇。

代表剖面：⊕8～042，采自孝直镇中洼村 W1750m 处，时间：1981 年 10 月 6 日。

0～35cm，黄褐色，轻壤质，粒状结构，润而松，孔隙、植物根系和动物洞穴都多，石灰反应强烈，pH 为 7.2。

35～65cm，黄褐色，砂质，粒状结构，润而松，孔隙较多，有较多的植物根系，有少量的动物洞穴，石灰反应较弱，pH 为 7。

65～100cm 同，浅褐色，轻壤质，粒状结构，湿润而稍紧，孔隙较多，植物根系和动物洞穴较少，石灰反应较弱，pH 为 7。

100～120cm，黄褐色，砂质，粒状结构，湿润而松，孔隙、植物根系和动物洞穴都较少，pH 为 7.2。

120～150cm，黄褐色，重壤质，粒状结构，湿而紧，有少量孔隙，pH 为 7.2。

Ⅴ. 黏均质洪冲积潮褐土（Bf 3 $\frac{6}{1}$）

该土主要特征是：通体质地黏重，湿时泥泞，干时坚硬，耕作困难，耕后易起土块，通水性差，雨季易积水，形成僻涝，通透不良，有机质分解慢，容易积累，保水、保肥力强。由于水分含量高，土中空气少，温度上升慢，土性发冷，早春不利于种子发芽出土。这种土主要分布在孝直镇的倾斜平地上。

代表剖面：81054，采自孝直镇的展小庄村 S5°W500m 处，时间：1981 年 10 月 7 日。

0～20cm，褐色，重壤质，块状结构，干而松，植物根系和动物洞穴都多，石灰反应强烈，pH 为 6.7。

20～55cm，褐色，重壤质，块状结构，润而紧，孔隙较多，植物根系和动物洞穴都多，侵入体有砾石，石灰反应强烈，pH 为 6.8。

55～73cm，黄褐色，轻壤质，粒状结构，润而紧，有少量孔隙，有较多的植物根系和动物洞穴，石灰反应强烈，pH 为 6.7。

73～83cm，黄褐色，沙壤质，粒状结构，润而紧，有少量孔隙及植物根系和动物洞穴，石灰反应强烈，pH 为 6.8。

83～107cm，褐色，重壤质，块状结构，润而紧，有少量孔隙、植物根系及动物洞穴，石灰反应强烈，pH 为 6.8。

107～150cm，褐色，重壤质，块状结构，湿而紧，有少量的孔隙、植物根系和动物洞穴。

2. 潮土类

潮土（代号 C）是发育在河流冲积物上，受地下水活动影响，经过耕种熟化而形成的一种土壤。在全县主要分布在沿黄的平阴镇、安城乡、玫瑰镇、东阿镇面积为 7639.80hm^2，占可利用面积的 11.74％。

该土类是受潜水影响而形成的一种非地带性土类，潜水位浅，一般在 2～4m 以内。全县潮土主要受黄河冲积物的影响，黄河夹带的大量沙泥，在水流中不断沉积下来。河流泛滥时，水流湍急，携带的泥沙不易下沉，沉积物多为沙粒，而在河流中游，距河较远的洼地，河水流速小，沉积物多为细泥。除此之外，又因河流水文情况的变动，也使土壤质地发生变化。全县年降雨量分布不均，多集中于夏季，雨量大的年份，洪水大、水流急，河水泛滥,可淤成质地较细的土质;在雨量少、流量小、水流慢的年份淤成的土质较粗,由于大小河流多次沉积的结果,不仅在平面分布上有冲积物粗细的不同,而且在同一剖面中,也有不同粗细层次的排列,但潮土各发生土层的质地色泽均一,由于年内降水分配不均,干湿交替,地下水发生季节性升降,使土壤剖面中产生氧化还原的交替过程。在低水位时期,地下水位以上的土层为氧化层,高水位时全部或部分土层为水所饱和而产生还原过程。变化频繁的氧化还原过程和干湿的交替,影响着土壤物质的转化和溶解、移动和沉淀。因此,在中下部土层中,常形成各种色泽的锈纹、锈斑或细小铁锰结核、石灰结核等。后经挖沟排水,改善地下水状况,耕作施肥改善土壤结构,而成为潮土类土壤。该土类呈中性或微碱性,pH 为 7.0～8.5。该土类质地变化复杂,多为砂壤至中壤,通常越靠近河床或河流上游,质地越粗,反之越细。有机质含量低,有效磷和全氮量也不高,速效钾丰富,pH 为 7.5,C/N 为 8,土壤容重为 1.21g/cm^3,较适宜,通透性较好,总孔隙度为 49.89%,通气孔隙度为 11.99%,毛管孔隙度为 37.92%。该土类在全县又分为褐土化潮土、潮土和盐化潮土 3 个亚类。

(1)褐土化潮土亚类(代号 Ca)

该亚类分布于黄泛平原的河漫滩高地上,潜水埋深为 3～4m,部分地区可大于 4m,受潜水作用较潮土亚类弱,是一种附加于褐土化过程的潮土,主要分布在玫瑰镇、东阿镇,面积为 782.72hm^2,占可利用面积的 1.20%。

该亚类土属:因黄河泛滥和改道,受黄河冲积物的影响而形成的,因部位较高,地下水埋藏较深,一般为 2.5～3.5m。地下水做缓慢的侧渗运动,水质良好,矿化度为 1g/L 以下,毛管运动也达不到地表,因此,该土无盐渍化的威胁,有向地带性土壤发育的趋势。如剖面⊕ 9～06c,采自东阿镇白塔村 E300m 处。该亚类分 2 个土种,即:

①轻壤表壤均质褐土化潮土(代号 Ca 1 $\frac{4}{19}$),面积为 647.65hm^2,占可利用面积的 1.0%。

②重壤表厚黏腰褐土化潮土(代号 Ca 1 $\frac{6}{10}$),面积为 135.07hm^2,占可利用面积的 0.21%。

现将 2 个土种的剖面特征、生产性能描述如下:

Ⅰ.轻壤表壤均质褐土化潮土(代号 Ca 1 $\frac{4}{19}$)

这种土分布在东阿镇的微倾斜平地上,主要特征是表土轻壤,全剖面均质,无障碍层次,耕性良好,保水、保肥力中等,无盐渍威胁,土壤肥力较高,适种当种作物。土壤的理化性状也较好,一般亩产在 550kg 以上。

代表剖面:⊕ 9～026,采自东阿镇乔庄村 N25°E400m 处,时间:1981 年 9 月 30 日。

0～20cm,黄褐色,轻壤质,粒状结构,无新生体,润而散,有大量的孔隙及植物根系和动物洞穴,石灰反应强烈,pH 为 7.5。

20～60cm,黄棕色中壤质。块状结构,有大量丝状假菌丝体,潮润而紧,孔隙及植物根系和动物洞穴较多,石灰反应强烈,pH 为 7.5。

60～85cm,浅褐色,中壤质,粒状结构,有大量的假菌丝体,潮润而散,孔隙较多,植物根系和动物洞穴较少，石灰反应中等，pH 为 7.3。

85～50cm，黄棕色，中壤质，块状结构，有大量的假菌丝体，潮润而紧，孔隙较多，植物根系和动物洞穴较少，石灰反应中等，pH 为 7.2。

Ⅱ.重壤表厚黏腰褐土化潮土（Ca 1 $\frac{6}{10}$）

主要分布在玫瑰镇、东阿镇的微倾斜平地上，主要特征是：表层质地黏重，黏结性强，湿胀性大，湿时泥泞，干时坚硬，耕作困难，耕后易起土块，吸水、保水性强，通透不良，不耐涝，如遇大雨则地表积水，形成内涝，如排水不及时，也易引起盐渍化，通气不良，有机质分解慢，容易积累，矿物养分多，保肥力强，养分高，由于水分含量高，空气少，温度上升慢，土性发冷，早春不利于种子发芽、出苗、出土。因此，该土发老苗，不发小苗，中下层土较好，不砂不黏，有适当的保水、保肥性能，但毛管作用强烈，潜水位高时，有可能引起地表返碱。

代表剖面：⊕ 9～060，采自东阿镇白塔村 E300m 处，时间：1982 年 6 月 6 日。

0～50cm，褐棕色，团粒结构，潮湿而散，有大量的孔隙和植物根系，石灰反应强烈，pH 为 7.4。

50～100cm，褐色中壤质，块状结构，潮湿而紧，孔隙多植物根系较少，石灰反应强烈，pH 为 7.4。

(2)潮土（亚类）（代号 Cb）

该亚类土壤是直接发育在河流沉积物上，受潜水作用形成的一类土壤。主要分布在沿黄的平阴镇、东阿镇、安城乡、玫瑰镇的黄泛缓平洼地上，面积为 6753.75hm^2，占可利用面积的 10.38%。

本亚类土壤也是全县耕作利用已久的主要农业土壤类型之一，其剖面特征、理化性状也基本一致，有机质含量低，有效磷和全氮也不高，速效钾较丰富，pH 为 7.5，C/N 为 9，土壤容重为 1.204g/cm^3，较适宜，通透性较好，总孔隙度为 49.9%，通气孔隙度为 11.97%，毛管孔隙度 37.93%，田间持水量为 29.09%。

潮土亚类共分 1 个土属，即潮土土属，15 个土种。

潮土土属发育于河流沉积物上，所以质地差异是该土的重要属性，根据 15 个土种的表层质地分 4 种情况：轻壤土（两合土）、重壤土（淤土）、砂壤土和中壤土，这 4 种土的差别多表现在物理性质方面。中壤和重壤以黏粒和细粉粒为主，轻壤土以粗粉粒为主，砂土以细砂粒为主，其孔隙度和耕性依质地和熟化程度而异。熟化低的淤土，通透性不好，耕性不良。砂土的孔隙度和毛管孔隙度都很低，胀缩系数小，塑性小，所以持水性最低，保水、保肥最弱。轻壤土质地适中，毛管孔隙比砂土多，保水、保肥性能比砂土强，非毛管孔隙又比重壤土高，所以透水性也比中、轻和重壤好，因而肥力较高，中壤土次于轻壤，好于中壤，重壤和砂土的肥力较差。其中，飞砂土更差，是该亚类土中的低产土壤。

本土属中有 15 个土种，即：

a. 轻壤表厚砂心潮土（代号 Cb 2 $\frac{4}{2}$），面积为 430.76hm^2，占可利用面积的 0.66%。

b. 轻壤表薄砂心薄黏底潮土（代号 Cb 2 $\frac{4}{1.17}$），面积为 291.43hm^2，占可利用面积的 0.45%。

c. 轻壤表薄黏心薄黏底潮土(代号 Cb 2 $\frac{4}{13.17}$),面积为 58.69hm²,占可利用面积的 0.1%。

d. 轻壤表厚黏底潮土(代号 Cb 2 $\frac{3}{18}$),面积为 545.94hm²,占可利用面积的 0.84%。

e. 轻壤表薄黏心厚砂腰潮土(代号 Cb2 $\frac{4}{13.17}$),面积为 349.18hm²,占可利用面积的 0.54%。

f. 轻壤表厚黏腰潮土(代号 Cb 2 $\frac{4}{16}$),面积为 864.70hm²,占可利用面积的 1.33%。

g. 砂壤表薄黏腰潮土(代号 Cb 2 $\frac{3}{15}$),面积为 150.9hm²,占可利用面积的 0.23%。

h. 砂壤质潮土(代号 Cb 2 $\frac{3}{19}$),面积为 795.67hm²,占可利用面积的 1.22%。

i. 中壤质壤均质潮土(代号 Cb 2 $\frac{5}{18}$),面积为 315.60hm²,占可利用面积的 0.48%。

j. 轻壤表厚砂心厚黏底潮土(代号 Cb 2 $\frac{4}{2.18}$),面积为 151.83hm²,占可利用面积的 0.34%。

k. 中壤表厚砂腰潮土(代号 Cb 2 $\frac{5}{4}$),面积为 220.59hm²,占可利用面积的 0.34%。

l. 轻壤表厚砂腰厚黏底砂土(代号 Cb 2 $\frac{6}{4.18}$),面积为 160.28hm²,占可利用面积的 0.25%。

m. 黏均质潮土(代号 Cb 2 $\frac{6}{19}$),面积为 2227.47hm²,占可利用面积的 3.42%。

n. 轻壤表厚黏底潮土(代号 Cb 2 $\frac{4}{18}$),面积为 103.33hm²,占可利用面积的 0.17%。

o. 轻壤表厚砂腰黏底潮土(代号 Cb 2 $\frac{4}{4.18}$),面积为 87.28hm²,占可利用的 0.13%

现将以上 15 个土种中的重点剖面的特征和生产性能描述如下:

Ⅰ. 轻壤表厚砂心潮土(代号 Cb 2 $\frac{4}{2}$)

与该土种大体相近的还有轻壤表厚砂心厚黏底潮土(代号 Cb 2 $\frac{4}{2.18}$),主要分布在安城乡、东阿镇。以上两土种的共同特征是表层质地较好,具有适宜的保水、保肥、通气透水性能,具有良好的耕性,是农业生产上较理想的土壤。但表土下,20~60cm 以内易出现砂层,厚薄不等,有的在 30cm 以上,有的不足 30cm,漏肥、漏水极为严重。群众称这种地为"吃不饱,吃多少,漏多少",不抗旱,重者形成旱龙道,产量极不稳定。代号 Cb 2 $\frac{4}{2.18}$的土壤,在 100cm 以下还有 30cm 左右的黏土层,有一定的保水、保肥性能,能托住上层漏下来的水肥,也能抑制下部水分的上移,削弱了土壤的积盐过程,因此,在生产上的略好于代号

Cb 2 $\frac{4}{2}$的土壤。

代表剖面：⊕ 2～011，采自安城乡望口山村 S44°W2500m 处的倾斜平地上，时间：1981 年 10 月 19 日。

0～30cm，灰褐色，轻壤质，碎块状，润而松，植物根系多，动物洞穴较多，石灰反应强烈，pH 为 8。

30～60cm，浅褐色，粉砂质，碎块状，润而松，植物根系较多，动物洞穴较少，石灰反应强烈，pH 为 7.5。

60～120cm，黄褐色，砂壤质，块状结构，潮润而稍紧，石灰反应强烈，pH 为 7.5。

Ⅱ. 轻壤表薄砂心薄黏底潮土(代号 Cb 2 $\frac{4}{1.17}$)

该土主要分布在安城乡，其特点是表层质地良好，是农业生产上较理想的土壤。在 20cm 左右的表土以下，60cm 以上有 10～30cm 的砂层，在 100cm 以下、150cm 以上有 10～30cm 的黏土层，虽心部有漏肥、漏水现象，但下部的黏土层虽然只有 10cm 左右，却有阻隔水分上下运行的作用，不同程度地削弱了土壤的积盐过程，因此，该土种生产性能一般。

代表剖面：⊕ 2～1003，采自安城乡东张营村 N2°W750m 处，时间：1981 年 10 月 26 日。

0～35cm，浅褐色，轻壤质，块状结构，润而松，孔隙和植物根系较多，动物洞穴较多，石灰反应强烈，pH 为 7.6。

35～56cm，棕褐色、砂壤质，块状结构，湿而松，孔隙多，动物洞穴和植物根系较少，石灰反应强烈，pH 为 7.6。

56～79cm，灰褐色，砂壤质，屑粒状，孔隙多，动物洞穴和植物根系都少，石灰反应强烈，pH 为 7.5。

79～130cm，棕色、轻壤质、片状结构，湿而紧，石灰反应强烈，pH 为 8。

130～150cm，棕色，重壤质，块状结构，有大量的锈纹、锈斑、润而紧，石灰反应强烈，pH 为 8。

Ⅲ. 砂壤表厚黏底潮土(代号 Cb 2 $\frac{3}{18}$)

该土种主要分布在平阴镇、安城乡、东阿镇，其特点是表层质地沙壤，物理黏粒含量低，无黏结性，通透性强，而持水性差，漏水、漏肥，土壤肥力低，在土层 100cm 以下有 30cm 的黏土层，这层黏土有抑制下部水分上移、削弱土壤积盐过程的作用，同时还能程度不同地抑制上部水肥的下漏，但也有影响根系下扎的作用。因此，该土种不抗旱涝，生产性能差。

代表剖面：3～084，采自平阴镇小孙庄村 N40°E500m 处，时间 1981 年 9 月 24 日。

0～20cm，灰白色，砂壤质，粒状结构，干而松，孔隙、植物根系和动物洞穴较多，石灰反应强烈，pH 为 7。

20～75cm，灰褐色，松砂质，粒状结构，有少量的锈纹、锈斑，润而紧，孔隙、植物根系和动物洞穴较多，石灰反应强烈，pH 为 7。

75～115cm，灰褐色，紧砂质，粒状结构，有少量的锈纹、锈斑，润而稍紧，无孔隙和动物洞穴，植物根系也很少，石灰反应强烈，pH 为 7。

115～150cm，红棕色，重壤质，块状结构，有大量的锈纹、锈斑，湿而稍紧，无孔隙，植物根系和动物洞穴，石灰反应强烈，pH 为 7.5。

Ⅳ. 轻壤表厚黏腰潮土(代号 Cb 2 $\frac{4}{16}$)

该土种主要分布在平阴镇、玫瑰镇、东阿镇，主要剖面特征是在 60cm 以下有大于 30cm 厚的黏土，由于这层黏土的存在，对农业生产极为有利，除起保肥、保水作用外，还有抑制下部水分上移、削弱土壤积盐过程的作用，同时上层土质地适中，易耕作。

代表剖面：⊕ 10～002，采自玫瑰镇大孙庄 N25°W300m 处，时间：1981 年 11 月 1 日。

0～20cm，浅褐色，轻壤质，小黏状，润而松，孔隙、植物根系和动物洞穴较多，石灰反应强烈，pH 为 7.5。

20～60cm，灰褐色，轻壤质，粒状结构，润而散，孔隙很多，植物根系和动物洞穴也较多，石灰反应强烈，pH 为 7.0。

60～90cm，灰褐色，黏质，片状结构，潮润而紧，孔隙较多，植物根系和动物洞穴较少，石灰反应强烈，pH 为 7.2。

90～150cm，深褐色，黏质，片状结构，潮润而紧。孔隙和植物根系较少，石灰反应强烈，pH 为 7.1。

Ⅴ. 砂均质潮土(代号 Cb 2 $\frac{3}{19}$)

该种土主要分布在平阴镇、玫瑰镇、东阿镇的微倾斜平地上，其主要特征是全剖面较均一。基本是沙质土，但也可能在某一层位出现小于 10cm 的间层，地下水位在 2m 以下，雨季有时可上升到 1m 左右。矿化度小于 1g/L，土质疏松，有利于作物出苗和扎根，耕性和通气性良好，但持水性较差，有机质分解快，矿质养分少，养分容易流失，粒间孔隙大，水少气多。因此，该种土土质瘠薄，不保水肥，易旱易涝，发小苗、不发老苗，生产性能差，一般种植小麦—玉米，一年两作。

代表剖面：⊕ 3～002，采自平阴镇翟庄村 N55°E600m 处，时间：1981 年 9 月 25 日。

0～20cm，灰褐色，砂壤质，粒状结构，润而紧孔隙多，植物根系也较多，石灰反应强烈，pH 为 7。

40～70cm，淡褐色，紧砂土粒状结构，润而紧、孔隙和植物根系都少，石灰反应强烈，pH 为 7.5。

70～80cm，黄褐色，中壤，块状结构，有较多的锈纹锈斑湿润而紧，有少量的孔隙，石灰反应强烈，pH 为 7。

80～100cm，淡褐色，紧砂土，粒状结构，潮润而紧，有少量的孔隙，石灰反应强烈，pH 为 7.3。

Ⅵ. 黏均质潮土(代号 Cb 2 $\frac{6}{19}$)

该种土主要分布在平阴镇、安城乡、玫瑰镇、东阿镇短期积水的低平洼地中，主要由黏质沉积物耕种熟化而成，地下水埋深一般为 1.30～2m，通体质地黏重，水分的活动性较差，通透性不良，湿时“一团糟”，干时“一把刀”，所以该地怕旱又怕涝，但能隔断水分向上运行，有减轻地表积盐的作用。适耕期短，耕后起土块，即使多次耕地也不易粉碎，所以耕性很差。因该土所处地势低洼，地下水较高，早春土温较低，潜在肥力不易发挥，所以该土潜在肥力高、有效肥力低，发老苗、不发小苗，持水保水性强，有效水量不高。

代表剖面：⊕ 3～103，采自平阴镇子顺村草草山 S25°W480m 处，时间：1981 年 9 月 28 日。

0～20cm，褐色，重壤质，团状结构，润而紧，孔隙、植物根系和动物洞穴较多，石灰反应强烈，pH 为 7。

20～70cm，棕色，黏土，块状结构，润而紧，有少量的孔隙和植物根系，石灰反应强烈，pH 为 7。

70～150cm，棕褐色，黏土，块状结构，有大量的锈纹、锈斑，湿而紧，石灰反应强烈，pH 为 7。

(3)盐化潮土＜亚类＞(代号 Cc)

该亚类土壤是直接发育在河流沉积物上，多数为静水沉积物受潜水作用形成的一类土壤，主要分布在我县沿黄的东阿镇的黄泛缓平洼地的低洼处，面积为 101.40hm²，占可利用面积的 0.17%。

该亚类土壤也是我县的盐碱地，其剖面特征和潮土亚类相同，潜水埋深为 1.3～2.5m，地表有盐斑，表层多为轻质土壤，土壤肥力低，理化性状差，有机质、有效磷、全氮含量低，速效钾较丰富，pH 为 7.5，C/N 为 5，土壤容重为 1.31g/cm³，较适宜，通透性良好总孔隙度为 50.55%，通气孔隙为 13.5%，毛管孔隙度为 37.5%，田间持水量为 32.45%。

该亚类共 1 个土属，即盐化潮土土属。盐化潮土土属是发育在河流静水沉积物上的，因所处地形平坦低洼，排水不畅，致使地下水埋藏浅。地下水越浅，蒸发愈强，矿化度愈高，不仅加重洪涝危害，也使土壤产生盐碱化。河流对水盐运动也有一定的影响，我县年降雨量分布不均，多集中于夏季，因此，每逢雨季，洼地积涝，暴雨产生洪涝，泛滥成灾。加之黄河多次泛滥沉积，河面又高出地面，地上河水或季节性的河水补给地下水，成为地下水盐分的补给来源，造成盐分的累积。全县属于大陆性季风性气候，春季干燥多风、夏季炎热多雨、秋季晴爽，冬季干寒。这种干湿明显的气候特征也使土壤盐分产生季节性的动态变化，春季为积盐期，夏季为脱盐期，秋季为上升期，冬季为稳定期。在一年中，土壤积盐的时间长达 5～6 个月，而脱盐期仅 3 个月左右。因此，作物常受盐害，使该土表面春秋有盐斑出现，仅生长黄须菜、碱蓬柽柳，其剖面特征和理化性状同亚类，该地生产性能很差。

该土属只有 1 个土种，即轻壤表厚黏腰盐化潮土，代号为 Cb 5 $\frac{4(三)}{16}$，面积为 101.33hm²，占可利用面积的 0.17%。

该土种主要分布在东阿镇北的黄泛缓平洼地上，土层深厚，表土质地适中，但地表有盐斑。60cm 左右出现黏化现象，质地呈现上轻下重，虽利于保肥、保水，但潜水埋深只有 1.3～2m，潜水矿化度小于 10g/L，30cm 处出现在锈纹、锈斑，土壤易产生盐碱，生产性能差，不易保苗。

代表剖面：⊕ 9～039，采自东阿乡镇西山村 N60°E500m 处，时间：1981 年 9 月 29 日。

0～19cm，浅褐色，轻壤质、粒状结构、湿而松，孔隙和植物根系较多，动物洞穴少，石灰反应强烈，pH 为 7.5。

19～32cm，黄褐色，中壤，块状结构，有少量的锈纹、锈斑，湿而紧，有少量的孔隙，植物根系和动物洞穴，石灰反应强烈，pH 为 7.7。

32～57cm，灰白色，沙壤，屑粒状结构，有少量的锈纹、锈斑，润而散，有少量的孔隙，植物根系和动物洞穴，石灰反应强烈，pH 为 7.8。

57～100cm，黄褐色，黏土，粒状结构，有大量的锈纹、锈斑，湿而紧，石灰反应强烈，pH 为 8。

100～150cm，浅红色，黏土，片状结构，有大量的锈纹、锈斑，润而紧，石灰反应强烈，pH 为 8。

3. 砂姜黑土土类

砂姜黑土土类（代号 G）主要分布在孝直镇的沿汇河两岸的扇间洼地上，面积为 760.44hm^2，占可利用面积的 1.77%。其成土母质为静水沉积物质，前期为沼泽洼地，在长期成土过程中，由于气候与水文地质的变化，逐渐出现脱水现象，由沼泽化开始生长耐湿草本植物并进行草甸化过程，后期经过长期的洪积、冲积物质的覆盖，使潜水位的下降，出现潜水状态，是褐土带内的隐域性土壤。它的主要剖面特征是表层一般为后期覆盖的壤质土，厚薄不等，耕层以下有明显的灰褐色黏重坚硬的腐泥状黑土层（也有的黑土裸露），再往下有潜育性砂姜硬砂姜层。全剖面土质较黏重，多呈中性或微碱性反应。

目前，凡该类土壤分布的地区，地下水位虽有所下降，但由于地势低洼，高差甚小，再加雨量又多集中于夏季 7、8 月，四周的洪水向洼地聚集。特别是肥城桃山一带的洪水，顺汇河急剧而下，引起泛滥，形成积水，造成季节性僻涝，又因土质黏重，很不利于作物生长。从理化分析，养分含量一般不低于褐土，但速效养分低，物理性状较差，C/N 为 9，pH 为 7.3，耕层多为重壤或中壤，下部多为重壤或黏壤土。土壤容重一般为 1.39g/cm^3，总孔隙度为 47.58%，毛管孔隙度为 37.16%，通气孔隙度为 10.4%，大多数下部透水性差，田间持水量为 24.02%。

该类土壤只分砂姜黑土 1 个亚类（代号 Ga），2 个土属，2 个土种。

(1)该类土壤的 2 个土属，即覆盖黄土小于 30cm 和覆盖黄土 30～60cm。

砂姜黑土在早期沼泽草甸的基础上，开始旱耕熟化过程。由于排水、耕作、施肥等措施，土壤形态起了变化，首先是潜水程度减轻，潜育层部位下降，而且黑土层上部颜色变淡，以后逐渐分化为耕作层、犁底层和埋藏黑土层。

覆盖黄土小于 30cm（代号 Ga 2），面积为 421.36hm^2，主要分布在孝直镇扇间洼地的洼坡上。该土层一方面是因后期覆盖的壤质物浅，另一方面是因平时的排水耕作施肥等管理措施粗放。一般潜水位稍深，砂姜埋藏浅而密集成层，成为该土层的障碍层次。因低洼潜水位高，春季地温不易上升，夏季易涝，故而土壤养分的有效性降低，特别是缺磷，存在着僵板、冷瘦等障碍因素，土壤肥力低，生产性能差。如剖面⊕ 8～026，采自孝直镇曲柳沟村 S30°E750m 处，时间：1981 年 11 月 2 日，该剖面就是以上所述情况。

黄土覆盖层30～60cm(代号Ga 3),面积为339.08hm²,分布在孝直镇。该土属一方面因后期覆盖物深,另一方面在平时的排水、耕作、施肥等管理措施上较细,施用有机肥较多,耕作深,故表土覆盖厚。

如剖面:⊕ 8～023采自孝直镇宋柳沟村S62°S500m处,时间:1981年11月2日,该剖面黄土覆盖30cm以上,本属土壤潜水较深,表层覆盖较厚,砂姜层距地表较深,肥力较高,生产性能较好。

(2)土种:该土亚类共分两个土种,即:

a.重壤表厚黑土心覆盖黄土小于30cm砂姜黑土(代号Ga $2\frac{6}{3}$),面积为421.34hm²,占可利用面积的0.64%。

b.中壤表厚黑土心覆盖黄土30～60cm砂姜黑土(代号Ga $2\frac{5}{3}$),面积为339.08hm²,占可利用面积的0.52%。

现将上述两个土种的剖面特征生产性能描述如下:

Ⅰ.重壤表厚黑土心覆盖黄土小于30cm砂姜黑土(代号Ga $2\frac{6}{3}$)

这种土主要分布在孝直镇的扇间洼地上。主要特征是后期覆盖物较浅,耕层土壤黏重,理化性状差,透水性、通气性差,湿时泥泞、干时坚硬,耕作困难,耕后易起土块。有效养分释放慢,土性发冷,早春不利于种子发芽出土,雨季积水,易成懈涝。当前多种植小麦、玉米,一年两作,一年一作为地瓜或棉花,年产量极不稳定,特别是秋季,易受涝灾的威胁。

代表剖面:⊕8～026,采自孝直镇曲柳沟村S30°E750m处,时间:1981年11月2日。

0～25cm,褐色,重壤质粒状结构,含有少量的粒状铁锰结核,湿而松,孔隙、植物根系和动物洞穴较多,石灰反应强烈,pH为6.8。

25～63cm,灰褐色,重壤质,块状结构,有较多的铁锰结核,湿而紧,孔隙较多,植物根系与动物洞穴多,pH为7。

63～95cm,黄褐色,重壤质,块状结构,有大量的铁锰结核,润而紧,孔隙较少,植物根系和动物洞穴较多,pH为6.5。

95～150m,黄褐色,砂姜粒状结构,有大量的块状铁锰结核,润而紧,有少量的孔隙和植物根系动物洞穴,石灰反应强烈,pH为6.8。

Ⅱ.中壤表厚黑土心覆盖黄土30～60cm砂姜黑土代号(Ga $3\frac{5}{3}$)

该土分布在孝直镇的扇间洼地上,这种土后期覆盖物较深,与上一种土种相比,肥力较高,生产性能较好。表土以下即为黑土层,质地黏重,透水性很差,雨季懈涝。黑土养分很低,特别是有效磷含量更低,直接影响作物的生长,特别是秋季作物产量极不稳定。

代表剖面:⊕ 8～023,采自孝直镇宋柳沟村S60°W500m处,时间:1981年11月2日。

0～30cm,黄褐色中壤质,粒状结构,润而松,有大量的孔隙、植物根系和动物洞穴,有少量的侵入体,石灰反应强烈,pH为7。

30～85cm,褐色黏土,块状结构,有大量的粒状铁锰结核,润而紧,有少量的孔隙、植物根系和动物洞穴，石灰反应较弱，pH 为 7.2。

100～150cm，黄褐色黏土块状结构，有大量的块状砂姜，润而紧，有大量的侵入体，石灰反应强烈，pH 为 7.2。

（二）土壤分布规律

平阴县土壤的分布受母质、气候、地形、地貌、水文地质条件的影响，有着不同的分布规律。如荒岭坡地，因属钙质母岩风化的残积物未经搬运，风化物杂乱堆积，分布着年幼的褐土性土。岭坡梯田是由风化物本身的重力及雨水冲刷或山区洪水作用将风化后的碎屑物堆积较高的地带，即为坡积洪积物，后经人工垒叠而成为梯田，土壤为厚层或深厚层褐土。岭坡梯田之下由于地形开阔，山洪携带大量泥沙在这较开阔的地段上沉积下来，即为洪积物，形成了不同类型的洪积扇，后经人工修堰整平成为阶地，土层为深厚层褐土。而阶地下部的山前平地上，由地势平坦，水源较丰富，地下水位稍高，因此，分布着具有地下水作用的潮褐土，母质为洪积、洪积冲积物，在山前平地之下的黄泛缓平洼地上，它是由河流沉积物形成的该地貌类型，地势平坦，地下水受黄河的影响，常年埋藏在 1.5～2m，有利于土壤的氧化还原过程，因此，又形成潮土。总之，土壤的分布具有它的规律性，在不同的地形上形成不同的母质。地下水的埋藏深度也有着不同的分布，因此，对土壤的形成也就起着不同的作用，就形成了不同的土壤。

第二节 土地利用状况

一、土地利用现状

1988 年以来，由于城镇建设加快，交通、居民及工矿用地的增加以及农村产业结构调整，土地利用类型发生了明显变化。2008 年，全县土地总面积为 82700hm^2，其中已利用土地面积为 70400hm^2，占总面积的 85.13%；未利用土地面积为 12300hm^2，占总面积的 14.87%。

耕地包括灌溉水田、水浇地、旱地、菜地等。2008 年，全县耕地面积为 27796.53hm^2，占全县土地总面积的 33.65%。

园地包括果园、桑园和其他园地等。2008 年，全县园地面积为 9913.3hm^2，占全县土地总面积的 12%。

林地包括有林地、灌木林、疏木林、未成林林地、迹地和苗圃。2008 年，全县林地面积为 11286.7hm^2，占全县土地总面积的 13.65%。

居民及工矿用地包括建制镇用地、村庄用地、独立工矿用地、特殊用地。2008 年，全县居民及工矿用地面积为 11200hm^2，占全县土地总面积的 13.54%。

交通用地包括公路和农村道路用地。2008 年，全县交通用地面积为 3000hm^2，占全县土地总面积的 3.63%。

水域沟渠包括河流、水库、坑塘水面以及苇地、滩涂、沟渠、水工建筑物。2008 年，全县水域沟渠面积为 7166.7hm^2，占全县土地总面积的 8.66%。

未利用土地包括荒草地、裸岩石砾地、田坎和其他土地。

二、土地利用现状中存在的问题

从当前土地利用现状来看，土地利用中存在的主要问题是耕地日益减少且后备资源不足，农田重用轻养现象严重等。据统计局资料显示，建国初期，开荒造田面积超过基本建设占地面积，耕地有所增加，但现在，在耕地面积大量减少的同时，全县人口却在急剧增长，随着社会的发展，各项建设不可避免地仍要占用耕地，人地矛盾将更加突出。

土地利用中存在的问题首先是土地资源利用不够充分。全县荒岭坡地和多数沟、路、河渠、塘库旁尚未被充分利用，植树造林和发展畜牧业尚有较大空间。其次是农作物布局尚需调整。近几年来，农作物布局取得了重大成效，全县粮、经比例日趋合理，但粮、菜比例仍有很大的调整余地，主要是旱田退耕还林、还果。山区发展干果，既能抗旱，又有较高的经济效益。据调查，正常年份，干果产值是粮食产值的5～10倍，干旱年份是粮食产值的7～15倍。应积极稳妥地在山区推行退耕还果，在平原区扩大蔬菜面积。购肥理念和施肥技术落后。平原地区蔬菜地平均每亩年施用有机肥1500kg，施用化肥实物量519kg，根据多种蔬菜平均吨产量，需氮、磷、钾的比例为1∶0.34∶1.23，氮和磷过量，钾偏小。同时，总施用量大大超过蔬菜吸收量，既破坏了土壤结构和土壤养分平衡，又导致土壤酸化和盐渍化。山地丘陵区粮田年平均施用有机肥235kg/667m^2，年施用有机肥的农户仅占调查总户数的31.2%，有68.8%的农户不施有机肥，有75%的农户只施用氮、磷肥料，忽视了钾肥补充，不仅影响了土壤肥力的提高，而且还导致了土壤养分失衡，应逐步加以改进。部分山丘区粮油种植部位过高，土壤翻动次数频繁，不利于水土保持，必须从大农业观点出发，做到因土种植，提高生态效益和经济效益。

为此，必须大力推广间作套种、立体种植及一年两收、两年三作等高产高效、轮作换茬栽培技术模式，使耕地得到充分利用。特别是推广应用作物优良品种、农业新技术和新成果，发展农业产业化，提高土地的生产能力，增加粮食产量和提高农业经济效益。但是，随着城市化进程的加快和经济建设快速发展，城市建设、工矿企业用地，交通建设、水利设施占地的不断增加，使耕地面积逐年减少，农业生产可利用面积逐渐萎缩变小，发展空间受到限制。因此，加大种植制度改革和种植业内部结构调整力度，推选多茬、立体栽培的种植模式，最大限度地发挥土地的生产潜力，提高土地实际利用率，这是现代农业发展的必由之路。

第三节 耕地利用与管理

一、耕地保养利用管理简要回顾

自新中国成立至今，共进行了两次全国土壤普查工作。平阴县第一次土壤普查于1959年进行。1979年，根据国务院[1979]111号文件精神以及全国土壤普查办公室和山东省土壤普查办公室的统一部署，按照《全国第二次土壤普查暂行技术规程》和《山东省土壤工作分类暂行方案》要求，平阴县进行了第二次土壤普查。这次土壤普查在县委、县政府领导下，建立了土壤普查办公室，具体领导这次土壤普查工作。全县组织了80人的专业队，组成6个普查队和1个化验队，经过物资准备、技术培训、野外调查、分析化验、资料汇总等阶段，全面完成了全县土壤普查任务。1983年和1984年，地区和省两级土壤普查办公室先后进行了验收，颁发了土壤普查成果验收合格证书，认为质量达到《规程》要求，并在发展农业生产、发展土壤科学、培养技术人才等方面作出了成绩。

全县普查面积为785.56km^2(78555.97hm^2)，挖剖面783个，打钻孔1130个(不包括自然剖面)，采集比样标本783个，农化样本672个，物理诊断197个，测定2570项次，化验样品1100个、16000余项次，取得了11000多个数据，建立了土壤普查技术资料档案室。

通过普查，查清了土地资源、土壤类型分布及理化性质，总结了高产土壤的条件，摸清了低产土壤的面积分布及障碍因素，编绘了县1∶300000的地貌、土壤、土地利用现状、土地评级、土壤改良利用分区、表层质地及土体构型和土壤有机质、全氮、碱解氮、有效磷、速效钾含量分布等10幅图(每幅30份)，共300张。为12处公社编绘了1∶25000的成果图件10幅(每幅7份)，共840张。编写了《平阴县土壤志》、《土壤普查简明报告》、《专题报告》和各公社土壤普查报告等共18份。

第二次土壤普查科学系统地分析论述了自然条件和人为生产活动对土壤发育的影响，及各类土壤的生成、发育、特性、分类及分布，全面评述了土壤肥力状况和生产性能，科学地对土壤资源进行质量评价，分析了存在的问题，制定了土壤改良利用分区规划和因地制宜土壤改良培肥的措施，并认真总结了形成高产田的土壤条件，为其后磷肥的大面积推广应用、氮磷配合施用、配方施肥和秸秆还田技术的推广应用提供了科学依据。

从20世纪80年代中后期起，平阴县逐年加大对农业的投入，开展了生态农业示范县、山区小流域治理和农业综合开发等重大建设项目，大范围地对平原及山丘土地进行了土地改良、开发利用、综合治理。实现了一个明确的改田增粮创收的行为目标和一个对各种自然资源的综合利用，体现沟、渠、林、田、路统一规划，综合治理，农业、水利、林业、科技、生物措施的组装配套，资金、物资、劳力和科技综合投入，各种生产要素的有机结合，经济、社会和生态三方面综合效益高度统一的讲求综合效应的开发模式。近年来，国家农业综合开发及土地整理项目的实施，使平原地区达到田成方、林成网、路相通、渠相连，沟、渠、田、林、路统一规划，旱、涝、风、沙、碱综合治理，彻底解决了农田排灌现状，实现旱能浇，涝能排，土地平整，田间面貌整齐美观，农业生态环境良好，田间小气候得到改善。抗御低温、霜冻、风、雹、旱、涝等自然灾害的能力显著增强，土地风蚀化、盐碱化问题得到解决，土壤结构、养分含量明显改善和提高。同时，农业产业化程度明显提高，农业生产条件得到根本改善，可持续发展能力显著增强，基本实现了农田林网化，农药、化肥施用标准化，水土流失、水资源紧缺等环境危害得到扭转。山区通过修塘坝、建旱池，封山育林，退耕还林、还果，发展节水灌溉，铺设低压管道，进行小流域综合治理等综合开发措施，最大限度地改善了山区旱地的水浇条件和生产条件，农业生态环境得到改善，林木覆盖率明显提高，水土流失得到遏制，抵御自然灾害侵袭的能力显著增强。同时通过推广秸秆还田、测土配方施肥、良种良法配套等科技技术，使农业科技含量进一步提高，农业产业化程度明显提高。同时，对于全面贯彻落实《基本农田保护条例》，因地制宜合理利用耕地，科学保养管理耕地起到了极大的促进作用。

二、肥料投入状况

肥料是植物的粮食，合理使用有机肥料和化学肥料，对不断培肥地力和提高作物产量起着重要作用。因为肥料不仅能营养作物，而且能协调土壤中水、肥、气、热条件，提高土壤肥力，增加农作物产量，提高农产品品质。新中国成立以来，平阴县农业生产的提高与增施肥料、扩大施肥面积密切相关，肥料在农业生产中的投入比例占50%。但是，施入土壤的化学肥料大部分不能被作物吸收，一般情况下，氮肥的当季利用率为28%～30%，磷肥为18%～23%，钾肥为50%左右。未被作物吸收的肥料，在土壤中挥发、淋溶和固定。肥料的损失很大程度上与不合理施肥有关，如何减少肥料的浪费，对提高农业生产效益相当重要。施肥的目的是为了营养作物，而作物营养又是指导施肥的理论依据，但是作物生长发育与它的外界环境条件密切相连。因此，施肥不仅要根据作物营养特点，而且还要考虑到外界环境条件，包括生物、土壤、肥料、水利及栽培技术等因素，要把它们当做一个整体，运用现代科技来研究合理施肥的理论和技术，以发挥肥料增产的最大效益。平阴县农业历史悠久，农民在长期生产实践中，总结出"以水调肥"，以及"看天、看地、看庄稼"的经验，而这些经验又必须采用现代科学加以总结提高。平阴县历史上农民对于肥料的使用具有丰富的经验，在施肥的理论和实践上都具有独特的创造。

(一)有机肥料

资源数量：2008年末，全县共有各类畜牧小区99处，规模饲养达1533户。年饲养畜禽300万头(只)，年产粪肥80万吨。其中，家禽245万只，产禽粪5万吨；猪17万头，猪粪11.5万吨；牛7.44万头，牛粪55万吨；羊31.94万头，羊粪12万吨。

利用现状：养殖场的粪肥利用：一是供肥料生产企业加工有机肥占15%；二是零售卖给农户和果农施用占75%；三是露天堆放不加以利用占10%。其他有机肥的利用：随着化学肥料用量的不断增加和农业商品化生产发展，劳动力的价值也在逐年提高，这对有机肥的积造和秸秆还田、堆沤肥、城粪利用等多方面带来一定的困难，据农民推算，积一亩地农家肥，需用工10多个，用这些工钱购化肥可解决二、三亩地的用肥，尽管这种推算具有短期行为，但从经济效益和眼前利益来讲不无道理。因此，在有机肥的积造和使用上，出现了三大问题：一是有机肥使用面积越来越小，据农户调查，全县农田施用有机肥面积仅有31.2%。二是施用量逐年下降。调查发现，过去每个农户每年积攒三圈农家肥料，现在每户三年积攒不到一圈肥。因而施肥量较过去下降了60%以上，有机肥用量平均只有850kg/667m^2。三是作物秸秆堆放、废弃、烧毁、浪费严重；城市粪便由过去的派人看、管、争、抢变为无人过问，城市垃圾得不到合理的加工利用；农村人畜粪便的积用也越来越不重视。

由于上述问题的存在，严重影响了地力培肥和农业增产。据全县1373个耕地土壤养分检测结果表明，土壤有机质含量平均仅有13.26g/kg，微量元素中锌硼缺乏严重，土壤理化性状变劣，生产性能降低。群众反映土壤越来越"娇嫩"了，承受旱、涝、风、寒、病、虫的抗逆性越来越差。增肥不增产、增产不增收的现象越来越重。

农作物秸秆利用现状：全县秸秆还田实施方式有三：一是残茬覆盖方式，俗名"刀下留肥"。于小麦收割时，适当高留茬20cm左右，夏播作物可套种或贴茬种植，待作物出苗后，适当灭茬，根茬即可覆盖在地表；二是夏玉米收获后，趁鲜及时粉碎直接还田；三是追铺方式，即在小麦起身拔节期间，玉米小喇叭口期前后，于植株行间每亩追铺碎麦秸200kg左右，果园每亩覆盖1500～2000kg。全县小麦高留茬面积为15333hm^{2}占95%；玉米秸粉碎直接还田面积为6667hm^2，占60%；追铺碎麦秸覆盖面积为3333.3hm^2，占13%。

平阴县经多年秸秆还田的试验、示范和大面积推广应用实践证明，秸秆还田有如下效果：一是提高了作物产量。据多年试验示范结果，玉米亩产平均增产43.6kg，增产9.2%。小麦平均亩增产31.4kg，增产8.6%。二是培肥地力，增加了土壤肥力的基础物质。据测定，每年平均增加土壤有机质0.2～0.4g/kg，速效氮、磷、钾分别比对照增加6.0%、4.0%和8.0%。三是提高了土壤蓄水保墒能力。由于作物秸秆的覆盖，可减少土壤水分的扩散和蒸发，据测定0～20cm的土层内，秸秆还田的土层内含水量可提高16.8%～46.5%，这对干旱缺水的丘陵山区农业生产具有重要的现实意义。四是具有减缓水土流失，防止土壤环境污染功效。五是秸秆还田能减少田间杂草，节约劳力，覆盖比对照减少投入19.1%，具有增加土壤生物量、节约能源、减少投入的优点。

(二)化学肥料

平阴县历史上劳动人民对于肥料的施用具有丰富的经验，但在化学肥料施用方面起步较晚。在新中国成立初期，化肥用量少，粮食的增产主要依赖有机肥料。到20世纪80年代，随着化学肥料投入的不断增加，作物产量逐年提高。由此看出，肥料与农业生产的关系极为密切，但不是唯一的增产条件，因为农业是一个复杂的生产系统，系统中的诸因素，如国家政策、气候条件、土壤肥力、作物品种、栽培措施、病虫防治、灌排系统等，都直接影响着农作物产量的提高，肥料的增产作用，只有在诸因素彼此协调的状态下才能得以充分发挥。

新中国成立后，党和政府十分重视肥料工作，1956～1967年全国农业发展纲要中指出“中央和地方都应当积极发展化肥制造工业”。随后，我国化肥工业发展迅速，由小到大，从无到有，肥料品种不仅有单质肥料、复合肥料，也有高浓度肥和长效肥等肥料新品种的研制、生产和应用。2008年末，全县肥料生产企业主要有鲁西平阴化肥厂、济南乐喜施肥料有限公司，年合成氨9.4417万吨、尿素6.4万吨、化肥(折纯)6.4551万吨。目前全县化肥用量仍然是氮肥＞磷肥＞钾肥，而目前肥效是氮肥＞钾肥＞磷肥。农田中氮、磷的肥效普遍下降，钾肥的肥效显著。因此，生产中应增加钾肥的投入。微量元素肥料应重视锌肥和硼肥补充，微肥的施用原则要做到因缺补缺。

肥料是提供植物正常生长的必需营养元素，并兼有改变土壤性质、提高土壤肥力功能的物质。在农业生产的发展中，肥料的作用是十分明显的。它一方面能提高作物的产量和改善作物的品质，供应人们生活需要和日益增长的工业需求，另一方面可提高土壤肥力，使农业生产得以持续发展。据联合国粮农组织估计，近30多年来，在提高农业产量的增产因素中，增施肥料占40%～60%。

三、耕地利用现况

平阴县2008年耕地总面积为27796.53hm^2，其中水浇地面积为12505.48hm^2，占耕地总面积为44.98%；旱作面积约15081.17hm²，占耕地总面积的54.27%；蔬菜地面积为209.86hm²，占耕地总面积的0.76%。2008年，农作物播种面积为50471hm²，其中粮食总播种面积为36010hm²，占播种面积的71.35%；棉花播种面积为2008hm²，占播种面积的3.98%；蔬菜播种面积为7917hm²，占播种面积的15.68%。化肥施用量为49700吨，折纯为15206吨，其中氮肥使用量为23990.19吨，折纯为5557.59吨；磷肥使用量为10995.12吨，折纯为2752吨；钾肥使用量为4709吨，折纯为1792.63吨；复合肥使用量为10004吨，折纯为4999.50吨，平均每亩耕地施用化肥为99.5kg，折纯为33.2kg。

近年来，全县土地政策稳定，政府政策扶持力度和资金投入不断加大，提高了农民的生产积极性，使耕地利用情况日趋合理。一是耕地产出率高。2008年粮食总产量为201912吨，人均粮食产量580.89kg。2008年全国粮食5.015亿吨，人均约386kg，比全国平均水平高194.89kg。二是耕地利用率高。随着新品种的不断引进，间作、套作等耕作方式的合理运用，设施农业快速发展，反季节栽培技术大力推广，耕地复种指数不断提高。以2008年统计数据为依据，以复种指数为判断指标，综合统计分析复种指数，情况表明：全县耕地资源总体上利用较好，复种指数较高，保证了粮食生产的安全。三是产业结构日趋合理。与第二次土壤普查时相比，虽然耕地面积有所减少，但农作物播种面积却有了较大提高，农业、种植业内部结构更加优化，粮经比例更趋合理。四是基础设施进一步改善，水利化程度提高。通过土地整理等项目的实施，全县农田基础设施不断改善，节水灌溉面积达到14590hm²(见表2-2)。

表2-2　　平阴县2008年农业生产概况

类型	计量单位	总计	类型	计量单位	总计
耕地面积	hm²	27796	秋粮播种面积	hm²	21295
化肥施用量:实物量	吨	49700	单产	kg	6330
折纯量	吨	16558	总产	吨	134741
氮肥施用量:实物量	吨	23990.19	玉米播种面积	hm²	12578
折纯量	吨	5557.59	单产	kg	6900
磷肥施用量:实物量	吨	10995.12	总产	吨	86743
折纯量	吨	2752	薯类播种面积	hm²	3972
钾肥施用量:实物量	吨	4709.50	单产	kg	7290
折纯量	吨	1792.63	总产	吨	28957
复合肥施用量:实物量	吨	10004.95	棉花播种面积	hm²	3781
折纯量	吨	4999.50	单产	kg	1170
每亩耕地施化肥量:实物量	吨	99.5	总产	吨	4437

续表

类型	计量单位	总计	类型	计量单位	总计
折纯量	吨	33.2	蔬菜播种面积(含菜用瓜)	hm^2	7321
农作物总播种面积	hm^2	53671	单产	kg	473274
粮食播种面积	hm^2	37399	总产	吨	64650
单产	kg	5910	玫瑰花面积	hm^2	834
总产	吨	220972	玫瑰花产量	吨	900
夏粮播种面积	hm^2	16104			
单产	kg	5355			
总产	吨	86231			

四、施肥实践中存在的主要问题

由于过去科学施肥技术推广力度小，农民科技素质差，科学施肥技术到位率低，导致农民施肥决策不合理，肥料利用率低。从全县农户施肥调查结果中看出，依据肥料价格高低购买使用的占75%，按氮、磷、钾养分含量购买使用的占22%，按大、中、微量元素配合的仅占3%；农民确定施肥量，依据地力的占10%，依据习惯的占70%，随大流的占20%。虽然有10%的农户知道根据地力来确定施肥量，但在实际操作中即缺乏土壤检测手段，又缺乏施肥技术指导，只能进行粗略定性或定量，因而购肥、施肥带有很大的盲目性。其结果是既增加了生产成本，又降低了肥料利用率。全县氮肥当季利用率仅有为32.1%，磷肥为13.4%，钾肥为48.6%。

氮、磷、钾养分投入产出平衡状况决定土壤养分含量的增减。从采样点施肥调查结果看出，其变化原因：一是农民投肥比例不合理，化肥使用一味以氮、磷为主，氮、磷、钾比例是1∶0.56∶0.15，与世界平均水平(1∶0.4 ∶0.48)相比，氮比例相近，磷比例偏高，钾比例偏低。距理想的氮、磷、钾比例(1∶0.4∶0.5)仍有一定的差距，氮、磷比例趋于合理，氮、钾比例差距较大，钾肥投入严重不足。其结果是造成土壤有效磷大幅上升，碱解氮逐年提高，尤其是麦田有效磷和碱解氮增加较大，分别比1982年增加了2.46倍和3.24倍。二是由于家庭养殖业萎缩，农家有机肥源匮乏，有机肥投入逐年减少，因而导致土壤的缓冲能力下降。

第三章 耕地地力调查方法与内容

耕地是人类生产生存的物质基础和保障，经过长期的耕作种植，土壤的地力水平、理化性状、生产性能都发生很大变化。耕地地力调查是在充分考虑地理位置、土壤类型、耕地利用现状、作物品种布局等因素的基础上，按照典型性、代表性、广泛性、科学性的布点原则，进行科学合理布点，采用GPS卫星定位系统，确定取样点地理坐标，用统一的技术标准、评价标准和取样方法进行调查。

第一节 准备工作

一、组织与管理

耕地地力评价项目是平阴县近年来承担的重大项目之一，为切实落实好这一惠农政策，保证耕地地力评价工作的顺利开展，我们不等不靠，边干、边学、边摸索，研究制定了具体的工作思路和实施方案，并向县委、县政府分管领导做了专题汇报，得到了领导的高度重视。

(一)成立领导小组

召开了平阴县耕地地力调查与评价领导小组会议，认真研究制订工作方案，县政府加强了对这项工作的领导和组织协调，国土局、水务局、财政局、民政局等职能部门积极配合，拟定了工作方案，确定了工作重点及相关部门工作职责。2006 年县政府下发了平政字(2006)15 号文《平阴县 2006 年国家测土配方施肥项目实施方案》，县政府成立由分管农业的副县长任组长，县长助理、农业局、财政局主要负责人为副组长，财政局、技术监督局、工商局、国土资源局、民政局等分管负责人为成员的领导小组，具体负责项目实施，实行责任制，检查项目进度。各乡镇也成立了相应的领导小组，负责本乡镇项目的实施及落实，按照县里要求及时完成项目建设任务。

平阴县耕地地力调查与质量评价领导小组成员

组　长：李嘉存　县政府副县长

副组长：张云雷　县政府县长助理

于庆印　县农办主任、农业局局长

张华泽　县财政局局长

成　员：郭继明　县农办副主任、农业局副局长、产业化办公室主任

张乐文　县财政局副局长

董宜利　县技术监督局副局长

李　军　县工商局副局长

谭慧芳　县国土资源局副局长

马元方　县民政局副局长

李宗乾　县农办副主任、县农业局副局长

领导小组下设办公室，办公室设在县农办、农业局，郭继明兼任办公室主任，李宗乾兼任办公室副主任。

项目领导小组多次召开会议，研究制定了工作方案，细化工作任务，明确目标责任，组织协调国土局、水利局、民政局等相关部门积极配合。领导小组在资料收集、人员安排、样品采集等方面发挥了非常重要的作用，为项目工作顺利开展奠定良好基础。2006 年 5 月 18 日，平阴县召开了动员会、启动会，对项目的开展进行了全面的动员部署，会上由县长同项目区乡镇签订了《项目目标责任书》。先后在采样、试验示范、供肥等关键时机分别召开全县的项目专题调度会 10 余次。调度会先由技术小组、项目乡镇汇报交流工作情况，再由项目办公室总结各技术小组及乡镇的工作情况，通报省市测土施肥的相关最新信息、兄弟县市的先进做法，并结合上级的工作安排，查找工作中的不足，部署下一阶段的工作任务，最后分管领导及主要领导做总结、提要求。调度会不断增强大家的责任心，确保了每年每一阶段的任务落到实处。县政府和局领导的重视支持和组织得力保证了项目的顺利实施。

（二）成立技术小组

县农业局同时成立了技术指导小组，主要承担测土配方施肥和耕地地力评价技术规范的编制、实施技术方案的制定、技术指导、专题研究以及土壤监测工作。技术小组主要由有实践经验的土肥、农技、植保、种子等技术人员组成，各组组长为该项工作的具体责任人。技术小组具体负责方案的落实、技术指导、质量控制以及自查自检工作。各项目乡镇按县里的统一要求，也成立了相应的领导小组，乡镇技术人员协助完成采样、培训、试验、示范、建议卡的发放、配方肥料的统计、配送等工作。

耕地地力调查与质量评价工作技术小组成员

组　长：李宗乾　县农办副主任、农业局副局长、农艺师

副组长：谢培才　县土肥站站长、高级农艺师

成　员：李红光　县土肥站　农艺师

马冬梅　县土肥站　农艺师

靳慧君　县土肥站　农艺师

王胜利　县土肥站　助理农艺师

技术小组下设办公室，办公室设在县土肥站，谢培才兼任办公室主任。

（三）成立各专业工作小组

根据项目要求成立了耕地地力调查与质量评价野外调查采样小组、后勤小组、室内化验分析小组、室内汇总小组、档案管理小组、技术培训小组等 6 个专业小组，专业小组实行岗位目标责任制。

野外调查采样小组由县农业局、乡镇农技站人员组成，负责土地利用现状补充、农业

生产状况、典型农户调查和样品采集。郭继明、李宗乾、赵广强、张铨民等负责协调乡镇、组织安排乡镇有关人员与村的联络、行走路线、到村后的选点、协助县工作人员一起取土等。每个工作组的负责人具体负责调查表、标签的填写，确保填写项目齐全、准确。土样晾晒工作人员负责把野外工作组取回的土样晾晒处理以及调查数据的录入等。

每天召开一次工作总结会，总结当天取得的经验和存在的问题，以便提高工作效率。李红光、王胜利负责会议记录。

室内化验分析小组由土肥站化验人员组成，负责土壤和植株样品的分析，为了保证化验质量，加强质量控制，经常邀请山东省土壤肥料质检中心技术专家来指导，承担中微量元素、土壤农药残留的检测项目及土壤全氮、碱解氮、有效磷、缓效钾、速效钾、有机质、pH等常规检测任务。数据分析工作由省市站专家与平阴县项目技术小组成员进行分析评价。

室内汇总小组由专业计算机人员和汇编人员组成，负责空间和属性数据库的搜集和整理，野外调查资料校核整理，相关化验试验示范数据的录入，建立各种数据库和耕地资源管理信息系统，汇编各种技术材料。

(四)选定技术依托单位

根据部、省文件精神和工作要求，以省土肥总站为技术支持，选择山东农业大学资源与环境学院和天地亚太国土遥感公司为技术依托。委托天地亚太国土遥感公司进行全县的数字化制图和空间数据库的建设工作，委托山东农业大学协助完成平阴县耕地地力评价工作，在项目实施过程中建立了“以县为主、上下联动、横向联合”工作机制，明确项目县、技术依托单位职责分工，项目县主要做好基础资料收集、野外调查采样、化验分析、数据整理、评价报告的汇总与编写、评价成果的发布、应用与管理工作。技术依托单位主要开展基础图件数字化、空间数据库建立、确定县域评价指标体系、成果图件输出以及评价报告(部分)编写工作，帮助项目县建立和完善县域耕地资源管理信息系统，推广应用耕地地力评价成果。四年来，在省土肥站的统一领导下，有效地组织了省、市、县、乡技术力量共同参与，极大地推进了耕地地力评价工作的开展。

二、物资准备

(一)野外调查所需物品

手持式GPS卫星定位仪、铁锨、不锈钢取土钻、环刀、布袋、晾土纸、调查表格等。

(二)分析化验仪器设备

原子吸收分光光度计、火焰光度计、紫外线分光光度计、电导率仪、电子天平、凯氏定氮仪、箱式电阻炉、酸度计、500mL聚乙烯瓶、气象色谱仪、pH计、电热鼓风干燥箱、电热真空干燥箱、气浴恒温振荡器、蒸气消毒器、电热恒温干燥箱、COD恒温加热器、植物粉碎机、高速组织捣碎机、电热恒温水浴锅、万能粉碎机、自动电位滴定计、万分之一光电天平、离心机分样器及化验所需要的各种化学试剂等。

(三)计算机软硬件

计算机(P4/1.6G，256MB内存)操作系统、数据库管理系统、数据统计分析系统(SPSS)等软件。

三、技术准备

(一)资料准备

耕地地力评价是以耕地的各性状要素为基础,因此,必须广泛地收集与评价有关的各类自然和社会经济因素资料,为评价工作做好数据的准备。本次耕地地力评价收集获取的资料主要包括几个方面:

1. 数据及文本资料

收集了第二次土壤普查成果资料,基本农田保护区划定统计资料,历年土壤肥力监测点田间记载及化验结果资料,各乡镇、村近三年种植面积、粮食单产、总产统计资料,历年肥料网点资料,各乡镇历年化肥等农用化学品销售、使用情况,历年土壤、植株测试资料,测土配方施肥土壤采样点所有化验数据及 GPS 定位数据,土壤肥力监测点资料,农村及农业生产基本情况资料,土壤类型代码表,行政区划代码表。

2. 图件资料

收集了地形图、第二次土壤普查成果图、最新土壤养分图、耕地地力调查点位图、基本农田保护区规划图、土地利用现状图、农田水利分区图、行政区划图、地貌类型分区图。

3. 数据库建设

一是基础属性数据库建立。采用测土配方施肥数据汇总软件,以调查点为基本数据库记录,以各耕地地力性状要素数据为基本字段,建立耕地地力基础属性信息数据库。应用该数据库可进行耕地地力性状的统计分析,是耕地地力管理的重要基础数据。

二是基础空间数据库建立。将扫描矢量化及空间插值等处理生成的各类专题图件,在 MAPGIS 软件的支持下,以点、线、区文件的形式进行存储和管理,同时将所有图件转换统一到相同的地理坐标系统和文件格式,最后均导入到县耕地资源管理信息系统中以建立基础空间数据库及平阴县工作空间。通过空间数据文件与属性数据文件同名字段实现空间数据库与属性数据库的连接,并可进行空间数据库与属性数据库的实时更新。

(二)技术准备

1. 确定耕地地力评价因子

评价因子是指参与评定耕地地力等级的耕地的诸属性。影响耕地地力的因素很多,在本次平阴县耕地地力评价中,选取评价因子的原则:一是选取的因子对耕地地力有比较大的影响;二是选取的因子在评价区域内的变异较大,便于划分耕地地力的等级;三是选取的评价因素在时间序列上具有相对的稳定性;四是选取评价因素与评价区域的大小有密切的关系。依据以上原则,经专家组充分讨论,同时结合平阴县土壤和农业生产等实际情况,分别从全国共用的地力评价因子中,集中选择出适宜平阴县的评价因子作为平阴县的耕地地力评价因子。

2. 确定评价单元

评价单元是由对耕地质量具有关键影响的各耕地要素组成的空间实体,是耕地质量评价的最基本单位、对象和基础图斑。同一评价单元内的耕地自然基本条件、耕地的个体属性和经济属性基本一致,不同耕地评价单元之间,既有差异性,又有可比性。耕地地力评价就是要通过对每个评价单元的评价,确定其地力级别,把评价结果落实到实地和编绘的土地资源图上。因此，耕地评价单元划分的合理与否，直接关系到耕地地力评价的结果以及工作量的大小。

（三）耕地地力评价

1. 评价单元赋值

影响耕地地力的因子非常多，根据不同类型数据的特点，以点分布图、矢量图、等值线图为评价单元获取数据，得到图形与属性相连的、以评价单元为基本单位的评价信息，为后续耕地地力的评价奠定了基础。

2. 确定评价因子的权重

在耕地地力评价中，需要根据各参评因素对耕地地力的贡献确定权重，确定权重的方法很多，本评价中采用层次分析法来确定各参评因素的权重。

3. 确定评价因子的隶属度

对定性数据采用 DELPHI 法直接给出相应的隶属度，对定量数据采用 DELPHI 法与隶属函数法相结合的方法确定各评价因子的隶属函数。用 DELPHI 法根据一组分布均匀的实测值评估出对应的一组隶属度，然后在计算机中绘制这两组数值的散点图，再根据散点图进行曲线模拟，寻求参评因素实际值与隶属度关系方程，从而建立起隶属函数。

4. 耕地地力等级划分

一是采用累加法计算每个评价单元的综合地力指数。二是用累计曲线法确定耕地地力综合指数分级方案。平阴县三大耕地类型区耕地地力等级划分为 6 个等级。总体上看，平原潮土耕地类型区地力较好，褐土耕地类型区次之，山地丘陵耕地类型区地力较差。

5. 成果图件输出

为了提高制图的效率和准确性，在地理信息系统软件 MAPGIS 的支持下，进行了平阴县耕地地力评价图及相关图件的自动编绘处理，其步骤大致分以下几步：扫描矢量化各基础图件→编辑点、线→点、线校正处理→统一坐标系→区编辑并对其赋属性→根据属性赋颜色→根据属性加注记→图幅整饰输出。另外还充分发挥 MAPGIS 强大的空间分析功能，用评价图与其他图件进行叠加，从而生成专题图、地理要素底图和耕地地力评价图。

第二节　土壤样品的布点与采集

一、布点原则

土壤养分的空间变异对耕地地力评价的准确性影响较大，因此，布点应综合考虑作物种类、土壤类型、肥力高低、地形地貌、工作进度等方面的因素，保证采样点具有典型性和代表性，同时兼顾空间分布的均匀性。

（一）室内布点要有广泛的代表性、兼顾均匀性

布点要考虑土壤类型、土种与面积、肥力水平、作物种类等。蔬菜还要考虑设施类型、蔬菜种类、种植年限。布点数量要满足评价的需要。首先整理编绘土种图，确定耕地类型土种数量。根据密度要求确定县总采样点数。其次是根据土壤类型（土种）、利用现状、肥力水平、乡镇耕地面积，确定各乡镇采样点数。根据土种、利用现状（作物熟制、蔬菜、果

树)、肥力水平统计各因素采样点数,并进行调整。根据土种、利用现状、肥力水平,标注成图点位,注意均匀性。根据平阴县实际情况,确定平阴县每村布置3个采样点,大村布置5个采样点,从而确定了平阴县耕地地力点位1373个。

(二)图上定位,现场定点

以土壤图(土种)与土地利用现状图或行政区划图(村)的叠加图斑为采样单元(落实到图上),采样人员带着图到实地,在位于采样单元相对中心位置的典型地块定点取样。这样做法的好处是可以先在图上观察样点分布的均匀度,田间调查人员根据在图上确定的点位到田间应用GPS定位取样。记录经纬度,精确到0.1″。GPS正确使用是保证数据准确性的重要前提,在调查前一定要对有关技术人员进行集中培训,并相互校验即将使用的GPS,统一用北京54度坐标,其中的DX、DY、DZ三个参数来源于平阴县国土局,按说明书设置。为保证定位精度,定位仪由专人操作。

二、采样单元

土壤样品的采集是土壤测试的一个重要技术环节,采集有代表性的样品是如实反映客观情况的先决条件。因此,应选择有代表性的地段和有代表性的土壤采样,并根据不同分析项目采用相关的采样和处理方法。为保证土壤样品的代表性,必须采取以下技术措施控制采样误差。

平均采样单元为6.7hm^2(平原区、大田作物区每6.7～33.3hm^2采一个混合样,丘陵区、园艺作物区每2～5.3hm^2采一个混合样)。为便于田间示范追踪和施肥分区需要,采样集中在典型农户,采样单元相对在中心部位,以0.07～0.7hm^2的典型地块为主。

三、采样时间

粮食作物及蔬菜在收获后或播种前采集(上茬作物已经基本完成生育进程,下茬作物还没有施肥),耕地地力点样品采集均选择在秋后。

四、采样周期

同一采样单元,无机氮每季或每年采集1次,土壤有效磷和土壤速效钾2～4年采集1次,微量元素3～5年采集1次。

五、采样点数量

要保证足够的采样点,使之能代表采样单元的土壤特性。采样点的多少,依据田块面积、地块形状,严格按照采样技术规程进行准确定位和规范采样,每个样品采样点数都在15个以上,一般以15～20个点为宜。

六、采样路线

采样时沿着一定的线路,按照“随机”、“等量”和“多点混合”的原则进行采样。一般采用S形布点采样,能够较好地克服耕作、施肥等所造成的误差。在地形较小、地力较均匀、采样单元面积较小的情况下,采用梅花形布点取样,同时避开路边、田埂、沟边、肥堆等特殊部位(见图 3-1)。

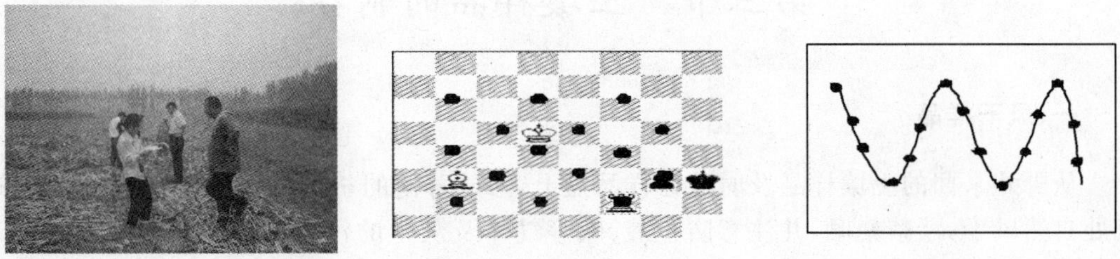

图 3-1　农田布点采样方式

七、采样深度

大田作物采样深度为 0～20cm,蔬菜地为 0～25cm。蔬菜地按照沟、垄面积比例确定沟、垄取土点位的数量。采样深度根据不同作物、不同生育期的主要根系分布深度来确定,采样时要垂直、上下取土一致。微量元素则用不锈钢取土器采样,若用铁锹,要用竹、木铲配合,把金属污染部分去掉。

八、采样方法

每个采样点的取土深度及采样量应均匀一致,土样上层与下层的比例要相同。取样器应垂直于地面入土,深度相同。用取土铲取样时,先铲出一个耕层断面,再平行于断面下铲取土;微量元素则用不锈钢取土器采样。

九、样品重量

一个混合土样以取土 1kg 左右为宜,如果样品数量太多,可采用四分法将多余的样品弃去。方法是将采集的土壤样品放在盘子里或塑料布上,弄碎、混匀,铺成四方形,画对角线将土样分成四份,把对角的两份分别合并成一份,保留一份,弃去一份。如果所得的样品依然很多,可再用四分法处理,直至所需数量为止。

样品标记:采集的样品放入统一的样品袋,用铅笔写好标签,内外各放一张,标签内容如表 3-1 所示。

表 3-1　　标签内容

统一编码			邮编		
户名			联系电话		
采样时间	年	月	日　时		
采样地点	镇	村	地块方位	方向	m
经度			纬度		
采样深度(cm)		采样点数		采样人	

第三节 土壤样品的制备

一、风干样品

从野外采回的土壤样品及时放在样品盘上，摊成薄薄的一层，置于干净整洁的室内通风处自然风干，严禁暴晒，并注意防止酸、碱等气体及灰尘的污染。风干过程中经常翻动土样并将大土块捏碎以加速干燥，同时剔除土壤以外的侵入体。

二、试样分析

（一）一般化学分析试样

将风干的样品平铺在制样板上，用木棍或塑料棍碾压，并将植物残体、石块等侵入体和新生体剔除干净，细小易断的植物须根采用静电吸附的方法清除。压碎的土样全部通过 2mm 孔径筛。未过筛的土粒必须重新碾压过筛，直至全部样品通过 2mm 孔径筛为止。通过 2mm 孔径筛的土样供 pH、盐分、交换性能及有效养分项目测定。将通过 2mm 孔径筛的土样用四分法取出一部分继续研磨，使之全部通过 0.25mm 孔径筛，供有机质、全氮、碳酸钙等项目的测定。

（二）微量元素分析试样

用于微量元素分析的土样，其处理方法同一般化学分析样品，但在采样、风干、研磨、过筛、运输、储存等诸环节不要接触金属器具，以避免污染。如采样、制样使用木、竹或塑料工具，过筛使用尼龙网筛等，通过 2mm 尼龙网筛的样品用于测定土壤有效态微量元素。

风干后的土样按照不同的分析要求研磨过筛，充分混匀后，装入样品瓶中备用。瓶内外各放标签一张，写明编号、采样地点、土壤名称、采样深度、样品粒径、采样日期、采样人及制样时间、制样人等项目。制备好的样品妥善储存，避免日晒、高温、潮湿和酸碱等气体的污染。全部分析工作结束，分析数据核实无误后，试样一般还要保存三个月至一年，以备查询。少数有价值需要长期保存的样品，须保存于广口瓶中，用蜡封好瓶口。

第四节 样品分析与质量控制

一、分析项目与方法

样品的室内分析是了解耕地土壤理化性状的重要手段，根据农业部《测土配方施肥技术规范》测试分析项目的要求，平阴县确定本次耕地地力评价要求化验分析项目为土壤理化性状 17 项，各项目分析方法有国家标准或部颁标准的，以国家标准或部颁标准为首选分析方法（见表 3-2）。

从田间采来的土壤样品，经样品管理员核查标签，编上统一的室内检验编号，并登记检验台账，土壤样品及时送至专门的土壤样品风室进行风干处理。方法是将土壤样品弄成碎块，平铺在干净的塑料编织袋上，摊成薄层放于木架上风干，风干后的土样放到样品制备室进行磨细过筛处理，处理过的土样装入样品袋，并标上样品检验编号、粒径及分析项目，放入样品橱等待检验员领取。

表 3-2 耕地地力评价样品分析项目测定方法

分析项目	标准号	测定方法名称
pH	NY/T1121.2-2006	玻璃电极法
有机质	NY/T1121.6-2006	重铬酸钾—硫酸溶液—油浴法
有效磷	NY/T148-1990	碳酸氢钠浸提—钼锑抗比色法
速效钾	NY/T889-2004	乙酸铵浸提—火焰光度法
全氮	NY/T53-1987	半微量开氏法
碱解氮	LY/T1229-1999	碱解扩散法
缓效钾	NY/T889-2004	硝酸浸提—火焰光度法
有效性铜	NY/T890-2004	DTPA 浸提—原子吸收法
有效性锌	NY/T890-2004	DTPA 浸提—原子吸收法
有效性铁	NY/T890-2004	DTPA 浸提—原子吸收法
有效性锰	NY/T890-2004	DTPA 浸提—原子吸收法
有效钼	NYT1121.9-2006	草酸—草酸铵提取—极谱法
有效硼	NYT1121.8-2006	沸水浸提—甲亚胺比色法
交换性钙	NYT1121.13-2006	乙酸铵交换—原子吸收法
交换性镁	NYT1121.13-2006	乙酸铵交换—原子吸收法
有效硫	NYT1121.14-2006	磷酸盐—乙酸提取硫酸钡比浊法
土壤容重		环刀法

二、质量控制

（一）实验室概况

承担测土配方施肥项目检验任务的是平阴县农业局土肥站化验室，近几年来累计投入资金 100 多万元，用于实验室的设施配套和实验室水、电、暖设施配套，通过本项目实施，又新增、更新了部分仪器设备。目前拥有各类检测仪器设备 100 多台套，主要仪器有气相色谱仪、原子吸收分光光度计、紫外分光光度计、火焰光度计、定氮仪、万分之一电子天平等。

平阴县土肥站现有专职检验人员 5 名，其中高级农艺师 1 名，农艺师 3 名，具有本科以上学历的专业技术人员达到 4 人。完全具备土壤、肥料、植株的常规分析和微量元素分析的能力。

(二)质量控制措施

分析质量受试样、方法、试剂、仪器、环境及分析人员素质等多方面因素制约,影响结果的准确度和精密度。为保证实验结果的可靠性及实验室之间的可比性,必须采取严格的质量控制措施。为确保本次耕地地力评价检测结果准确可靠,对参加检验的人员进行了集中培训,分配了检验任务,每两人为一组承担一个检验项目并对结果负责,编制了统一的原始记录表格,制定质量控制措施。

1. 仪器设备及标准物质的购置和管理

为了保证检测结果的准确性和可靠性,对仪器设备和标准物质加以控制,确保仪器设备处于正常状态以满足检验工作的要求。严格按《质量手册》和《程序文件》的要求,根据检验参数,配备全部仪器设备(标准物质),并对所有仪器设备进行检定和运行检查,贴上合格标志。

2. 所用化学试剂严格验收,保证试剂的质量

对用于检测工作中的外部支持服务和外购物品实行有效控制,以确保外部支持服务和供应的质量,使其符合检验工作的要求,保证检验结果的可靠性。

3. 化验分析方法严格执行国家或行业标准

为使测量结果能真实反映测量对象的特性,需对检验方法的采用做出统一规定,确保对检验过程进行有效控制。所用检验方法必须由技术负责人确认,保证采用的检验方法为现行有效版本。

4. 坚持平行试验、再现性试验,控制精密度,减少随机误差

对控制样品进行多次重复测定,由所得结果计算出控制样品的平均值 X 和标准差 S,绘制精密度控制图,纵坐标为测定值,横坐标为获得数据的顺序。将平均值 X 作成与横坐标平行的中心线 CL,$X\pm3S$ 为上下控制限 UCL 及 LCL,$X\pm2S$ 为上下警戒限 UWL 及 LWL。在进行试样例行分析时,每批带入控制样,其测定数据在控制图上打点,如果打在控制限外,叫“超控”,该批结果全部判为错误结果,必须立即找出原因,采取适当措施,等“回控”后再重复测定,如果控制样品的结果落在控制线和警戒线之间,说明精密度已不理想,应引起注意。

5. 坚持双人双检,严格校核、签字及记录的修改制度

检验人员负责检验原始记录、仪器设备、标准物质(含标准溶液)使用记录的填写。各种质量记录应客观、规范、准确和及时地直接填写在规定格式的原始记录纸上。原始记录必须由检验者在现场亲自填写,不得事后追记。一项检验有两个或两个以上操作人员时,应指定一人担当记录。校核人要对记录的规范性和计算的准确性进行审核,检查无误后签字。原始记录不允许随意更改和删减,数据必须更改时,用两条平行线将错误数据划掉,将正确数据写在其正上方,并在错误数据上加盖更改人印章。

6. 全程序空白值试验

全程序空白值是指用一方法测定某物质时,除样品中不含该测定物质外,整个分析过程的全部因素引起的测定信号值或相应浓度值。每次测定两个平行样,用于校正仪器零点或检查是否在允许范围内。

7. 准确度控制，坚持使用标准样品，进行内参样掺插

利用土壤标准样品及参比样品进行分析质量控制。土壤标准品用于检验考核实验室分析人员的技术水平和分析方法的评价，直接从国家标准物质中心购买。参比样品由山东省土壤肥料总站统一组织制作，分发至所需检测室，用统一的方法进行检测，经整理统计后，其平均值和标准差作为日常分析工作的参比值。

8. 加标回收率试验

取两份相同的样品，一份加入已知量的标准物，在同一条件下测定其含量，计算已知量的回收率，可作为准确度的指标：

$$\text{回收率}(\%)=\frac{\text{测得总量}-\text{样品含量}}{\text{标准加入量}}\times 100\%$$

9. 检验结果与其他实验室作对比

为提高实验室之间分析结果的可比性，积极参加上级实验室组织的样品比对实验或用同一控制样品主动与同级实验室进行比对实验，通过数理分析，对差异的数据查明原因，采取措施。

第四章　土壤理化性状

土壤理化性状包括土壤养分状况和土壤物理性状，通过耕地地力评价项目的实施共测定耕地地力样本数 1373 个，测定全氮 554 项次，碱解氮、有效磷、速效钾、pH、有机质各 1373 项次，有效铜、有效锰、有效铁、有效硼各 843 项次，有效锌 1103 项次，有效钼 398 项次，有效硫 132 项次，交换性钙 396 项次，交换性镁 395 项次，土壤容重 50 项次。土壤养分含量是一个可变因素，在其比例协调的情况下，含量与作物产量呈正相关，即养分含量高，作物产量也高，反之则低。通过耕地地力评价项目的实施，基本摸清了平阴县土壤养分状况，找出了高产土壤适宜的氮、磷、钾配比及低产土壤在养分方面的限制因素，为平阴县合理施肥和夺取当季、全年高产及用地养地、培肥地力等方面提供了科学依据。近几年来的土壤化验数据汇总如表 4-1～4-4 所示。

表 4-1　　耕地评价化验数据汇总

项目	样本数	平均	最小	最大
全氮(g/kg)	554	0.63	0.01	1.91
碱解氮(mg/kg)	1373	90	14	687
有效磷(mg/kg)	1373	24.9	1	193.6
速效钾(mg/kg)	1373	162	54	640
缓效钾(mg/kg)	207	833	429	1280
pH	1373	7.4	6.1	8.2
有机质(g/kg)	1373	13.3	1.7	29.7
有效铜(mg/kg)	843	1.32	0.17	10.88
有效锰(mg/kg)	843	19.49	3.45	110.30
有效铁(mg/kg)	843	15.96	1.47	91.55
有效锌(mg/kg)	1103	1.06	0.10	11.52
有效硼(mg/kg)	843	0.51	0.10	6.12
有效钼(mg/kg)	398	0.28	0.02	1.58
交换性钙(g/kg)	396	12.09	0.23	46.62
交换性镁(g/kg)	395	0.29	0.07	0.59
有效硫(mg/kg)	132	36.6	10.4	121.4

表 4-2　　潮土类耕地化验数据汇总

项目	样本数	平均	最小	最大
全氮(g/kg)	185	0.63	0.01	1.72
碱解氮(mg/kg)	185	91	14	687
有效磷(mg/kg)	185	25.6	1	193.6
速效钾(mg/kg)	185	163	54	640
缓效钾(mg/kg)	14	840	429	1280
pH	185	7.4	6.1	8.2
有机质(g/kg)	185	13.2	1.7	29.7
有效铜(mg/kg)	96	1.33	0.17	10.88
有效锰(mg/kg)	96	19.67	3.45	110.30
有效铁(mg/kg)	96	16.01	1.47	91.55
有效锌(mg/kg)	96	1.08	0.10	11.52
有效硼(mg/kg)	96	0.50	0.10	5.09
有效钼(mg/kg)	69	0.27	0.03	0.55
交换性钙(g/kg)	69	11.79	3.14	28.70
交换性镁(g/kg)	67	0.34	0.08	0.64
有效硫(mg/kg)	96	36.4	10.4	121.4

表 4-3　　褐土类耕地化验数据汇总

项目	样本数	平均	最小	最大
全氮(g/kg)	494	0.63	0.01	1.91
碱解氮(mg/kg)	1164	90	14	687
有效磷(mg/kg)	1164	24.9	1.2	193.6
速效钾(mg/kg)	1164	161	54	640
缓效钾(mg/kg)	187	833	429	1280
pH	1164	7.4	6.2	8.2
有机质(g/kg)	1164	13.3	1.7	29.7
有效铜(mg/kg)	913	1.32	0.17	10.88
有效锰(mg/kg)	913	19.49	3.45	110.30
有效铁(mg/kg)	913	15.96	1.47	91.55
有效锌(mg/kg)	913	1.06	0.00	11.52
有效硼(mg/kg)	1164	0.51	0.11	6.12

续表

项目	样本数	平均	最小	最大
有效钼(mg/kg)	322	0.29	0.02	1.59
交换性钙(g/kg)	320	12.23	0.24	46.63
交换性镁(g/kg)	319	0.29	0.02	0.69
有效硫(mg/kg)	122	36.6	10.4	121.4

表 4-4　　砂姜黑土类耕地化验数据汇总

项目	样本数	平均	最小	最大
全氮(g/kg)	12	0.69	0.06	1.62
碱解氮(mg/kg)	24	110	24	330
有效磷(mg/kg)	24	46.4	1.2	193.6
速效钾(mg/kg)	24	164	70	555
缓效钾(mg/kg)	6	863	540	1221
pH	24	6.94	6.3	8.1
有机质(g/kg)	24	13.58	2.46	27.25
有效铜(mg/kg)	21	1.33	0.18	10.88
有效锰(mg/kg)	21	33.15	6.10	110.30
有效铁(mg/kg)	21	24.85	2.80	91.55
有效锌(mg/kg)	21	0.91	0.01	8.32
有效硼(mg/kg)	21	0.49	0.12	3.44
有效钼(mg/kg)	7	0.25	0.19	0.3
交换性钙(g/kg)	7	8.16	3.48	11.79
交换性镁(g/kg)	7	0.28	0.18	0.41
有效硫(mg/kg)	4	37.8	12.4	60.1

从以上化验分析数据可以看出，全县土壤各种养分含量的变幅较大，氮、磷、钾、微量元素相对比较丰富，但差异悬殊，缺素面积大，对满足作物生长发育的需要及促进平衡增产是极不利的，必须根据这次测试结果对全县的耕地作统一规划，找出不同区域、不同作物、不同土壤的最小养分率。根据最小养分率及对产量要求，合理施用化学肥料，真正做到低成本、高效益。

第一节　土壤pH和有机质

一、土壤pH

土壤的酸碱度是土壤形成过程中综合因子作用的结果，土壤酸碱度参与土壤的许多化学反应，是土壤肥力的重要指标之一。土壤的酸碱度对土壤养分的转化，特别是对磷和微量元素的有效性，有很大影响。在酸性土壤或石灰性土壤中，磷常被铁、铝和钙固定为无效态。土壤过酸和过碱均不利于有益微生物的活动，从而影响到土壤中氮素和部分磷素养分的释放。

(一)土壤pH分级和分布

为了掌握平阴县不同土壤的酸碱度状况，将pH划分为5.5～6.5、6.5～7.5、7.5～8.5、8.5以上共4级，对试样在各级出现的百分率进行了统计。

平阴县耕地pH平均为7.4。pH为7.5～8.5的占63.66%，6.5～7.5的占34.87%，属于弱碱性土壤。平阴县土壤pH下降区域主要集中在孝直镇汇东蔬菜基地，pH主要为5.5～6.5和6.5～7.5，此区域主要是由于长期施肥量过大所致。耕地地力评价分析结果及图件与实际情况吻合程度较高，具体数据及分级如表4-5所示。

表4-5　耕地土壤pH含量及分布状况

pH分级	占总面积比例(%)	等级面积(hm^2)
5.5～6.5	1.47	407.22
6.5～7.5	34.87	9692.65
7.5～8.5	63.66	17696.66
>8.5	0	0
平均值	7.4	
样本数	1373	
最大	8.2	
最小	6.1	

(二)主要作物适宜的土壤pH范围

不同作物对土壤酸碱性的适应性有很大差异，但大部分作物适宜在中性至微酸性土壤条件下生长，pH为5.5～7.5，表4-6列出了主要农作物的适宜pH范围。

表4-6　主要农作物适宜的pH范围

作物	适宜pH范围	作物	适宜pH范围
小麦	5.5～7.0	马铃薯	5.0～5.5
玉米	5.5～7.0	苹果	5.5～7.5
甘薯	5.0～6.0	大豆	5.5～7.0

(三)影响土壤酸碱度的因素

土壤 pH 下降是指土壤内部产生和外部输入的氢离子引起土壤 pH 降低和盐基饱和度减小的过程。土壤 pH 下降是一个速度非常缓慢的自然过程。引起土壤 pH 下降的因素主要有成土母质、气候、生物、植被、施肥、灌溉和酸沉降等。

其中酸沉降和不当的农田施肥措施是土壤 pH 下降加快的主要原因。据调查了解,平阴县土壤 pH 下降主要集中在孝直镇汇东 5 万亩蔬菜基地上,其主要原因是农田施肥措施不当,引起土壤 pH 下降。该基地种植模式为马铃薯/春玉米/大白菜,施氮量远超过其需要量,施化学氮量分别达到了 700kgN/hm^2,并且主要以铵态氮肥形式施入土壤,加速了土壤 pH 下降。施氮量与土壤 pH 呈现出负相关关系。

土壤 pH 下降对农业生产造成许多不利影响。由于土壤 pH 下降严重,从而使铝离子增多,K、Ca、Mg 等盐基离子流失。由于土壤 pH 下降,直接造成了一些生理性病害,例如,土壤 pH 下降过多,造成土壤碱性钙离子的淋失和重金属锰的解析、释放,引发马铃薯疫病、大白菜软腐病等病害,影响了马铃薯和大白菜的品质和产量提高。

(四)土壤酸碱性对土壤养分有效性的影响

土壤酸碱性通过影响矿质盐分的溶解度而影响养分的有效性。土壤中大、中、微量元素的有效性均随土壤溶液的酸碱度的不同而发生着明显变化。同时,土壤酸碱性还制约着微生物活动,对有机质的矿化过程也有一定的影响。有机质在酸性条件下分解较慢,但以中性和微碱性最适宜。固氮根瘤菌在 pH 降至 6.0 以下时,固氮能力明显下降。土壤酸碱性对磷酸盐的形态和有效性影响较大。土壤 pH<5.5 时,磷酸根与铁、铝结合形成闭蓄态磷酸铁、铝而失去有效性。土壤 pH 为 5.6～7.0,磷酸盐的有效性最大。土壤酸碱性也影响着钾的吸附量,酸性土和盐基饱和度低的土壤其交换性钾含量低于中性土和盐基饱和度大的土壤。土壤酸碱性对土壤微量元素的有效性影响非常明显,钼的有效性随土壤 pH 的降低而减小,硼的有效性在 pH 的一定范围内随 pH 的升高而增加,铁、锰、锌的有效性随 pH 的降低而增加。

二、土壤有机质

土壤有机质是土壤的重要组成部分,与土壤的发生演变、肥力水平和许多属性都有密切的关系。土壤有机质中含有作物生长所需的各种养分,可直接或间接地为作物生长提供氮、磷、钾、钙、镁、硫和各种微量元素。有机质具有改善土壤理化性状,影响和制约土壤结构形成及通气性、渗透性、缓冲性、交换性能和保水、保肥性能,是评价耕地地力的重要指标,对耕作土壤来说,培肥的中心环节就是增施各种有机肥,实行秸秆还田,保持和提高土壤有机质含量。

(一)有机质含量及分级

平阴县耕地土壤有机质含量总体上呈中等偏低水平。检测结果表明,耕地土壤有机质平均含量为 13.3g/kg,变化范围为 1.7～29.7g/kg。有机质含量分级情况如表 4-7 所示,1982 年的数据如表 4-8 所示。

表 4-7 耕地土壤有机质含量状况

分级标准(g/kg)	占总面积比例(%)	等级面积(hm^2)
6～8	0.07	19.46
8～10	0.99	275.19
10～12	17.07	4744.87
12～15	67.12	18657.03
15～20	14.75	4099.99
>20	0	0
平均值	13.3	
样本数	1373	
最大	29.7	
最小	1.7	

表 4-8 耕地土壤有机质含量状况(1982 年数据)

分级标准(g/kg)	占总面积比例(%)	等级面积(hm^2)
<6	4.77	1977.58
6～10	50.17	20807.93
10～20	44.54	18469.71
>20	0.52	216.16
平均值	9.8	
样本数	672	
最大	29.3	
最小	3.4	

土壤有机质含量的多少是土壤肥力高低的重要指标,它是肥料以外土壤中氮素的唯一来源,也是磷、硫等养分的重要来源,它直接影响到土壤容重、结构等一系列物理性状,所以对土壤的肥沃度、生产率影响极大。由于平阴县处在季风气候区,土壤干湿交替明显,在生物活动及人为因素的作用下,土壤有机质易于分解而不易于积累。1982 年土壤普查时,全县平均值只有 9.8 g/kg,属较低水平。现在耕地有机质含量与 1982 年土壤普查时相比,耕地有机质有所上升,为 13.3g/kg,上升了 1.36 倍,但仍属于中等偏低水平。据近两年农户施肥状况调查,60%的麦田不施有机肥,但大部分耕地在小麦收获时均采取小麦留高茬的措施。

从区域含量分析看,平阴县土壤有机质含量较高的耕地主要分布在经济作物、养殖场比较集中的地区。例如平阴镇山头、阮二庄、盆王一带,为奶牛场集中区域,其耕地有机质含量为 15～20g/kg;玫瑰镇李屯、王小庄、大站、外山一带为奶牛场、养鸡场和养猪场比较集中地区，其耕地有机质含量为15～20g/kg；孝直镇汇东蔬菜种植区域，安城乡西瓜种植基地有机质含量为15～20g/kg。耕地地力评价的结果恰好验证了这一点。

(二)增加土壤有机质含量的途径

土壤有机质的含量取决于年合成量和年矿化量的相对大小，当合成量大于矿化量时，有机质含量会逐步增加，反之，将会逐步降低。土壤有机质矿化量主要受土壤温度、湿度、通气状况、有机质含量等因素影响。一般来说，土壤温度低、通气性差、湿度大时，土壤有机质矿化量较低；相反，土壤温度高、通气性好、湿度适中时则有利于土壤有机质的矿化。农业生产中应注意创造条件，减少土壤有机质矿化量。保护地栽培条件下，土壤长期处于高温多湿条件下，有机质易矿化，含量提高缓慢，这是有机质含量偏低的一个主要原因。适时通风降温，减少盖膜时间，将有利于土壤有机质的积累。增加有机物质施入量是人为增加土壤有机质含量的主要途径，其方法主要有秸秆还田、增施有机肥、施用有机无机复混肥三个方面。

第二节 土壤大量营养元素状况

一、土壤氮素

(一)耕层土壤全氮含量

耕层土壤全氮含量平均为0.63 g/kg，范围为0.01～1.91g/kg，其中65.89%的面积含量范围为0.50～0.75 g/kg，20.22%的面积含量范围为0.75～1g/kg，7.21%的面积含量范围为1～1.2 g/kg，全氮含量比较高的区域主要集中在孔村镇和孝直镇的沿汇平原上。1982年全县土壤全氮含量平均为0.7g/kg，范围为0.28～1.22g/kg，少于0.50g/kg的占耕地面积的63.74%，0.5～1g/kg的占耕地面积的33.84%，1～1.5g/kg的占耕地面积的2.42%。与1982年土壤普查时相比，全县全氮平均含量略有下降，不过含量0.50g/kg以上的耕地面积增加，全县耕地土壤全氮含量状况如表4-9所示。

表4-9 耕地土壤全氮状况

分级标准(g/kg)	占总面积比例(%)	等级面积(hm^2)
<0.3	0.27	75.25
0.3～0.5	5.87	1631.66
0.5～0.75	65.89	18315.13
0.75～1	20.22	5620.46
1～1.2	7.21	2004.13
1.2～1.5	0.54	150.1
>1.5	0	0
平均值	0.63	

续表

分级标准(g/kg)	占总面积比例(%)	等级面积(hm^2)
样本数	554	
最大	1.91	
最小	0.01	

（二）耕层土壤碱解氮含量

土壤中的氮素主要以有机态存在，约占土壤全氮量的90%，而这些含量的土壤氮素主要以大分子化合物的形式存在于土壤有机质中，作物很难吸收利用，属迟效性氮。其余部分则以小分子有机态或铵态、硝态和亚硝态等形式的无机态存在，一般占土壤全氮含量的10%以下，可以被植物直接吸收利用。

土壤中铵态氮和硝态氮是被作物直接吸收的无机态氮，也称速效氮，通常用碱解法测定其含量，故又称碱解氮，它的含量水平常作为衡量土壤供氮水平的指标。耕地土壤碱解氮含量与全氮量显著的正相关，但受人为施肥的影响较大。

耕地土壤检测结果表明，全县耕地土壤碱解氮含量平均为90 mg/kg，处于丰富水平(≥75 mg/kg)。处于中等(60～75 mg/kg)及丰富水平的样本占了96.52%。土壤碱解氮含量较高的区域主要分布在沿汇平原的孔村镇和孝直镇。土壤碱解氮含量较低的镇主要分布在玫瑰镇沿黄地区和中部丘陵山地的旱地上。具体含量及分级如表4-10所示，1982年的数据如表4-11所示。

表4-10　耕地土壤碱解氮状况

分级标准(g/kg)	占总面积比例(%)	等级面积(hm^2)
30～45	0.03	7.23
45～60	3.45	958.42
60～75	22.6	6283.13
75～90	35.43	9848.31
90～120	31.79	8836.8
120～150	5.71	1587.18
>150	0.99	275.46
平均值	90	
样本数	1373	
最大	687	
最小	14	

表 4-11 耕地土壤碱解氮状况(1982 年数据)

分级标准(mg/kg)	占总面积比例(%)	等级面积(hm^2)
<30	45.73	18966.48
30～60	41.22	17095.52
>60	13.04	5409.37
平均值	37	
样本数	394	
最大	101	
最小	7	

可以看出,碱解氮平均含量比 1982 年增加了 53mg/kg,增加了 2.43 倍。农田土壤氮素含量高与当地氮肥施用有着直接关系。根据近几年农田施肥情况调查,小麦、玉米氮肥用量分别为 $207kgN/hm^2$、$210kgN/hm^2$(见表 4-12)。化肥品种以尿素、过磷酸钙和复合肥(15-15-15)为主,主要以基肥方式施入,有机肥以鸡粪、猪粪和土杂肥为主,分别占 55%、25%和 20%,主要以基肥撒施方式施入。农田氮肥的高量连续投入对当地农业生产的持续发展造成一定影响,由于氮肥过量施用引发土壤酸化是不容忽视的问题。

表 4-12 不同作物化肥氮施用情况

作物	平均施氮量(kgN/hm^2)
小麦	207
玉米	210
甘薯	172.5
马铃薯	400
大白菜	310.5

二、土壤有效磷

全县耕地有效磷平均含量为 24.9mg/kg,范围是 1～193.6mg/kg,属相对丰富水平,有效磷含量较高的主要集中在沿汇平原的孔村镇、孝直镇,含量较低的集中在沿黄各乡镇的潮土区域及中部低山丘陵区域。具体含量及分级如表 4-13 所示,1982 年的数据如表 4-14 所示。

表 4-13 耕地土壤有效磷含量及分级

分级标准(mg/kg)	占总面积比例(%)	等级面积(hm^2)
<5	0.04	11.12
5～10	5.89	1637.22

续表

分级标准(mg/kg)	占总面积比例(%)	等级面积(hm^2)
10～15	23.77	6607.24
15～20	25.51	7090.90
20～30	26.53	7374.42
30～50	12.57	3494.02
50～80	4.28	1189.68
80～120	1.37	380.81
>120	0.04	11.12
平均值	24.9	
样本数	1373	
最大	193.6	
最小	0.1	

表 4-14 耕地土壤有效磷含量及分级(1982 年数据)

分级标准(mg/kg)	占总面积比例(%)	等级面积(hm^2)
<3	8.28	3435.90
3～5	31.35	13002.12
5～10	40.9	16623.81
>10	20.28	8409.56
平均值	7.7	
样本数	669	
最大	50	
最小	0.9	

耕层土壤中的磷一般以无机磷和有机磷两种形态存在，通常有机磷占全磷量的 20%～50%，无机磷占全磷量的 50%～80%。无机形态磷中易溶性磷酸盐、土壤胶体吸附的磷酸根离子和有机形态磷中易矿化的部分被称为土壤有效磷，占土壤总磷量的 10%左右。土壤有效磷含量是衡量土壤养分容量和强度水平的重要指标。全县耕地土壤有效磷含量呈较丰富状态，其中孝直镇的沿汇平原区耕地土壤有效磷含量最高，其余含量高的区域耕地主要为沿黄蔬菜、西瓜基地。中部低山丘陵区域耕地有效磷含量相对较低。

1982 年土壤普查时，全县有效磷平均含量为 7.7 mg/kg，范围为 0.9～50mg/kg。经过多年的耕作，特别是大量磷肥(过磷酸钙、磷酸二铵)的施用，导致大量磷素得以积累，极大地抬升了土壤有效磷的含量，当前耕地有效磷的含量是 1982 年土壤普查时的 3.23 倍。

三、土壤钾素

全县耕地土壤缓效钾含量为833mg/kg，属中等水平，含量较高的区域集中在沿汇平原的孔村镇和孝直镇，东阿镇中部及洪范池镇南部缓效钾含量也相对较高；而含量较低的区域主要集中在安城乡东部、平阴镇大部。具体含量及分级如表4-15所示。

表4-15 耕地土壤缓效钾含量及分级

分级标准(mg/kg)	占总面积比例(%)	等级面积(hm^2)
300～500	0.04	10.28
500～750	18.77	5217.13
750～900	56.3	15650.84
900～1200	24.78	6888.54
＞1200	0.11	29.74
平均值	833	
样本数	207	
最大	1280	
最小	429	

全县耕地农田土壤速效钾含量为162mg/kg，属中等水平，具体含量及分级如表4-16所示，1982年的数据如表4-17所示。

表4-16 耕地土壤速效钾含量及分级

分级标准(mg/kg)	占总面积比例(%)	等级面积(hm^2)
75～100	0.20	56.43
100～120	3.87	1075.17
120～150	40.21	11177.54
150～200	46.01	12788.35
200～300	9.33	2593.69
＞300	0.38	105.35
平均值	162	
样本数	1373	
最大	640	
最小	54	

表 4-17　　耕地土壤速效钾含量及分级(1982 年数据)

分级标准(mg/kg)	占总面积比例(%)	等级面积(hm^2)
<30	0.42	118.02
30～50	26.11	10828.50
50～100	56.13	23333.33
>100	17.34	7189.75
平均值	74	
样本数	312	
最大	280	
最小	27	

土壤速效钾含量是衡量土壤供钾水平的重要指标。土壤速效钾含量受人为耕作的影响较大,不同土壤类型间差异比较明显。地势平坦、耕层质地适宜、有良好水浇条件的土壤,由于大量施用化肥,速效钾含量相对较高。分布于低山丘陵区域的土壤,无水浇条件,肥料使用少,含量较低。在平阴县,土壤速效钾含量较高的主要集中在沿黄的安城乡、平阴镇、玫瑰镇、东阿镇的潮土土类上,沿汇的孔村镇、孝直镇的沿汇平原地区速效钾含量在中等偏上,而中部山地丘陵区域速效钾含量则相对较低。

1982 年全县土壤普查时速效钾含量为 27～280mg/kg,平均值为 74mg/kg。与 1982 年相比,全县土壤耕层土壤速效钾含量大体上呈上升趋势,平均含量增加了 2.19 倍,其中 150mg/kg 以上、处于丰富水平的样本占耕地土壤总样本的 55.72%,该等级平均含量达到 299.04mg/kg。而在 120～150mg/kg、处于中等水平的样本占 40.21%,120mg/kg 以下的样本只占 4.07%。

第三节　土壤中量营养元素状况

一、土壤有效硫

硫参与植物体多种物质的组成。植物缺硫时,会导致蛋白质、叶绿素的合成受阻,出现生长停滞、植株矮小瘦弱、嫩叶褪绿黄化、产量降低等不良后果。土壤硫中,易溶性硫、吸附性硫和部分有机态硫为土壤有效硫,较易为植物吸收利用,是植物硫素营养的主要来源。

(一)土壤有效硫含量分级与分布

全县土壤有效硫含量平均为 36.60mg/kg,范围为 10.40～121.40mg/kg。全县耕地土壤有效硫含量及分级如表 4-18 所示。

表 4-18 耕地土壤有效硫含量及分级

分级标准(mg/kg)	占总面积比例(%)	等级面积(hm²)
15～30	23.66	6575.27
30～45	60.60	16845.53
45～60	15.37	4271.77
60～75	0.37	103.96
平均值	36.60	
样本数	132	
最大	121.40	
最小	10.40	

全县耕地土壤有效硫含量较高的区域集中在安城乡北部,其余为零星分布,有效硫含量很高的区域主要分布在污染企业附近。

二、土壤交换性钙

全县土壤交换性钙含量平均为 12.09mg/kg,范围为 0.23～46.62mg/kg。全县耕地土壤交换性钙含量及分级如表 4-19 所示。

表 4-19 耕地土壤交换性钙含量及分级

分级标准(g/kg)	占总面积比例(%)	等级面积(hm²)
>6	98.39	81368.53
4～6	1.55	1281.85
3～4	0.06	49.62
平均值	12.09	
样本数	396	
最大	46.62	
最小	0.23	

全县耕地土壤交换性钙含量处于丰富水平,仅有 0.06%的处于缺乏水平,主要在孝直镇的砂姜黑土土类上。

三、土壤交换性镁

全县土壤交换性镁含量平均为 0.29g/kg,范围为 0.07～0.59g/kg。全县耕地土壤交换性镁含量及分级如表 4-20 所示。

表 4-20　　耕地土壤交换性镁含量及分级

分级标准(g/kg)	占总面积比例(%)	等级面积(hm^2)
>0.6	0	0
0.4～0.6	5.59	4622.93
0.3～0.4	39.73	32856.71
0.25～0.3	33.39	27613.53
0.2～0.25	18.35	15175.45
0.15～0.2	2.77	2290.79
<0.15	0.17	140.59
平均值	0.29	
样本数	395	
最大	0.59	
最小	0.07	

全县耕地土壤交换性镁含量处于较丰富水平，相对来说，沿黄、沿汇平原交换性镁含量较为丰富，中部丘陵山区含量丰富。

第四节　土壤微量营养元素状况

一、土壤有效铁

铁是土壤中含量较高的元素之一，全县耕地耕层土壤有效铁含量平均为15.96mg/kg，范围为1.47～91.55mg/kg。分级及面积如表4-21所示。

表 4-21　　耕地土壤有效铁含量及分级

分级标准(mg/kg)	占总面积比例(%)	等级面积(hm^2)
4.5～10	11.50	3196.60
10～20	73.7	20486.04
>20	14.80	4113.89
平均值	15.96	
样本数	843	
最大	91.55	
最小	1.47	

全县土壤有效铁含量较高的区域主要分布在孔村镇、孝直镇的沿汇平原区域。含量

较低的区域主要分布在中部丘陵山区。

二、土壤有效锰

全县耕地耕层土壤有效锰含量平均为 19.49mg/kg，为 3.45～110.30mg/kg 的占 43.02％，15～30mg/kg 的占 45.60％，分级及面积如表 4-22 所示。

表 4-22 耕地土壤有效锰含量及分级

分级标准(mg/kg)	占总面积比例(％)	等级面积(hm^2)
5～15	43.02	11958.07
15～30	45.60	12675.22
＞30	11.38	3163.24
平均值	19.49	
样本数	843	
最大	110.30	
最小	3.45	

全县土壤有效锰含量较高的主要分布在孔村镇、孝直镇的沿汇平原区域。含量较低的区域主要分布在沿黄各乡镇及中部丘陵山区。

三、土壤有效铜

全县耕地耕层土壤有效铜含量平均为 1.32mg/kg，主要集中在 0.17～10.88mg/kg。分级及面积如表 4-23 所示。

表 4-23 耕地土壤有效铜含量及分级

分级标准(mg/kg)	占总面积比例(％)	等级面积(hm^2)
0.2～1.0	13.58	3774.77
1.0～1.8	76.96	21392.21
＞1.8	9.46	2629.55
平均值	1.33	
样本数	843	
最大	10.88	
最小	0.17	

全县土壤有效铜含量较高的区域主要分布在孝直镇汇东蔬菜基地、玫瑰镇蔬菜基地、平阴镇及洪范池镇果园。中部丘陵山区耕地含量相对较低。造成土壤有效铜含量高的原因主要是当地农民施用含铜农药过多。

四、土壤有效硼

全县耕地耕层土壤有效硼含量平均为0.51mg/kg，主要集中在0.10～6.12mg/kg。分级及面积如表4-24所示。

表4-24 耕地土壤有效硼含量及分级

分级标准(mg/kg)	占总面积比例(%)	等级面积(hm²)
<0.2	1.19	330.78
0.2～0.5	68.95	19165.71
0.5～1.0	29.46	8188.86
1.0～2.0	0.40	111.18
>2.0	0	0
平均值	0.51	
样本数	843	
最大	6.12	
最小	0.10	

全县土壤有效硼含量普遍偏低，70.14%的耕地土壤有效硼处于缺乏状态。

五、土壤有效锌

全县耕地耕层土壤有效锌含量平均为1.06mg/kg，主要集中在0.10～11.52mg/kg。分级及面积如表4-25所示。

表4-25 耕地土壤有效锌含量及分级

分级标准(mg/kg)	占总面积比例(%)	等级面积(hm²)
<0.3	0.1	27.8
0.3～0.5	2.20	611.52
0.5～1.0	54.54	15160.23
1.0～3.0	41.97	11666.2
>3.0	1.19	330.78
平均值	1.06	
样本数	1103	
最大	11.52	
最小	0.10	

从耕地土壤有效锌测试结果看，54.84％的耕地土壤有效锌含量处于临界值下限。

六、土壤有效铁、有效锰、有效铜、有效硼、有效锌评价

从耕地土壤微量元素养分含量看，土壤有效铁、有效锰、有效铜含量均略高于适宜值上限。土壤有效硼含量在适宜值下限上，土壤有效锌含量则在适宜值下限，54.84％的耕地土壤有效锌含量在临界值下，因此，硼和锌成为作物的限制因子，在施肥上应注意硼肥和锌肥的使用，以提高作物的产量和品质，如表4-26所示。

表4-26　　不同作物土壤微量元素养分状况

作物	有效铁(mg/kg)	有效锰(mg/kg)	有效铜(mg/kg)	有效硼(mg/kg)	有效锌(mg/kg)
耕地	15.96	19.49	1.32	0.51	1.06
适宜值下限	10.00	10.00	0.20	0.50	1.60
适宜值上限	15.00	15.00	1.00	1.00	3.00
临界值	5.00	7.00	0.10	0.50	1.00

七、土壤有效钼

全县耕地耕层土壤有效钼含量平均为0.28mg/kg，主要集中在0.02～1.58mg/kg。分级及面积如表4-27所示。

表4-27　　耕地土壤有效钼含量及分级

分级标准(mg/kg)	占总面积比例(％)	等级面积(hm^2)
＞0.3	29.1	24065.7
0.2～0.3	67.36	55706.72
0.15～0.2	3.01	2489.27
0.1～0.15	0.43	355.61
＜3.0	0.10	82.7
平均值	0.28	
样本数	398	
最大	1.58	
最小	0.02	

从耕地土壤有效钼测试结果看，仅有0.1％的耕地土壤有效钼含量处于临界值下限。

第五节 土壤主要物理性状

一、表层质地

(一)表层质地的划分

按照第二次土壤普查,平阴县土壤表层质地划分为重壤土、中壤土、轻壤土、砂壤土、砾质壤质土5种类型。从生产性能看,大致可分为好的、一般的和差的3种。轻壤和中壤是耕性较好的质地,全县共有可利用面积为41970hm²,占全县总可利用面积的64.48%。其特点是砂黏比例适宜,中壤土砂粒和黏粒的比例基本相等,轻壤土砂粒所占比例稍大,前者地有后劲,后者耕性好,保肥供肥性能稍差,该县的高产地块都是这两种质地类型,适宜作物的生长发育。属于一般质地类型的是重壤土和砂壤土。最差的质地类型是砾质壤质土,它们的共同特点是砂子多,砾石含量高,砂、砾二者合计含量达90%以上,土体松,粒间孔隙大,对肥水的保蓄能力差,生产力很低,占可利用面积的26.73%。综上所述,砂壤土、轻壤土、重壤土、中壤土4个表层质地,在养分含量上以重壤→砂壤逐次降低,但从物理性状和耕性看,是以重壤→砂质逐次变好。

(二)不同质地土壤物理性状及其农业生产特征

1. 重壤土

面积为4102hm²,占可利用面积的6.3%。该土壤C/N为8,容重为1.32g/cm³,孔隙度为50.2%,通气孔隙度为10.6%,田间最大持水量为25%。

该质地土壤有机质中等,有效磷较缺,速效钾丰富,全氮含量较低,代换量较大,物理性状较差。所以该土黏重,不易耕作,通气透水不良,易旱、易涝,有机质分解慢,保水、保肥力强。改良措施为多施有机肥料、秸秆还田和深耕深翻,加强风化,改善土壤理化性状,发展粮食、棉花和绿肥作物。

2. 中壤土

面积为3572.6hm²,占可利用面积的5.49%,该土壤C/N为9,土壤容重为1.48g/cm³,总孔隙度为44%,通气孔隙度为8%,田间持水量为31%。

该质地土壤有机质、全氮、有效磷皆为中等,速效钾较丰富,代换量为中等,但土壤容重偏高,孔隙度较低,通气孔隙也较低。因此,该土黏粒比重稍大,质地偏黏重,如耕种不当易起土块,保水、保肥性较强,肥力平稳,即发小苗,又发老苗,是农业生产上较好的土壤。

对该土壤的改良应采取增施肥料,有水浇条件的要合理灌溉,防止土壤板结,合理耕作,以免破坏团粒结构,可以发展粮食、棉花作物。

3. 轻壤土

面积为38397.5hm²,占可利用面积的58.99%。该质地土壤C/N为9,容重为1.22g/cm³,总孔隙度为54%,通气孔隙为12.6%,田间持水量为38.8%。该土壤按养分含量分析,有机质、有效磷、全氮、速效钾属中等水平土壤容重和孔隙度也较好,因此,该土砂黏适中,即具有适当的保水、保肥性,又能通气透水,水气比分协调,土壤发暖,肥力平稳，耕作容易，是农业生产上比较理想的土壤。在今后的改良利用上还应合理施肥，培肥地力，精耕细作，保持良好的理化性状。

4. 砂壤土

面积为1614.7hm²，占可利用面积的2.48%。该质地土壤C/N为9，容重为1.30g/cm³，总孔隙度为51%，通气孔隙度为9.6%，田间持水量为32%。

该质地土壤保肥性较差，通透性良好，容重也较适宜。因此，该质地土壤疏松，有利于作物的保苗，耕性也较好，但漏水、漏肥，易旱和风蚀，有机质分解快，养分很易流失。在改良利用上主要是增施肥料，特别是有机肥，提倡秸秆还田和种植绿肥，提高土壤有机质含量，改善土壤结构，增加保肥性能。同时要注意水肥的供应，解决水气矛盾，施肥方法上要掌握少施勤施，减少流失。作物种植以花生、地瓜为好。

5. 砾质壤质土

全县面积为1740.1hm²，占可利用面积的26.73%。该质地土壤主要位于荒山及山坡地上，熟化度差，含有砾石，土层浅薄，水土流失严重，肥力低，易干旱，适宜植树造林和种草。

二、土体构型

土体构型是指土壤质地在1.3m深度内的排列层次，由于砂、壤、黏的上下排列和厚度不一致，而形成不同的土体构型。全县土体构型分为5大类型：薄中层硬石底型、均质型、夹黏型、双夹型、夹砂型。不同的土体构型其保水、保肥性能不同，同时对农业生产影响也不同。

(一)薄中层硬石底型

薄中层硬石底型指母岩以上土体厚度小于60cm的，面积为7588.453hm²，占可利用面积的27.3%。其中：①薄层硬石底指土体厚在15～30cm就出现母岩，面积为4336.259hm²，占可利用面积的15.6%。②中层硬石底即土体厚在30～60cm就出现母岩，面积为3252.194hm²，占可利用面积的11.7%。这两种构型全县7处乡镇均有分布，主要处于荒岭坡及山坡梯田上。这类构型土层浅薄，不利于植物根系生长，所处地势高，坡度大，干旱多风，水土流失严重，养分含量低，适宜植树造林及部分退耕还林发展林牧业。

(二)均质型

均质型即1.5m土体内质地单一，面积为15591.07hm²，占可利用面积的56.09%。其中：①砂均质：面积为391.9311hm²，占可利用面积的1.41%。主要分布沿黄的平阴镇、玫瑰镇、东阿镇等乡镇。这种构型通气性良好，质地疏松，有利于根系生长，但易漏肥、漏水，养分含量低，干旱风蚀，适种旱作作物。②壤均质：包括轻壤和中壤，面积为13639.76hm²，占可利用面积的49.07%。这种构型各乡镇均有分布。土体深厚质地适中，无不良层次，保肥、保水，有利于作物根系伸展，部分属于平阴县高产稳产田。③黏均质：包括重壤和黏土，面积为1445.42hm²，占可利用面积的5.2%。主要分布在孝直镇的扇间洼地及沿黄的缓平洼地上。该种构型通体土壤黏重，紧实，通透性不良，干硬，湿黏，耕作困难，易旱易涝，不利于作物生长。

（三）夹砂型

夹砂型即1.5m土体内有夹砂层次，面积为319.6601hm²，占可利用面积的1.15％。其中分浅位厚砂层、中位厚砂层2种。①浅位厚砂层：即在20～60cm土体内出现大于30cm厚的砂土层，面积为225.1519hm²，占可利用面积的0.81％。②中位厚砂层：即在60～100cm土体内出现大于30cm砂土层，面积为94.5082hm²，占可利用面积的0.34％。这两种构型主要分布在沿黄东阿镇、安城乡、玫瑰镇的局部地区。两种构型虽有浅、中位之分，中位好于浅位，但都易漏肥、漏水，毛管作用差，供肥、供水不良，发小苗。不发老苗，从而影响产量。

（四）夹黏型

夹黏型即1.5m土体内有黏土层，面积为3506.323hm²，占可利用面积的12.6％。其中分浅位薄黏层、浅位厚黏层、中位薄黏层、中位厚黏层、底位厚黏层5种。①浅位薄黏层：即在20～60cm土体内出现小于30cm的黏土层次，面积为69.49133hm²，占可利用面积的0.25％，分布在平阴镇、孔村镇的阶地上。②浅位厚黏层：即在20～60cm土体内出现大于30cm的黏土层，面积为1250.844hm²，占可利用面积的4.5％。除平阴镇、玫瑰镇外，其余5乡镇均有分布。浅位薄黏层、厚黏层2种构型，保水、保肥性能好，但不利于植物根系伸展。③中位薄黏层：即60～100cm土体内出现小于30cm的黏土层，面积为63.93202hm²，占可利用面积的0.23％，分布于平阴镇、玫瑰镇的沿黄缓平洼地上。④中位厚黏层：即60～100cm土体内出现大于30cm厚的黏土层，面积为1837.351hm²，占可利用面积的6.61％。全县7乡镇均有分布。⑤底位厚黏层：即100～150cm土体内出现大于30cm厚的黏土层，面积为280.745hm²，占可利用面积的1.01％。位于东阿镇、平阴镇、安城乡的沿黄地区。中位薄黏层、厚黏层及底位厚黏层3种构型，虽都能起到保肥、保水的作用，但同样的构型所处的地势不一定相同，加上干旱和雨季的变化，有好的一面也有矛盾的一面，如位于东阿镇小屯村西侧低洼处的中位厚黏层构型，干旱时就起到保肥水的作用，防止干旱，雨季时就起相反乍用，不透水、不透气，造成内涝，影响作物生长。如处于地势较平坦阶地上，3种构型就是比较理想的土体构型。

（五）双夹型

双夹型即1.5m土体内出现2种不同或相同间隔的夹层，面积为794.9808hm²，占可利用面积的2.86％。其中分浅位薄砂层底位薄黏层、浅位底位薄黏层、浅位厚砂层底位厚黏层、中位厚砂层底位厚黏层、浅位薄黏层中位厚砂层、薄位厚黏层低位砂姜层、中位厚黏层底位砂姜层7种。①浅位薄砂层底位薄黏层：即20～60cm土体内出现小于30cm的砂层及100～150cm土体内出现小于30cm厚的黏土层，面积为125.0844hm²，占可利用面积的0.45％。②浅位底位薄黏层：即20～60cm及100～150cm土体内出现小于30cm厚的黏土层，面积为27.79653hm²，占可利用面积的0.1％。③浅位厚砂层底位厚黏层：即20～60cm土体内出现小于30cm厚的砂土层。100～150cm土体内出现大于30cm厚的黏土层，面积为63.93202hm²，占可利用积的0.23％。④中位厚砂层底位厚黏层：即60～100cm土体出现大于30cm厚的砂土层及100～150cm土体内出现大于30cm的黏土层，面积为105.6268hm²，占可利用面积的0.38％。以上4种构型主要分布于沿黄地区缓平洼地上。4种构型的每上层夹层都对农业生产起着不同的作用，砂质的均漏肥、漏水，黏质的把水阻气，影响根系伸展。在改良土时，可适当深耕打破障碍层，便可成为理想的土体构型。⑤浅位薄黏层中位厚砂层：即20～60cm土体内出现小于30cm厚的黏土层，面积为150.1013hm^2，占可利用面积的0.54%。主要分布在东阿镇、玫瑰镇、安城乡三处沿黄乡镇。该种构型不利于农业生产，浅位薄黏层即是障碍层，因质地黏重通透性差，影响根系发育，但由于中位厚砂层漏肥、漏水，它在上部又起到保肥、保水的作用，因而又是保护层。在耕作上应注意深度，以免打破黏土层，防止漏肥、漏水。⑥浅位厚黏层底位厚砂姜层：即20～60cm土体内出现大于30cm厚的黏土层及100～150cm土体内出现大于10cm厚的砂姜层，面积为180.6774hm^2，占可利用面积的0.65%。位于孝直镇的曲柳沟村以南。这种构型是农业上最不理想的构型土壤，土质黏重，处于地势洼，干时硬，湿时胶，适耕期短。通体影响根系发育，是平阴县低产田的改良重点。⑦中位厚黏层底位厚砂姜层：即60～100cm土体内出现大于30cm厚的黏土层及100～150cm土体内出现大于10cm厚的砂姜层，面积为144.542hm^2，占可利用面积的0.52%。主要分布在孝直镇的刁鹅岭村以东和宋柳沟村西。这种构型也是影响平阴县农业生产的障碍因素之一。

从以上5大类型、20种构型来看，除均质类型中的壤均质及夹黏型中的中位底位厚黏层并处于地势较高的构型外，其余均不同程度的影响着农业生产的发展。

三、土壤的物理性状

土壤容重是土壤松紧程度和耕性好坏的主要标志。此次耕地地力评价共测定土壤容重50项次，经测定耕层土壤容重是：盐化潮土、潮土（亚类）、砂姜黑土为1.24～1.30g/cm^3；褐土（亚类）、潮褐土为1.31～1.34g/cm^3。褐土性土为1.8 g/cm^3，以褐土性土为最高，褐土、潮褐土偏高。

从耕地地力评价等级上看，潮褐土亚类一级地较多；潮土亚类二级地和三级地较多；褐土亚类三级地和四级地较多；盐化潮土主要为四级地和五级地；褐土性土主要为五级地和六级地。

平阴县耕层土壤的通透性较好，总孔隙度在50%左右，通气孔隙度在10%以上。所以平阴县耕地土壤应增施有机肥料，精耕细作，改善土壤结构，提高总孔隙度，降低容重，使物理性状有所改善。

第六节 耕地养分变化原因分析

一、耕地土壤养分变化趋势分析

自1982以来，由于认识到了肥料带来的高效率，开始用增加化肥的使用量来提高作物的产量，土壤耕层中的有效养分也发生了很大的变化，有机质、全氮、碱解氮、有效磷和速效钾含量在25年间含量发生了很大的变化，土壤有机质含量从9.8g/kg上升到13.3g/kg，上升了1.36倍；土壤碱解氮含量从37mg/kg上升到90mg/kg，是历史数据的2.43倍；有效磷含量从7.7mg/kg上升到24.9mg/kg，是历史数据的3.23倍；速效钾也从74mg/kg上升到162mg/kg，是历史数据的2.19倍；而全量养分中的全氮含量和历史基本持平（见表4-28）。

表 4-28　　耕地土壤定位点养分检测统计表

年份	有机质(g/kg)	全氮(g/kg)	碱解氮(mg/kg)	有效磷(mg/kg)	速效钾(mg/kg)
1982	9.8	0.7	36.5	7.7	74
1990			34.64	13.5	134.75
1999	10.75		61.997	13.2	147.9
2007	13.3	0.63	90	24.9	161
2007/1982	1.368	1.04	2.46	2.38	2.17

二、有机质变化的原因

土壤有机质是泛指土壤中来源于生命的物质，土壤中除土壤矿物质以外的物质都可以叫土壤有机质，动植物、微生物残体和施入的有机肥料是土壤有机质的主要来源。土壤中的有机质含量随着人为耕作管理措施的不同及采样时间的不同，都会发生较大的变化。

(一)采样时间

采样时间不同，导致土壤有机质含量差异很大。土壤中的动植物、微生物残体及施入的有机肥等产生的有机质因采样时间不同，矿化度也不同。春季采样，土壤中的有机物经过一个冬季的矿化作用，虽然温度很低，矿化作用小，但也有一定的矿化作用。秋季采样时候，由于作物刚刚收获完毕，动植物残体都还未经矿化，以至于土壤中的有机质含量稍低于春季采样。

(二)人为耕作管理措施

人为耕作管理措施是影响土壤有机质含量的一个主要因素。全国第二次土壤普查时，有机质的肥力水平是自然与人工复合作用的结果。自 20 世纪 80 年代以来，中国推行家庭联产承包责任制后，农民的积极性得到了极大的提高，有机肥的施用量逐年增长较快，而且秸秆还田技术开始大面积的推广应用。此时段，有机肥的施入量超过有机质矿化分解的量，所以有机质含量普遍呈上升趋势，有机质含量上升的幅度也最大。如果有机质投入不足，随着作物产量的不断增加，部分地区的有机质入不敷出，呈下降的趋势，应注意土壤的培肥管理。

三、土壤耕层无机养分变化的原因

在农业生产中，为了得到高的产量，就向土壤中施入了大量的肥料，以至于作物在整个生育周期有可能也吸收不了施入的养分，虽可移动养分，比如氮肥随水等流失部分，但移动性小的磷和钾则残留在土壤中，致使大量的未被吸收的养分残留在土壤中，因此，土壤中的有效养分因为过度施肥而有所增加。

(一)氮素

长期施用化肥，尤其是氮肥，可以提高土壤全氮及有效氮含量。这是因为施氮肥可增加根茬、系和根分泌物的含量，即增加了归还土壤的有机氮量。有机肥单施能显著提高土壤全氮及有效氮含量，但其作用不如化学氮肥来得快。在有机肥中，厩肥的作用优于绿肥和秸秆，在某些土壤上，即使施用厩肥，土壤有机氮含量也会缓慢下降。如果有机肥与无机肥配合施用，对于提高土壤氮素含量具有重要意义，这既能快速提高土壤中有效氮的含量，又能长久保存土壤氮素。

（二）磷素

磷在植物大量营养元素中占有重要地位，然而，与其他大量营养元素相比，土壤磷的含量相对较低。磷肥的残效期较长，施一次磷肥，其后效至少可持续10年以上。近年来，农民认识到了施磷肥对作物的增产作用，加大了对磷肥的投入，长期施用磷肥，导致土壤变酸，提高了石灰性土壤的有效磷水平。

（三）钾素

土壤钾素极大，即使长期施用钾肥，对土壤全钾的影响也很难测出，但钾肥能显著提高土壤代换离子的含量。近几年来，农民的种田知识有所增加，懂得了钾肥对作物的增产效果，加大了对钾肥的投入，提高了土壤中速效钾的含量。

四、增加土壤肥力的途径

土壤肥瘠直接决定土地生产力的高低，从而又决定农业收入的高低，因此采取切实有力的对策，来提高土壤肥力，可增加农民收入。

（一）推广秸秆还田技术，增加有机质

据测定，湿玉米秸秆中含氮量为0.61%，含磷量为0.27%，含钾量为2.28%，有机质含量为15%。如果每亩还田400kg秸秆，相当于施用土杂肥1280kg，相当于5.7kg的纯氮、2.7kg的纯磷、6.6kg的纯钾。大量的秸秆还田使秸秆吸收的养分又归还土壤，使土壤中的速效氮、磷、钾和有机质有明显的提高，特别是有机质和速效钾含量更加明显。不仅能够提高土壤肥力，供应作物营养，而且可以防止秸秆田间焚烧后对周围环境产生的污染，还能节省劳力和运输费用。

（二）推广配方施肥等新技术，按需供肥

配方施肥是根据作物需肥规律、土壤供肥性能与肥料效应，产前确定施肥品种、数量、比例及相应科学施肥技术。实践证明，推广测土配方施肥技术可以提高化肥利用率5%～10%，增产率一般为10%～15%，高的可达20%以上。实行测土配方施肥不但能提高化肥利用率，获得稳产高产，还能改善农产品质量，是一项增产节肥、节支增收的技术措施。

（三）增施有机肥，有机无机配合施用

有机肥是含有氮、磷、钾和微量元素的完全肥料，在培肥改土方面有着化肥不可代替的作用。有机肥料不仅能为农作物提供全面营养，促进生长，而且有机肥进入土壤后经过分解与合成，形成土壤有机胶体，它与土壤无机胶体复合，促使土壤中形成良好的土壤团粒结构，增强土壤的保水、保肥、供肥能力。有机肥与化肥配合施用，可使化肥利用率大大提高，肥效得到充分发挥，同时化肥用量也可相应减少。

（四）推广施用控制释放肥料

确切意义的控制释放肥料是指那些养分释放速率能与作物需肥规律相一致或基本一致的肥料，这类肥料能最大限度地提高肥料利用率，防止多余养分对环境的污染，推广施用缓释、控释肥料，能够提高肥料利用率，减少环境污染，同时培肥地力。

第五章　耕地地力评价

耕地是土地的精华，是农业生产不可替代的重要生产资料，是保持社会和国民经济可持续发展的重要资源。保护耕地是我国的基本国策之一，因此，及时掌握耕地资源的数量、质量及其变化，对于合理规划和利用耕地、切实保护耕地有十分重要的意义。在全面的野外调查和室内化验分析，获取大量耕地地力相关信息的基础上，进行了平阴县耕地地力的综合评价，评价结果对于摸清全县耕地地力的现状及问题，为耕地资源的高效和可持续利用提供了重要的科学依据。

第一节　评价的原则依据及流程

一、评价原则依据

(一)评价的原则

耕地地力就是耕地的生产能力，是在一定区域内一定的土壤类型上，耕地的土壤理化性状、所处自然环境条件、农田基础设施及耕作施肥管理水平等因素的总和。根据评价的目的要求，在平阴县耕地地力评价中，遵循的基本原则有四条。

1. 综合因素研究与主导因素分析相结合原则

土地是一个自然经济综合体，是人们利用的对象，对土地质量的鉴定涉及自然和社会经济多个方面，耕地地力也是各类要素的综合体现。所谓综合因素研究是指对地形地貌、土壤理化性状、相关社会经济因素之总体进行全面的研究、分析与评价，以全面了解耕地地力状况。主导因素分析是指对耕地地力起决定作用的、相对稳定的因子，在评价中要着重对其进行研究分析。因此，把综合因素与主导因素结合起来进行评价，则可以对耕地地力做出科学准确的评定。

2. 共性评价与专题研究相结合原则

平阴县耕地利用存在菜地、农田等多种类型，土壤理化性状、环境条件、管理水平等不一，耕地地力水平有较大的差异。因此，针对不同的耕地利用等状况，应选用统一的共同的评价指标和标准，即耕地地力的评价不针对某一特定的利用类型。另外，为了了解不同利用类型的耕地地力状况及其内部的差异情况，则对有代表性的主要类型如蔬菜地等进行深入的专题研究。这样，共性的评价与专题研究相结合，使整个的评价和研究具有更大的应用价值。

3. 定量和定性相结合的原则

土地系统是一个复杂的灰色系统，定量和定性要素共存，相互作用，相互影响。因此，为了保证评价结果的客观合理，宜采用定量和定性评价相结合的方法。在总体上，为了保证评价结果的客观合理，尽量采用定量评价方法，对可定量化的评价因子，如有机质等养分含量、土层厚度等，按其数值参与计算，对非数量化的定性因子，如土壤表层质地、土体构型等，则进行量化处理，确定其相应的指数，并建立评价数据库，以便于计算机进行运算和处理，尽量避免人为随意性因素影响。在评价因素筛选、权重确定、评价标准、等级确定等评价过程中，尽量采用定量化的数学模型，在此基础上则充分运用人工智能和专家知识，对评价的中间过程和评价结果进行必要的定性调整，定量与定性相结合，从而保证了评价结果的准确合理。

4.采用卫星遥感和GIS支持的自动化评价方法原则

自动化、定量化的土地评价技术方法是当前土地评价的重要方向之一。近年来，随着计算机技术，特别是GIS技术在土地评价中的不断应用和发展，基于GIS技术进行自动定量化评价的方法已不断成熟，使土地评价的精度和效率大大提高。本次的耕地地力评价工作将采用最新SPOT5卫星遥感数据提取和更新耕地资源现状信息，通过数据库建立、评价模型及其与GIS空间叠加等分析模型的结合，实现了全数字化、自动化的评价流程，在一定的程度上代表了当前土地评价的最新技术方法。

（二）评价的依据

耕地地力是耕地本身的生产能力，因此，耕地地力的评价则依据与此相关的各类自然环境和社会经济要素，具体包括三个方面。

1. 耕地地力的自然环境要

耕地地力的自然环境要包括耕地所处的地形地貌条件、水文地质条件、成土母质条件以及土地利用状况等。

2. 耕地地力的土壤理化要素

耕地地力的土壤理化要素包括土壤剖面与土体构型、耕层厚度、质地、容重等物理性状，有机质、N、P、K等主要养分、微量元素、pH、交换量等化学性状。

3. 耕地地力的农田基础设施条件

耕地地力的农田基础设施条件包括耕地的灌排条件、水土保持工程建设、培肥管理条件等。

二、评价流程

整个评价可分为三个方面的主要内容，按先后的次序分别为：

资料工具准备及数据库建立：即根据评价的目的、任务、范围、方法，收集准备与评价有关的各类自然及社会经济资料，进行资料的分析处理。选择适宜的计算机硬件和GIS等分析软件，建立耕地地力评价基础数据库。

耕地地力评价：划分评价单元，提取影响地力的关键因素并确定权重，选择相应评价方法，制订评价标准，确定耕地地力等级。

评价结果分析：依据评价结果，量算各等级耕地面积，编制耕地地力分布图。分析耕地地力问题，提出耕地资源可持续利用的措施建议。

评价的工作流程如图 5-1 所示。

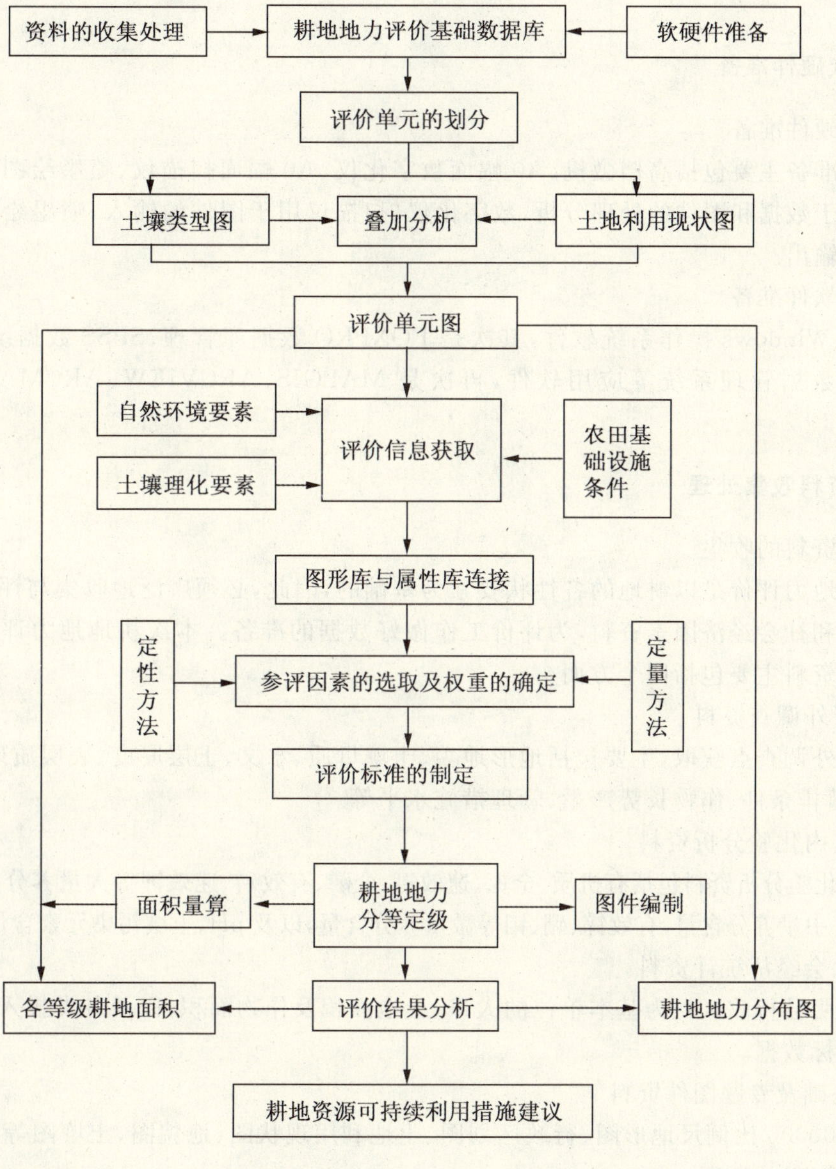

图 5-1　平阴县耕地地力评价流程图

第二节 软硬件准备、资料收集处理及基础数据库的建立

一、软硬件准备

（一）硬件准备

硬件准备主要包括高档微机、A0 幅面数字化仪、A0 幅面扫描仪、喷墨绘图仪等。微机主要用于数据和图件的处理分析，数字化仪、扫描仪用于图件的输入，喷墨绘图仪用于成果图的输出。

（二）软件准备

一是 Windows 操作系统软件，其次是 FOXPRO 数据库管理、SPSS 数据统计分析/ACCESS 数据管理系统等应用软件，再次是 MAPGIS、ARCVIEW、ARCMAP 等 GIS 软件。

二、资料收集处理

（一）资料的收集

耕地地力评价是以耕地的各性状要素为基础的，因此，必须广泛地收集与评价有关的各类自然和社会经济因素资料，为评价工作做好数据的准备。本次耕地地力评价我们收集获取的资料主要包括四个方面。

1. 野外调查资料

按野外调查点获取，主要包括地形地貌、土壤母质、水文、土层厚度、表层质地、耕地利用现状、灌排条件、作物长势产量、管理措施水平等。

2. 室内化验分析资料

室内化验分析资料包括有机质、全氮、速效氮、全磷、有效磷、速效钾等大量养分含量，交换性钙、镁等中量养分含量，有效锌、硼、钼等微量养分含量，以及 pH、土壤污染元素含量等。

3. 社会经济统计资料

以平阴县行政区划为基本单位的人口、土地面积及作物面积，以及各类投入产出等社会经济指标数据。

4. 基础及专题图件资料

1∶300000 比例尺地形图、行政区划图、土地利用现状图、地貌图、土壤图等。

（二）资料的处理

获取的评价资料分为定量和定性资料两大部分，为了采用定量化的评价方法和自动化的评价手段，减少人为因素的影响，对其中的定性因素进行定量化处理，根据因素的级别状况赋予其相应的分值或数值。除此，对于各类养分等按调查点获取的数据，则进行了插值处理，生成各类养分图。

1. 定性因素的量化处理

土壤表层质地：考虑不同质地类型的土壤肥力特征，以及与植物生长发育的关系，赋予不同质地类别赋予相应的分值（见表 5-1）。

表 5-1　　土壤表层质地的量化处理

质地类别	中壤	轻壤	重壤	砂壤	砂土
分值	100	95	80	70	55

土体构型：首先以土层质地类别和其在土体中的部位对各类土体构型进行归纳，根据不同的土体构型对植物生长发育的影响，赋予不同土体构型以相应的分值(见表 5-2)。

表 5-2　　土体构型的量化处理

土体构型	中壤均质	中壤黏腰	轻壤黏腰	轻壤均质	中壤黏心	中壤砂姜腰	中壤砂腰	重壤均质	轻壤砂心	砂壤砂心	中层	薄层
分值	100	95	95	90	85	85	80	60	60	50	30	10

地貌类型：根据不同的地貌类型对耕地地力及作物生长的影响，赋予其相应的分值(见表 5-3)。

表 5-3　　地貌类型的量化处理

地貌类型	缓平坡地	山前倾斜平地	山前缓平地	缓岗	浅平洼地	槽状洼地	河谷高地	河漫滩	河谷梯田	近山阶地	坡麓梯田	荒坡岭
分值	100	97	95	93	90	87	84	80	60	40	20	10

障碍状况：考虑影响平阴县耕地地力的主要障碍状况，将其障碍状况归纳为不同的类型，并根据其对耕地地力的影响程度赋予不同的分值(见表 5-4)。

表 5-4　　障碍状况的量化处理

障碍状况	无障碍	浅黏	夹砂或砂姜	砾质	石渣土
分值	100	90	80	60	40

2. 各类养分专题图层的生成

对于土壤有机质、氮、磷、钾、锌、硼、钼等养分数据，首先按照野外实际调查点进行整理，建立了以各养分为字段、以调查点为记录的数据库。之后，进行了土壤采样样点图与分析数据库的连接，在此基础上对各养分数据进行自动的插值处理。

对比了分别在 MAPGIS 和 ARCVIEW 环境中的插值结果，发现 ARCVIEW 环境中的插值结果线条更为自然圆滑，符合实际。因此，本研究中所有养分采样点数据均在 ARCVIEW 环境下操作，利用其空间分析模块功能对各养分数据进行自动的插值处理，经编辑处理，自动生成各土壤养分专题栅格图层。后续的耕地地力评价也以栅格形式进行，与矢量形式相比，能够将各评价要素信息精确到栅格(像元)水平，保证了评价结果的准确。图 5-2 和图 5-3 为在 ARCVIEW 下插值生成的平阴土壤有机质、全氮含量分布栅格图。

图 5-2 平阴县土壤有机质含量栅格图

图 5-3 平阴县土壤全氮含量栅格图

3. 平阴县数字高程模型和坡度图的生成

利用平阴县 1∶300000 地形图，扫描输入后进行矢量化，获得等高线及高程信息，自动插值生成平阴县数字高程模型(DEM)，在此基础上生成平阴县地形坡度，经编辑处理后形成坡度图和三维地势图(见图 5-4)。

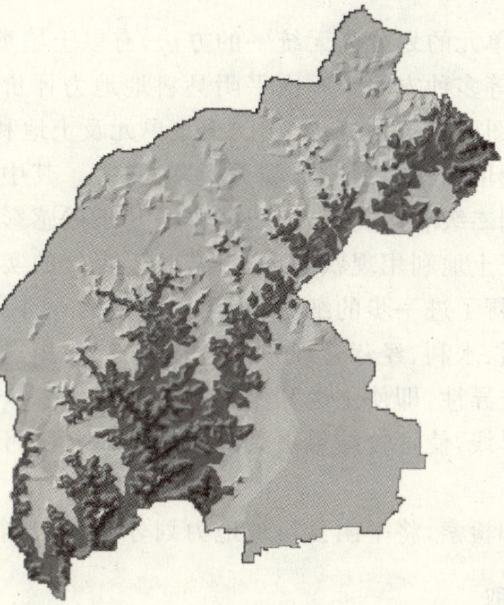

图 5-4 平阴县三维地势图

三、基础数据库的建立

（一）基础属性数据库建立

为更好地对数据进行管理和为后续工作提供方便，将采样点基本情况信息、农业生产情况信息、土壤理化性状化验分析数据、土壤污染元素化验分析数据等信息，以调查点为基本数据库记录进行属性数据库的建立，作为后续耕地地力评价工作的基础。

（二）基础专题图图形库建立

将扫描矢量化及插值等处理生成的各类专题图件，在 ARCVIEW 和 MAPGIS 软件的支持下，分别以栅格形式和点、线、区文件的形式进行存储和管理，同时将所有图件统一转换到相同的地理坐标系统下，以进行图件的叠加等空间操作，各专题图图斑属性信息通过键盘交互式输入或通过与属性库挂接读取，构成基本专题图图形数据库。图形库与基础属性库之间通过调查点相互连接。

第三节 评价单元的划分及评价信息的提取

一、评价单元的划分

评价单元是由对土地质量具有关键影响的各土地要素组成的空间实体，是土地评价的最基本单位、对象和基础图斑。同一评价单元内的土地自然基本条件、土地的个体属性和经济属性基本一致，不同土地评价单元之间，既有差异性，又有可比性。耕地地力评价就是要通过对每个评价单元的评价，确定其地力级别，把评价结果落实到实地和编绘的土地资源图上。因此，土地评价单元划分的合理与否，直接关系到土地评价的结果以及工作量的大小。

目前,对土地评价单元的划分尚无统一的方法,有以土壤类型、以土地利用类型、以行政区划单位、以方里网等多种方法。本次平阴县耕地地力评价土地评价单元的划分采用土壤图、土地利用现状图的叠置划分法,相同土壤单元及土地利用现状类型的地块组成一个评价单元,即"土地利用现状类型—土壤类型"的格式。其中,土壤类型划分到土种,土地利用现状类型划分到二级利用类型,制图区界以基于遥感影像的平阴县最新土地利用现状图为准。为了保证土地利用现状的现实性,基于野外的实地调查对耕地利用现状进行了修正,其中菜地进行了进一步的细分,分到三级类型。同一评价单元内的土壤类型相同,利用方式相同,交通、水利、经营管理方式等基本一致,用这种方法划分评价单元可以反映单元之间的空间差异性,即使土地利用类型有了土壤基本性质的均一性,又使土壤类型有了确定的地域边界线,使评价结果更具综合性、客观性,可以较容易地将评价结果落实到实地。

通过图件的叠置和检索,将平阴县耕地地力划分为3293个评价单元。

二、评价信息的提取

影响耕地地力的因子非常多,并且它们在计算机中的存储方式也不相同,因此,如何准确地获取各评价单元评价信息是评价中的重要一环。鉴于此,舍弃直接从键盘输入参评因子值的传统方式,采取将评价单元与各专题图件叠加采集各参评因素的信息。具体的做法是:按唯一标志原则为评价单元编号;在ARCVIEW环境下生成评价信息空间库和属性数据库;在ARCMAP环境下从图形库中调出各化学性状评价因子的专题图,与评价单元图进行叠加计算出各因子的均值;保持评价单元几何形状不变,在耕地资源管理信息系统中直接对叠加后形成的图形的属性库进行"属性提取"操作,以评价单元为基本统计单位,按面积加权平均汇总评价单元立地条件评价因子的分值。

由此,得到图形与属性相连的、以评价单元为基本单位的评价信息,为后续耕地地力的评价奠定了基础。

第四节 参评因素的选取及其权重确定

正确地进行参评因素的选取并确定其权重,是科学地评价耕地地力的前提,直接关系到评价结果的正确性、科学性和社会可接受性。

一、参评因素的选取

参评因素是指参与评定耕地地力等级的耕地的诸属性。影响耕地地力的因素很多,在本次平阴县耕地地力评价中,根据平阴县的区域特点遵循主导因素原则、差异性原则、稳定性原则、敏感性原则,采用定量和定性方法结合,进行了参评因素的选取。

(一)系统聚类方法

系统聚类方法用于筛选影响耕地地力的理化性质等定量指标,通过聚类将类似的指标进行归并,辅助选取相对独立的主导因子。利用SPSS统计软件进行了土壤养分等化学性状的系统聚类。

从图 5-5 中可以看出，氯离子、全盐、硝态氮、全氮、交换性钙、有效硅、交换性镁、有效硼、有效钼、有效铁、有效锰、有效锌、有效铜、有效硫聚为一组，有效磷、速效钾、碱解氮、缓效钾聚为一组，有机质为一组，pH 为一组。

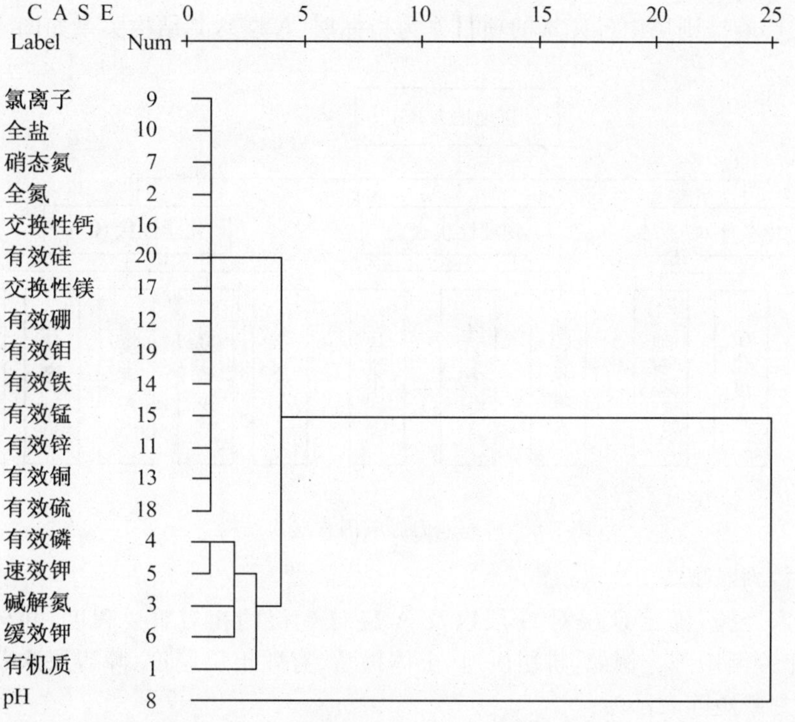

图 5-5　土壤养分等化学性状的聚类分析

（二）DELPHI 法

用 DELPHI 法进行了影响耕地地力的立地条件、物理性状等定性指标的筛选。确定了由土壤农业化学学者、专家及平阴县土肥站业务人员组成的专家组，首先对指标进行分类，在此基础上进行指标的选取，并讨论确定最终的选择方案。

综合以上两种方法，在定量因素中根据各因素对耕地地力影响的稳定性，以及营养元素的全面性，在聚类分析第一组中选取有效锌、有效硼为参评因素，第二组中选取有效磷、速效钾为参评因素，第三组选取有机质为参评因素。结合专家组选择结果，最后确定灌溉保证率、坡度、地形地貌、耕层质地、剖面构型、障碍层状况、土层厚度、有机质、大量元素（速效钾、有效磷）、微量元素（有效锌、有效硼）等 12 项因素作为耕地地力评价的参评指标。

二、权重的确定

在耕地地力评价中，需要根据各参评因素对耕地地力的贡献确定权重，确定权重的方法很多，本评价中采用层次分析法（AHP）来确定各参评因素的权重。

层次分析法(AHP)是在定性方法基础上发展起来的定量确定参评因素权重的一种系统分析方法,这种方法可将人们的经验思维数量化,用以检验决策者判断的一致性,有利于实现定量化评价。

(一)建立层次结构

耕地地力为目标层(G层),影响耕地地力的立地条件、物理性状、化学性状为准则层(C层),再把影响准则层中各元素的项目作为指标层(A层),其结构关系如图5-6所示。

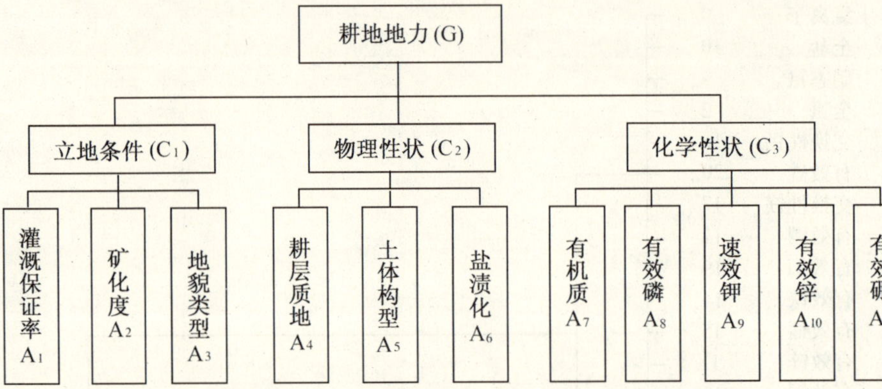

图5-6 耕地地力影响因素层次结构

(二)构造判断矩阵

根据专家经验,确定C层对G层以及A层对C层的相对重要程度,共构成A、C_1、C_2、C_3共4个判断矩阵。例如,耕层质地、土体构型、有效土层厚度、障碍层次状况对耕地物理性状的判断矩阵表示为:

$$C_2=\begin{pmatrix} a_{11} & a_{12} & a_{13} & a_{14} \\ a_{21} & a_{22} & a_{23} & a_{24} \\ a_{31} & a_{32} & a_{33} & a_{34} \\ a_{41} & a_{42} & a_{43} & a_{44} \end{pmatrix}=\begin{pmatrix} 1 & 1.25 & 0.7143 & 1.6667 \\ 0.8 & 1 & 0.5714 & 1.3333 \\ 1.4 & 1.75 & 1 & 2.3333 \\ 0.6 & 0.75 & 0.4286 & 1 \end{pmatrix}$$

其中,a_{ij}(i为矩阵的行号,j为矩阵的列号)表示对C_2而言,a_i对a_j的相对重要性的数值。

(三)层次单排序及一致性检验

即求取A层对C层的权数值,可归结为计算判断矩阵的最大特征根对应的特征向量。利用SPSS等统计软件,得到的各权数值及一致性检验的结果(见表5-5)。

表5-5 权数值及一致性检验结果

矩阵			特征	向量		C_I	C_R
矩阵 A		0.4186	0.3488	0.2326		−0.00000537	0.00000926<0.1
矩阵 C_1		0.1980	0.3564	0.4455		−0.00000369	0.00000575<0.1
矩阵 C_2	0.2159	0.2699	0.1542	0.3599		0.00000621	0.0000069<0.1
矩阵 C_3	0.0787	0.0945	0.1181	0.2362	0.4724	0.00000549	0.00000491<0.1

从表中可以看出，$C_R<0.1$，具有很好的一致性。

（四）层次总排序及一致性检验：

经层次总排序，并进行一致性检验，结果为 $C_I=0.00000369$，$C_R=0.00000402$，具有满意的一致性，最后计算 A 层对 G 层的组合权数值，得到各因子的权重，最终结果如表 5-6 所示。

表 5-6 各因子的权重

灌溉保证率	0.2248	质地	0.0790	障碍层	0.0474	速效钾	0.0556
坡度	0.1252	土体构型	0.0632	有机质	0.0834	有效锌	0.0278
地形地貌	0.0996	土层厚度	0.1106	有效磷	0.0694	有效硼	0.0139

第五节 耕地地力等级的确定

土地是一个灰色系统，系统内部各要素之间与耕地的生产能力之间关系十分复杂，此外，评价中也存在着许多不严格、模糊性的概念，因此，在评价中引入了模糊数学方法，采用模糊评价方法来进行耕地地力等级的确定。

一、参评因素隶属函数的建立

用 DELPHI 法根据一组分布均匀的实测值评估出对应的一组隶属度，然后在计算机中绘制这两组数值的散点图，再根据散点图进行曲线模拟，寻求参评因素实际值与隶属度关系方程，从而建立起隶属函数。各参评因素的分级及其相应的专家赋值和隶属度如表 5-7 所示。

表 5-7 参评因素的分级及其分值

坡度(°)	0	0.2	0.5	1	3	5	7	10	15	25		
分值	98	100	98	95	90	80	60	30	10	1		
隶属度	0.98	1.00	0.98	0.95	0.90	0.80	0.60	0.30	0.10	0.01		
地形地貌	缓平坡地	山前倾斜平地	山前缓平地	缓岗	浅平洼地	槽状洼地	河谷高地	河漫滩	河谷梯田	近山阶地	坡麓梯田	荒坡岭
分值	100	97	95	93	90	87	84	80	60	40	20	10
隶属度	1.00	0.97	0.95	0.93	0.90	0.87	0.84	0.80	0.60	0.40	0.20	
灌溉保证率	80	70	60	50	30	10	0					
分值	100	90	80	65	40	10	0					
隶属度	1.00	0.90	0.80	0.65	0.40	0.10	0					

续表

有机质	2.0	1.8	1.6	1.4	1.2	1.0	0.8	0.6				
分值	100	98	95	90	84	78	65	50				
隶属度	1.00	0.98	0.95	0.90	0.84	0.78	0.65	0.50				
有效磷	400	300	200	110	80	60	40	30	20	15	10	5
分值	70	80	90	100	98	96	92	90	85	80	60	40
隶属度	0.70	0.80	0.90	1.00	0.98	0.96	0.92	0.90	0.85	0.80	0.60	0.40
速效钾	400	320	240	160	120	100	80	60				
分值	100	98	93	85	82	78	70	50				
隶属度	1.00	0.98	0.93	0.85	0.82	0.78	0.70	0.50				
有效锌	2.0	1.5	1.2	1.0	0.8	0.5	0.3					
分值	100	92	87	85	80	70	55					
隶属度	1.00	0.92	0.87	0.85	0.80	0.70	0.55					
有效硼	1.8	1.5	1.2	1.0	0.8	0.5	0.2					
分值	100	95	87	85	80	70	55					
隶属度	1.00	0.95	0.87	0.85	0.80	0.70	0.55					
耕层质地	中壤	轻壤	重壤	砂壤	砂土							
分值	100	95	80	70	55							
隶属度	1.00	0.95	0.80	0.70	0.55							
障碍层状况	其他	浅黏	夹砂砂姜	砾质	石渣土							
分值	100	90	80	60	40							
隶属度	1.00	0.90	0.80	0.60	0.40							
剖面构型	中壤均质	中壤黏腰	轻壤黏腰	轻壤均质	中壤黏心	中壤						
砂姜腰	中壤砂腰	重壤均质	轻壤砂心	砂壤砂心	中层	薄层						
分值	100	95	95	90	85	85	80	60	60	50	30	10
隶属度	1.00	0.95	0.95	0.90	0.85	0.85	0.80	0.60	0.60	0.50	0.30	0.10
有效土层	150	130	110	90	70	50	30					
分值	100	95	88	70	55	35	10					
隶属度	1.00	0.95	0.88	0.70	0.55	0.35	0.10					

通过模拟共得到直线型、戒上型、戒下型 3 种类型的隶属函数，其中有效磷属于以上 2 种或 2 种以上的复合型隶属函数，地貌类型、质地等描述性的因素属于直线型隶属函数，然后根据隶属函数计算各参评因素的单因素评价评语。以有机质为例绘制的散点图和模拟曲线如图 5-7 和图 5-8 所示。

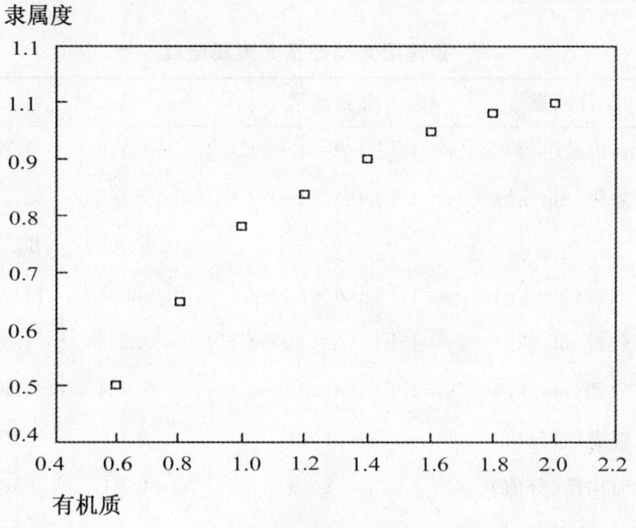

图 5-7 有机质与隶属度关系散点图

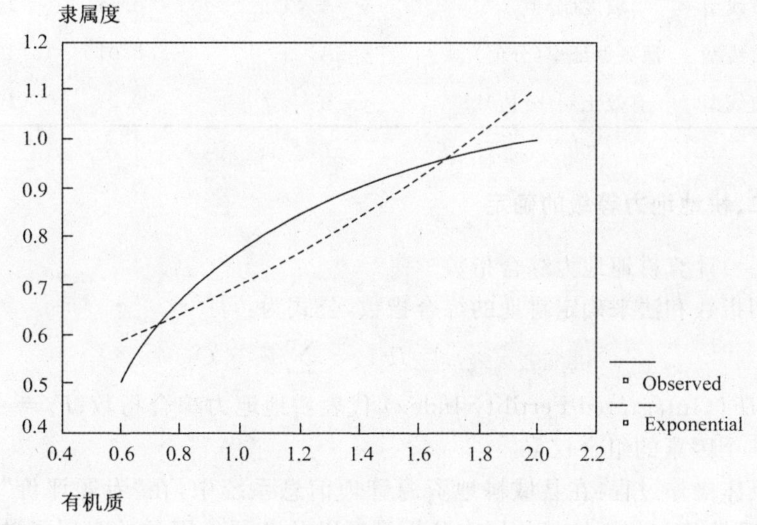

图 5-8 有机质与隶属度关系曲线

其隶属函数为戒上型，形式为：

$$y=\begin{cases}0 & (x\leqslant x_t)\\ \dfrac{1}{1+A(x-C)^2} & (x_t<x<C)\\ 1 & (C\leqslant x)\end{cases}$$

各参评因素类型及其隶属函数如表 5-8 所示。

表 5-8 参评因素类型及其隶属函数

函数类型	参评因素	隶属函数	A	C	U_t
戒上型	有机质(%)	$y=1/[1+A\times(x-C)^2]$	0.543	1.822	0.35
戒上型	速效钾(mg/kg)	$y=1/[1+A\times(x-C)^2]$	0.00000760	327.836	15
戒上型 <110			0.0000992	80.159	3
戒下型 >110	有效磷(mg/kg)	$y=1/[1+A\times(x-C)^2]$	0.00000742	111.967	450
戒上型	有效锌(mg/kg)	$y=1/[1+A\times(x-C)^2]$	0.245	1.924	0.1
戒上型	有效硼(mg/kg)	$y=1/[1+A\times(x-C)^2]$	0.251	1.879	0.1
正直线型	地貌类型(分值)	$y=A\times x$	0.01	100	0
正直线型	剖面构型(分值)	$y=A\times x$	0.01	100	0
正直线型	障碍层状况(分值)	$y=A\times x$	0.01	100	0
正直线型	耕层质地(分值)	$y=A\times x$	0.01	100	0
正直线型	坡度(分值)	$y=A\times x$	0.01	100	0
正直线型	灌溉保证率(分值)	$y=A\times x$	0.01	100	0
正直线型	有效土层(分值)	$y=A\times x$	0.01	100	0

二、耕地地力等级的确定

(一)计算耕地地力综合指数

用指数和法来确定耕地的综合指数,公式为:

$$IFI=\sum F_i\times C_i$$

式中:IFI(Integrated Fertility Index)代表耕地地力综合指数;F_i = 第 i 个因素评语;C_i = 第 i 个因素的组合权重。

具体操作过程:在县域耕地资源管理信息系统中,在“专题评价”模块中编辑立地条件、物理性状和化学性状的层次分析模型以及各评价因子的隶属函数模型,然后选择“耕地生产潜力评价”功能进行耕地地力综合指数的计算。

(二)确定最佳的耕地地力等级数目

计算耕地地力综合指数之后,在耕地资源管理系统中选择累积曲线分级法进行评价,根据曲线斜率的突变点(拐点)来确定等级的数目和划分综合指数的临界点,将平阴耕地地力共划分为六级,各等级耕地地力综合指数如表 5-9 所示,综合指数分布如图 5-9 所示。

表 5-9　　平阴县耕地地力等级综合指数

IFI	>0.82	0.68～0.82	0.63～0.68	0.57～0.63	0.47～0.57	<0.47
耕地地力等级	一级地	二级地	三级地	四级地	五级地	六级地

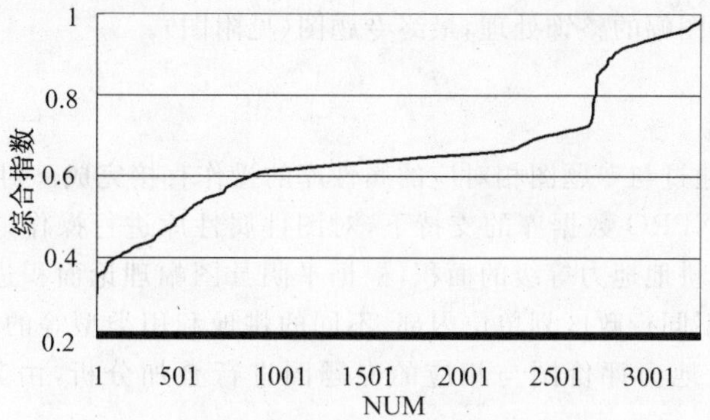

图 5-9　平阴县综合指数分布图

第六节　成果图编制及面积量算

一、图件的编制

为了提高制图的效率和准确性，在地理信息系统软件 MAPGIS 的支持下，进行平阴县耕地地力评价图及相关图件的自动编绘处理，其步骤大致分以下几步：扫描矢量化各基础图件→编辑点、线→点、线校正处理→统一坐标系→区编辑并对其赋属性→根据属性赋颜色→根据属性加注记→图幅整饰输出。另外还充分发挥 MAPGIS 强大的空间分析功能，用评价图与其他图件进行叠加，从而生成其他专题图件，如评价图与行政区划图叠加，进而计算各行政区划单位内的耕地地力等级面积等。

（一）专题图地理要素底图的编制

专题地图的地理要素内容是专题图的重要组成部分，用于反映专题内容的地理分布，并作为图幅叠加处理等的分析依据。地理要素的选择应与专题内容相协调，考虑图面的负载量和清晰度，应选择基本的、主要的地理要素。

以平阴县最新的土地利用现状图为基础，对此图进行了制图综合处理，选取主要的居民点、交通道路、水系、境界线等及其相应的注记，进而编辑生成 1：300000 各专题图地理要素底图。

（二）耕地地力评价图的编制

以耕地地力评价单元为基础，根据各单元的耕地地力评价等级结果，对相同等级的相临评价单元进行归并处理，得到各耕地地力等级图斑。在此基础上，分两个层次进行图面耕地地力等级的表示：一是颜色表示，即赋予不同耕地地力等级以相应的颜色。二是代号，用罗马数字Ⅰ、Ⅱ、Ⅲ、Ⅳ、Ⅴ、Ⅵ表示不同的耕地地力等级，并在评价图相应的耕地地力图斑上注明。将评价专题图与以上的地理要素图复合，整饰得平阴县1∶300000耕地地力评价图(见附图)。

(三)其他专题图的编制

对于有机质、速效钾、有效磷、有效锌等其他专题要素地图，则按照各要素的分级分别赋予相应的颜色，标注相应的代号，生成专题图层。之后与地理要素图复合，编辑处理生成专题图件，并进行图幅的整饰处理，最终专题图(见附图)。

二、面积量算

面积的量算可通过与专题图相对应的属性库的操作直接完成。对耕地地力等级面积的量算，则可在FOXPRO数据库的支持下，对图件属性库进行操作，检索相同等级的面积，然后汇总得各类耕地地力等级的面积，根据平阴县图幅理论面积进行平差，得到准确的面积数值。对于不同行政区划单位内部、不同的耕地利用类型等的耕地地力等级面积的统计，则通过耕地地力评价图与相应的专题图进行叠加分析，由其相应属性库统计获得。

第六章　耕地地力分析

本次耕地地力分析，按照农业部耕地质量调查和评价的规程及相关标准，结合当地实际情况，选取了对耕地地力影响较大，区域内变异明显，在时间序列上具有相对稳定性，与农业生产有密切关系的11个因素，建立评价指标体系。以土壤图与土地利用现状图叠加形成评价单元，应用模糊综合评判方法，通过综合分析，将全区耕地共划分为6个等级，根据评价结合进行耕地地力的系统分析。

第一节　耕地地力等级与分布

一、耕地地力等级面积统计

利用MAPGIS软件，对评价图属性库进行操作，检索统计耕地各等级的面积和图幅总面积。以2007年平阴县耕地总面积为基准，按面积比例进行平差，统计得各耕地地力等级面积。

平阴县耕地总面积为27796.53 hm^2，各等级耕地比例相对较为均衡，其中以一级地、三级地、四级地为主，分别占耕地总面积的比例接近或超过20%，三者占到了总耕地面积的82.54%；其次是二级地和五级地，占耕地面积的21.99%；六级地面积较少，占总面积的5.47%，如表6-1所示。

表6-1　　平阴县耕地地力评价结果面积统计

等级	一级地	二级地	三级地	四级地	五级地	六级地	总计
面积（hm^2）	5596.96	3788.98	8412.55	6154.82	2323.46	1519.76	27796.53
百分比（%）	20.14	13.63	30.26	22.14	8.36	5.47	100

二、耕地地力空间分布分析

（一）耕地地力等级分布

一级地和二级地主要分布于平阴县东南部大部分地区和北部、西部少部分地区，该区域内农业基础设施均配套成型，测土配方施肥工程也首先在这一区域展开。三级地分布比较分散，但主要集中在北部地区，西部和中部一些地区也有分布，属于只要加大资金投入，完善基础设施，改善生产条件，产量就能大幅提高的中产田类型，有一定的开发潜力。四级地与五级地主要分布于中部地区以及孔村镇、安城乡的大部分地区。六级地主要分布在中部和西部少部分地区，这部分耕地有效耕层薄，肥力低，基本无灌溉条件，属于低产田类型。

从各等级的分布地域特征可以看出，等级的高低与地貌类型、土壤类型及海拔高度之间存在着密切的关系，呈现明显的地域分布规律：随着耕地地力等级的提高，地貌类型沿着低山岭坡→坡麓梯田→近山阶地→河谷高地→浅平洼地→山前平地的方向变化。土壤类型由褐土性土到冲积物潮褐土、砂姜黑土，再到潮褐土、冲积物褐土、洪积物褐土转化。

（二）耕地地力等级的行政区域划分

将耕地地力等级分布图与平阴县行政区划图进行叠加分析，从耕地地力等级行政区域分布数据库中，按权属字段检索出各等级的记录，统计出各级地在各乡镇的分布状况（见表 6-2）。

从表中看出，高等级的一级地和二级地所占比例较高的乡镇为孝直镇、东阿镇、玫瑰镇和孔村镇；中等地力的三级地和四级地所占比例较高的乡镇为洪范池镇、平阴镇、安城乡和东阿镇，孔村镇和玫瑰镇分布也较高；较低等级的五级地和六级地所占比例较高的乡镇主要为玫瑰镇、孔村镇和平阴镇。

表 6-2　　平阴县耕地地力等级行政区域分布

乡镇		一级地	二级地	三级地	四级地	五级地	六级地	合计
安城乡	面积(hm^2)	207.96	630.23	1878.13	1208.54	399.00	262.77	4586.63
	百分比(%)	4.53	13.74	40.95	26.35	8.70	5.73	100
平阴镇	面积(hm^2)	152.73	377.58	1306.01	970.60	238.94	254.75	3300.61
	百分比(%)	4.63	11.44	39.57	29.40	7.24	7.72	100
玫瑰镇	面积(hm^2)	135.91	1179.95	976.55	695.77	741.11	379.66	4108.95
	百分比(%)	3.31	28.71	23.77	16.93	18.04	9.24	100
东阿镇	面积(hm^2)	374.89	705.04	1351.22	455.09	179.72	173.16	3239.12
	百分比(%)	11.57	21.76	41.72	14.05	5.55	5.35	100
孔村镇	面积(hm^2)	1068.42	295.58	836.64	1235.08	622.91	238.89	4297.52
	百分比(%)	24.86	6.88	19.47	28.74	14.49	5.56	100
洪范池镇	面积(hm^2)	1.77	0.00	1039.33	1183.83	88.16	148.68	2461.77
	百分比(%)	0.07	0.00	42.22	48.09	3.58	6.04	100
孝直镇	面积(hm^2)	3655.28	600.60	1024.66	405.91	53.63	61.85	5801.93
	百分比(%)	63.00	10.35	17.66	7.00	0.92	1.07	100

第二节 耕地地力等级分述

一、一级地

(一)面积与分布

一级地,综合评级指数大于 0.82,耕地面积为 5596.96hm²,占总耕地面积的 20.14%。其中耕地大部分为水浇地,面积为 5136.27hm²,占一级地面积为 91.77%,少部分为旱地和菜地,占一级地面积的 8.23%(见表 6-3)。

一级地主要分布于孝直镇和孔村镇。此外,东阿镇、安城乡、玫瑰镇等乡镇也有零星分布。其中孝直镇分布的一级地面积最大,面积为 3655.28hm²,占一级地面积的 65.31%,占孝直镇总耕地面积的 63.00%。

表 6-3 各利用类型一级地面积

利用类型	评价单元(个)	面积(hm²)	占总耕地面积(%)	占一级地面积(%)
水浇地	479	5136.27	18.48	91.77
旱地	74	401.41	1.44	7.17
蔬菜地	21	59.28	0.22	1.06
合计	574	5596.96	20.14	100

(二)主要属性分析

一级地主要位于洪积冲积扇形地边缘和平坦平地,土种以中壤均质洪冲积褐土、轻砂均质冲积物褐土为主。地貌类型以浅平洼地、河谷高地、山前倾斜平地为主,地势平坦,土层厚,无明显障碍层,土壤理化性状良好,可耕性强,灌溉保证率在 80%以上。土壤养分除有效硼略偏低外,其他养分含量较高(见表 6-4)。一级地由于基础地力比较高,产量水平也相应较高,在平阴县常年粮食产量水平约为 15000kg/hm²(1000kg/667m²)。

表 6-4 一级地主要养分含量

项目	有机质(g/kg)	有效磷(mg/kg)	速效钾(mg/kg)	有效锌(mg/kg)	有效硼(mg/kg)
平均值	13.48	46.43	165.25	1.06	0.45
范围值	8.60～21.00	5.20～157.30	94.00～363.00	0.42～4.72	0.17～1.18
含量水平	中等	中偏上	中等上	中偏上	中偏下

(三)存在问题

一级地存在问题:一是该地区属全县经济较好地区,人们历来注重二、三产业,农业投入比例低于二、三产业投入;二是土壤肥力与高产高效农业的需求还有一定差距;三是施肥、用药种类与比例不合理;四是由于经济发达,工矿企业多,点源污染程度有所加重,孔村镇碳素厂、铝厂,孝直镇玛钢厂等企业以及汇河携带上游污染企业排放的污水均对当地土壤造成不同程度的污染。

(四)合理利用

一级地是全县综合性能最好的耕地,各项评价指标均属良好型。土层厚,排灌性好,易于耕作,养分含量高,保肥、保水,适于各种作物生长。该级耕地农作物历来生产水平很高,常年小麦平均产量在640kg/667m^{2}左右。利用方向是发展高产、优质、高效农业,如无公害蔬菜基地、日光温室、反季节瓜果栽培等。为此,应搞好以下工作:

1. 农业部门应结合科技入户、配方施肥等工程,加大宣传力度,转变观念,提高认识,加大农业投入,提升农业综合生产能力。

2. 增施有机肥,增加土壤有机质含量;实施平衡施肥,防止土壤污染,适量补施微肥,提高耕地质量。

3. 加大检测力度,确保农业灌溉、施肥、用药安全,搞好无公害生产。

二、二级地

(一)面积与分布

二级地,综合评价指数为0.68~0.82,耕地面积为3788.98hm^2,占全区总耕地面积的13.63%。其中耕地大部分为水浇地,占二级耕地面积的83%,少部分为旱地和菜地,占二级耕地面积的17%(见表6-5)。

二级地主要分布在玫瑰镇、东阿镇、安城乡、孝直镇,孔村镇和平阴镇也有零星分布。其中以玫瑰镇分布面积最大,为1179.95hm^2,占二级耕地面积的31.14%,占玫瑰镇耕地面积的28.71%。

表6-5　　各利用类型二级地面积

利用类型	评价单元(个)	面积(hm^2)	占总耕地面积(%)	占二级地面积(%)
水浇地	276	3145.03	11.31	83
旱地	97	565.74	2.04	14.93
蔬菜地	20	78.2	0.28	2.06
合计	393	3788.98	13.63	100

(二)主要属性分析

二级地主要位于洪积冲积扇形平原中部,土壤类型以轻壤均质洪冲积褐土、中壤均质潮褐土为主。微地貌类型以山前平地、河谷高地、坡麓梯田为主。地势平坦,土层较厚,有效土层厚度平均保证在90cm以上,土壤理化性状较好,可耕性较强。土壤养分除有效硼略偏低外,其他养分含量均比较理想(见表6-6)。虽然二级地土壤养分含量比较理想,但还存在一定的不利因素,因此,平阴县常年粮食产量水平为13500~15000kg/hm^2(900~1000kg/667m^2)。

表 6-6　　二级地主要养分含量

项目	有机质(g/kg)	有效磷(mg/kg)	速效钾(mg/kg)	有效锌(mg/kg)	有效硼(mg/kg)
平均值	13.76	21.85	175.17	1.23	0.44
范围值	8.60～22.40	4.00～93.40	98.00～407.00	0.42～5.11	0.13～1.66
含量水平	中等	中等	中偏上	中偏上	中偏下

(三)存在问题

二级地主要存在问题是部分耕地环境质量欠佳，耕地部分为望天田，灌溉保证率不高，土壤有效硼等微量元素含量偏低。

(四)合理利用

合理利用的措施：增施有机肥料，培肥地力；采取深耕等措施，改良土壤质地和构型，同时与农田基础建设相结合，兴修水利，扩大灌溉面积；合理轮作，调剂养分，余缺互补。

三、三级地

(一)面积与分布

三级地，综合评价指数为 0.63～0.68，耕地面积为 8412.55hm^2，占全县总耕地面积的 30.26%，是面积最大的地力等级。其中旱地面积为 5007.98hm^2，占三级耕地面积的 59.53%；水浇地面积为 3332.19hm^2，占三级地耕地面积的 39.61%，蔬菜地面积为 72.38hm^2，占三级耕地面积的 0.86%(见表 6-7)。

三级地主要分布在安城乡、东阿镇、平阴镇的大部地区及孝直镇、洪范池镇和玫瑰镇等地区，其他乡镇也有零星分布。

表 6-7　　各利用类型三级地面积

利用类型	评价单元(个)	面积(hm^2)	占总耕地面积(%)	占三级地面积(%)
水浇地	411	3332.19	11.99	39.61
旱地	547	5007.98	18.02	59.53
蔬菜地	22	72.38	0.26	0.86
合计	980	8412.55	30.27	100

(二)主要属性分析

三级地自然条件较好，地势较为平坦宽阔，典型土种以轻壤均质坡洪积褐土、砂壤潮土为主，耕层土壤质地为轻壤、砂壤居多，微地貌类型以近山阶地、山前平地、河谷高地为主。地势平坦，土层厚，有效土层平均厚度为 90～150cm，土壤理化性状较好，可耕性较强。土壤养分除有效硼偏低、有效磷含量略偏低外，其他养分含量均比较理想(见表 6-8)。三级地在平阴县土壤养分含量比较理想，但主要限制因素为灌溉条件受限、土地不平整，因此，平阴县常年粮食产量水平为 12000～13500kg/hm^2(800～900kg/667m^2)。

表 6-8 三级地主要养分含量

项目	有机质(g/kg)	有效磷(mg/kg)	速效钾(mg/kg)	有效锌(mg/kg)	有效硼(mg/kg)
平均值	13.39	20.77	161.38	1.18	0.46
范围值	8.30～21.30	4.40～80.60	87.00～333.00	0.28～9.82	0.16～1.67
含量水平	中等	中等	中等	中等	中偏下

(三)存在问题

三级地是平原向山区过渡的等级类型,各种属性介于二者之间,耕地灌溉条件受限制很大;耕地大平小不平,地块微有倾斜;耕地养分有不平衡现象。

(四)合理利用

合理利用措施为:一是大搞农田基本建设,维护和建设水利设施,大力推广节水灌溉,提高灌溉保证率;二是平田整地,深翻改土,加深耕层厚度,改善土壤物理性状;三是增施有机肥料和微肥。

四、四级地

(一)面积与分布

四级地,综合评价指数为 0.57～0.63,耕地面积为 6154.82hm^2,占全县总耕地面积的 22.14%。其中耕地全部为水浇地和旱地,面积依次为 785.13hm^2 和 5369.68hm^2,分别占四级耕地面积的 12.76%和 87.24%(见表 6-9)。

四级地主要分布在孔村镇、安城乡和洪范池镇,平阴镇、玫瑰镇和东阿镇等其他乡镇有点片分布。

表 6-9 各利用类型四级地面积

利用类型	评价单元(个)	面积(hm^2)	占总耕地面积(%)	占四级地面积(%)
水浇地	108	785.13	2.82	12.76
旱地	545	5369.68	19.32	87.24
蔬菜地	0	0	0	0
合计	653	6154.81	22.14	100

(二) 主要属性分析

四级地位于平阴县中部和东部地区,土壤以轻壤中壤均质坡洪积褐土为主,特点是土层较厚,厚度保持在 90～150cm,部分地区砾石较多。微地貌类型以坡麓梯田和近山阶地为主。土壤养分除有效硼含量偏低外,其他养分含量较高(见表 6-10)。四级地在平阴县土壤养分含量虽然比较高,但由于受到水、肥、气、热不协调等限制因素和部分障碍层次的影响,常年粮食产量水平并不高,平阴县常年粮食产量水平为 10500～12000kg/hm^2(700～800kg/667m^2)。

表 6-10 四级地主要养分含量

项目	有机质(g/kg)	有效磷(mg/kg)	速效钾(mg/kg)	有效锌(mg/kg)	有效硼(mg/kg)
平均值	13.14	17.93	149.29	1	0.45
范围值	7.30～22.30	5.50～73.60	76.00～301.00	0.26～5.40	0.16～1.58
含量水平	中等	中等	中等	中等	中偏下

(三)存在问题

该级地水、肥、气、热不协调,部分地区障碍层次含有砾石砂姜,灌溉条件差,干旱是最主要的限制因子。

(四)改良利用

改良利用措施为:修筑梯田,平整土地,增施有机肥,改善土壤环境,提高雨水利用率;调整种植业结构,大力发展旱作农业,利用山区环境好、无污染的特点,引导鼓励农民发展干鲜果品生产和无公害小杂粮等;将改良利用重点放在农田基本建设、提高排涝功能、增施有机肥、提高土壤环境质量上。

五、五级地

(一)面积与分布

五级地,综合评价指数为0.47～0.57,耕地面积为2323.46hm²,占全区总耕地面积的8.36%,其中旱地面积为2233.89hm²,占五级地耕地面积的96.14%;水浇地面积为89.57hm²,占五级耕地面积的3.86%(见表6-11)。

五级地主要分布在玫瑰镇、孔村镇、安城镇,平阴镇、东阿镇也有部分分布,另外其他乡镇有零星分布。

表 6-11 各利用类型五级地面积

利用类型	评价单元(个)	面积(hm²)	占总耕地面积(%)	占五级地面积(%)
水浇地	18	89.57	0.32	3.86
旱地	299	2233.89	8.04	96.14
蔬菜地	0	0	0	0
合计	317	2323.46	8.36	100

(二)主要属性分析

五级地主要位于平阴县中部地区,微地貌类型以坡麓梯田和近山阶地为主,土壤以轻壤壤质为主,特点是耕性和通透性好,灌溉保证率差,土层厚度小,平均保持在60～90cm,大部分土层中有砂姜。土壤养分含量普遍降低,其中有机质、有效磷、有效锌含量稍低,有效硼含量较低(见表6-12)。五级地由于土壤理化性状不良,肥力偏低,同时灌溉条件较差和部分障碍层次的影响,常年粮食产量水平比较低,平阴县常年粮食产量水平为9000～10500kg/hm²(600～700kg/667m²)。

表 6-12 五级地主要养分含量

项目	有机质(g/kg)	有效磷(mg/kg)	速效钾(mg/kg)	有效锌(mg/kg)	有效硼(mg/kg)
平均值	13.01	18.14	151.33	0.97	0.46
范围值	7.80～22.10	6.00～77.40	97.00～280.00	0.27～3.16	0.15～1.05
含量水平	中等	中等	中等	中等	中偏下

(三)存在主要问题

五级地存在问题:一是土壤理化性状不良,土壤以中薄层钙岩褐土为主,潮湿冷凉,保水、保温性能均较差;二是肥力偏低,有机质含量和其他养分含量普遍低于前几级等级用地;三是灌溉条件差;四是主要耕地位于山坡上,防护林带少,风蚀较重。

(四)改良利用

加强防护林及经济林建设,防风固沙,减少风蚀;大力发展畜牧业,搞好过腹还田,提高土壤肥力;调整种植业结构,发展谷子、甘薯、小杂粮等耐旱作物,种植牧草,增施有机肥,改善生态环境。

六、六级地

(一)面积与分布

六级地,综合评价指数平均小于 0.47,面积较少,大部分是旱地,面积为 1502.47hm^2,占总耕地面积的 5.41%,水浇地面积为 17.29hm^2,占总耕地面积的 0.06%(见表 6-13)。

六级地主要分布在玫瑰镇、安城乡、平阴镇,孔村镇、东阿镇、洪范池镇也有零星分布。六级地为分布面积最少的地力等级。

表 6-13 各利用类型六级地面积

利用类型	评价单元(个)	面积(hm^2)	占总耕地面积(%)	占六级地面积(%)
水浇地	9	17.29	0.06	1.14
旱地	367	1502.47	5.41	98.86
蔬菜地	0	0	0	0
合计	376	1519.76	5.47	100

(二)主要属性分析

六级地零星分位于平阴县中部和北部地区,土壤类型为中层薄层钙质褐土为主,地貌类型为荒坡岭和坡麓梯田为主。耕层质地差,主要是钙质褐土,土层薄,土层中含有石块砂姜等障碍层次,土层厚度为 20～60cm,土壤养分总体水平含量都很低(见表 6-14),大部分灌溉条件极差。

表 6-14 六级地主要养分含量

项目	有机质(g/kg)	有效磷(mg/kg)	速效钾(mg/kg)	有效锌(mg/kg)	有效硼(mg/kg)
平均值	12.95	17.39	153.78	1	0.42
范围值	6.70～22.00	2.50～66.60	101.00～276.00	0.29～3.93	0.16～1.00
含量水平	中等	中等	中等	中等	中偏下

(三)改良利用

六级地分布在山丘地区的荒山岭和坡麓梯田上,营养元素含量均低于其他等级耕地,有效磷含量、有效硼含量和有效锌含量偏低,目前主要种植谷子、高粱、大豆、绿豆、杂豆、甘薯等作物。在利用方向上应根据实际情况发展经济林、用材林,以防止水土流失,保护自然植被。

第七章　耕地环境质量状况

第一节　耕地重金属环境

土壤污染物检测结果如表 7-1 所示，绿色食品和无公害食品生产土壤重金属元素含量极值如表 7-2 所示。

表 7-1　　土壤污染物检测结果

乡镇	村	样品编号	总铅(mg/kg)	总镉(mg/kg)	总砷(mg/kg)	总铬(mg/kg)	总汞(mg/kg)	六六六(mg/kg)	滴滴涕(mg/kg)
洪范池镇	书院		1.89	0.0205	7.71			0.0008	0.003
	南候庄		1.6	0.0284	9.7			0.0008	0.003
	谢庄		6.22	0.0355	8.88			0.0008	0.003
平阴镇	老博士	T04017	9.96	0.0964	11.6	11.9	0.042	0.0044	0.003
	大李子顺	T04018	10.3	0.0747	10.6	10.3	0.032	0.0147	0.003
	东桥口	T04019	9.38	0.0842	10.1	11.1	0.062	0.0148	0.003
	中土	T04020	9.7	0.0641	8.21	11.2	0.031	0.013	0.003
孔村镇	孔村	T04107	17.2	0.236	9.32	19.1	0.0915	0.007	0.003
	张山头	T04108	11.6	0.177	4.96	18.5	0.0718	0.0122	0.003
	东天宫	T04109	14	0.269	5.68	21	0.0566	0.0207	0.003
	北毛峪			0.200	17	27.8	0.3	0.0008	0.003
	李沟			0.220	12	28	0.32	0.0008	0.003
	王楼			0.210	11	28.6	0.28	0.0008	0.003
孝直镇	野场	T04021	8.81	0.0894	8.19	12.2	0.018	0.0129	0.003
	黄庄	T04022	9.11	0.106	9.6	9.79	0.032	0.0244	0.003
	营子	T04023	9.22	0.090	8.22	10.4	0.07	0.0178	0.003
	南李庄	T04024	9.66	0.0678	7.88	12.5	0.01	0.0292	0.003
	宋柳沟	T04103	16.8	0.192	8.75	20.4	0.0352	0.0114	0.003

续表

乡镇	村	样品编号	总铅 (mg/kg)	总镉 (mg/kg)	总砷 (mg/kg)	总铬 (mg/kg)	总汞 (mg/kg)	六六六 (mg/kg)	滴滴涕 (mg/kg)
安城乡	二虎庙	T04104	14.2	0.248	8.07	19.8	0.0673	0.0091	0.003
	展家洼	T04105	16.3	0.196	7.36	20.9	0.074	0.0122	0.003
	西土寨	T04010	6.86	0.0553	10.1	10.9	0.058	0.0475	0.003
	毛铺	T04011	7.58	0.0616	9.34	12.2	0.046	0.0123	0.003
	李小峪	T04012	9.68	0.0518	9.4	9.81	0.034	0.011	0.003
	小刘庄	T04013	9.18	0.079	10.4	12.9	0.032	0.059	0.003
	望口山	T04014	10.4	0.0699	13.6	11.2	0.051	0.0102	0.0015
	西张营	T04015	10.6	0.085	9.97	10.5	0.049	0.0071	0.0015
	中栾湾	T04016	9.8	0.109	15.5	14.6	0.061	0.017	0.0015
	平均		10.002	0.119133	9.746	15.65	0.080	0.014	0.0028
	最大		16.8	0.269	17	28.6	0.32	0.059	0.003
	最小		1.6	0.0205	4.96	9.79	0.01	0.0008	0.0015
	标准差		2.957	0.074863	2.609	6.1655431	0.087	0.0137	0.0005

表 7-2 绿色食品和无公害食品生产土壤重金属元素含量极值

	pH	Cd (mg/kg)	Hg (mg/kg)	As (mg/kg)	Cr (mg/kg)	Pb (mg/kg)	Ni (mg/kg)
绿色食品 (NY/T391-2000)	<6.5	0.3	0.25	25	120	50	40
	6.5～7.5	0.3	0.3	20	120	50	50
	>7.5	0.4	0.35	20	120	50	60
无公害食品 (GB/T18407.1-2001)	<6.5	0.3	0.3	40	150	150	40
	6.5～7.5	0.3	0.5	30	200	200	50
	>7.5	0.6	1.0	25	250	250	60

一、土壤镉

(一)土壤镉含量及分布规律

土壤镉含量一般为 0.0205～0.269 mg/kg。不同利用类型土壤镉含量不同,由大到小依次为:粮田、日光温室、塑料大棚、露天菜地,分别为 0.125 mg/kg、0.124 mg/kg、0.085 mg/kg、0.081 mg/kg(见表 7-3)。

表 7-3　　不同利用类型土壤重金属含量

利用类型		Cd (mg/kg)	Hg (mg/kg)	As (mg/kg)	Cr (mg/kg)	Pb (mg/kg)	Ni (mg/kg)
粮田	平均值	0.125	0.0336	7.95	5.72	13.61	37.3
	范围值	0.01～0.394	0.0001～0.3006	3.13～17	3.78～7.73	11.2～16.8	21.7－65
露天菜地	平均值	0.081	0.0488	7.29	6.70	9.10	38.6
	范围值	0.015～0.16	0.0097～0.2207	4.92～15.67	3.93～11.75	5.29～14.53	18.1～54.2
日光温室	平均值	0.124	0.0307	7.57	6.30	8.99	33.4
	范围值	0.005～0.275	0.0076～0.1481	2.44～12.4	3.9～13.3	2.21～13.2	7.2～75.5
塑料大棚	平均值	0.085	0.0336	5.80	6.45	7.19	34.9
	范围值	0.003～0.27	0.0051～0.1340	0.26～8.73	3.5～13.51	1.92～15.99	17.4～75.9

不同土壤类型土壤总镉平均含量按下列顺序依次递减：褐土性土、褐土、潮褐土、潮土，分别为 0.22mg/kg、0.122mg/kg、0.119mg/kg、0.085mg/kg（见表 7-4）。不同土壤质地土壤总镉平均含量按下列顺序依次递减：重壤、中壤、轻壤（见表 7-5）。

镉最高污染点为 0.394mg/kg，低于 0.4mg/kg 的绿色食品标准。

表 7-4　　不同土壤类型重金属含量

土壤类型		Cd (mg/kg)	Hg (mg/kg)	As (mg/kg)	Cr (mg/kg)	Pb (mg/kg)
褐土性土	平均值	0.22	0.017	8.31	4.61	2.226
	范围值	0.075～0.365	0.0013～0.0309	5.1～17	3.78～6.08	2.042～2.41
褐土	平均值	0.122	0.0272	6.57	6.453	2.188
	范围值	0.015～0.368	0.0001～0.2807	3.27～11.03	3.89～11.75	1.02～16
潮褐土	平均值	0.119	0.0271	6.43	5.458	2.450
	范围值	0.003～0.275	0.0024～0.0269	4.96～11.05	3.89～9.9	1.19～61.2
潮土	平均值	0.085	0.03	7.93	7.765	2.450
	范围值	0.005～0.255	0.0101～0.1481	6.35～17	4.8～9.74	1.221～3.952

表 7-5　　不同质地类型重金属含量

质地		镉 (mg/kg)	汞 (mg/kg)	砷 (mg/kg)	铬 (mg/kg)	铅 (mg/kg)
轻壤	平均值	0.069	0.0162	8.04	7.93	4.6
	范围值	0.040～0.099	0.0101～0.0224	5.06～11.03	5.72～10.13	1.797～14.6
中壤	平均值	0.110	0.0571	7.58	6.47	5.8
	范围值	0.005～0.285	0.0024～0.2405	2.27～17.67	10.7～13.55	10.2～16.20
重壤	平均值	0.112	0.1022	9.14	7.73	4.9
	范围值	0.050～0.164	0.0342～0.1840	4.33～15.67	15.7～27.8	2.329～15.14

（二）影响土壤镉的因素

土壤中镉的迁移转化受 pH、Eh、CEC（阳离子交换量）、有机质含量和黏土类型的影响，尤其是土壤的 pH、Eh 和有机质含量的影响。当土壤 pH 偏酸时，植物吸收镉量增加，当 pH 偏碱时，植物吸收镉量降低（见表 7-6）。

表 7-6　　不同 pH 条件下重金属含量

pH	汞 (mg/kg)	铅 (mg/kg)	铬 (mg/kg)	镉 (mg/kg)	砷 (mg/kg)	镍 (mg/kg)
<5.5	0.0411	6.87	6.1	0.186	6.76	40.0
	0.0073～0.0880	1.42～12.42	3.3～9.01	0.054～0.255	5.10～7.78	33.6～48.8
5.5～6.5	0.0387	3.15	6.7	0.120	7.34	36.7
	0.0097～0.2207	1.012～4.54	3.9～13.51	0.005～0.275	2.44～10.17	18.1～75.9
6.5～7.5	0.0350	2.61	6.29	0.094	7.31	35.1
	0.0076～0.1340	1.154～3.65	3.89～13.03	0.005～0.183	2.77～11.05	13.2～60.5
>7.5	0.0349	2.43	6.06	0.106	7.14	34.3
	0.0001～0.2006	1.02～6.20	3.55～10.47	0.003～0.394	0.26～12.70	7.2～75.5

土壤中的的镉分为水溶性和非水溶性两类，二者可相互转化。pH 为 5～8 时被吸附的是 Cd^{2+}，pH>8 时吸附的是水解态络离子 $CdOH^{+}$ 或 $[Cd(OH)_2]$。在 Cd-H_2O 体系中，pH<7 时，镉的溶解度急速增加，pH>7 时，易形成氢氧化难溶物。在 Cd-CaO-P_2O_5-H_2O 体系中，pH<4 时，镉的溶解度最大，溶出率高于 50%，pH>5 时，溶出率低于 10%。土壤中 Cd^{2+} 浓度与 pH 呈负相关。

（三）土壤镉的危害及防治

1. 土壤镉的危害

镉是生物强度积累的元素，土壤受镉污染后，植物可积累较多的镉，其累积量与土壤镉含量呈现高度正相关。这种情况下会引起植物缺绿，生长受抑制，产量降低。一旦食用被污染的农产品，就会危害人们的身体健康。日本的“骨痛病”就是人长期食用镉米和高镉水引起的慢性中毒。镉不是人体所需要的元素，对人体有害而无益。镉能置换锌，造成人体缺锌，引起高血压、肾功能障碍。镉能显著降低蔬菜中赖氨酸和谷氨酸的含量，影响蔬菜品质。因此，土壤镉已成为污染土壤的主要因素，需要从严控制。

2. 防治措施

一是酸性污染土中施加石灰，使之成氢氧化物，或磷酸盐不溶物，均可减轻镉害。但过多地施用过磷酸钙，可增加土壤中镉的含量，因磷矿石中常含有 100mg/kg 的镉。二是增施有机肥及生物菌肥。有机肥对吸收镉有重要影响。当土壤中有机质含量较高时，由于有机质对镉的螯合作用，减少了土壤中可溶性镉的数量，使作物含镉量明显降低。在厌氧条件下，利用产生的 H_2S 和 Cd^{2+} 结合生成 Cd 沉淀，产生的 Cd 形成难溶性的镉的磷酸盐。

二、土壤汞

（一）土壤汞含量及分布规律

土壤汞含量为 0.001～0.32mg/kg，平均含量为 0.080mg/kg。不同利用类型土壤汞平均含量由大到小依次为：露天菜地、塑料大棚、粮田、日光温室，分别是 0.0488mg/kg、0.0336mg/kg、0.0336mg/kg、0.0207mg/kg（见表 7-3）。

不同土壤类型汞平均含量由大到小依次为：潮土、褐土、潮褐土、褐土性土，分别为 0.03 mg/kg、0.0272mg/kg、0.0271mg/kg、0.017mg/kg（见表 7-4）。汞含量与土壤质地有明显关系，不同质地汞平均含量由大到小依次为重壤、中壤、轻壤（见表 7-5）。汞含量最高样点为 0.32mg/kg，位于李沟村，低于 0.35mg/kg 的绿色食品标准。

（二）影响土壤汞的因素

土壤中的汞按其化学形态可分为金属汞、无机化合态汞和有机化合态汞。在正常的土壤 pH 和 Eh 范围内，汞能以零价状态存在，这是土壤中汞的重要特点。汞进入土壤后，95%以上能迅速被土壤固定，主要是因为土壤中含有的黏土矿物和有机质对汞有强烈的吸附作用，因此汞易累积在土壤中（见表 7-6）。

土壤中吸附累积的汞还会发生转化，其中的一价汞与二价汞离子之间发生化学转化：$2Hg^{+} = Hg^{2+} + Hg$。

通过这个反应，无机汞和有机汞都可以转化为金属汞，而挥发到大气中。

在石灰性旱地土壤中主要以难溶性氢氧化汞和氧化汞为主，难以被作物吸收。一般在汞污染的旱地土壤上所生产的粮食含汞量都不会超过食品卫生标准。金属汞能够通过植物根部和叶片直接被吸收。作物主要吸收易溶于水的呈分子态的汞化合物，如果土壤中氯离子含量增高，就能使作物吸收更多的 $HgCl_2$ 引起毒害。

（三）土壤汞的危害及防治

土壤中普遍存在着甲基汞和乙基汞，通过细胞壁被生物吸收，所以对生物的毒性最大。对于动物，甲基汞的毒性要比无机汞大 10～100 倍。汞已成为污染土壤的主要因素，为减轻汞的土壤污染，应尽量减少化肥用量，因化肥中含有一定数量的汞，尽量不采用含汞农药喷施蔬菜等措施。

三、土壤砷

（一）土壤砷含量及分布规律

土壤砷含量为4.96～17mg/kg，平均含量为9.746mg/kg。不同利用类型土壤中砷的平均含量由大到小依次为：粮田、日光温室、露天菜地、塑料大棚。分别为7.95mg/kg、7.57mg/kg、7.29mg/kg、5.8mg/kg（见表7-3）。

不同土壤类型土壤砷平均含量由大到小依次为：褐土性土、潮土、褐土、潮褐土，分别是8.31mg/kg、7.93mg/kg、6.57mg/kg、6.43mg/kg（见表7-4）。砷最高样点为17mg/kg，位于李沟乡北毛峪村，低于20mg/kg绿色食品标准。

（二）影响土壤砷的因素

土壤中的砷常见的有As^{3+}、As^{5+}两种价态。前者见于旱田，后者见于水田，均以含氧酸根形式与金属离子形成盐类。土壤中的砷大部分与土壤胶体相结合，水溶性砷极少。积累于耕层的含砷农药难以移动的主要原因是：阳离子形式（如AsSO）存在的砷，可被含水的氧化铁和氧化铝吸附，土壤腐殖质对砷的吸附无明显影响。Eh和pH对土壤中砷的溶解性有很大的影响，Eh下降和pH升高，显著提高砷的溶解性（见表7-6）。

（三）土壤砷的危害

土壤含微量砷（5～10mg/kg）能刺激植物生长。作物摄入过量砷可引起叶面蒸腾下降，阻碍水分和氮素向叶部输送并抑制土壤硝化、氨化作用。砷污染主要来自化肥、农药、医药及玻璃等工业废水。

四、土壤铬

（一）土壤铬含量及分布规律

土壤铬含量为9.79～28.6mg/kg，平均含量为15.65mg/kg。不同利用类型土壤铬平均含量由大到小依次为：露天菜地、塑料大棚、日光温室、粮田，分别为6.7mg/kg、6.45mg/kg、6.30mg/kg、5.72mg/kg（见表7-3）。

不同土壤类型土壤铬平均含量由大到小依次为：潮土、褐土、潮褐土、褐土性土。分别为7.765mg/kg、6.453mg/kg、6.0155mg/kg、4.61mg/kg（见表7-4）。

铬最高点位于李沟王楼村，为28.6mg/kg，低于绿色食品标准和无公害食品标准。

（二）影响土壤铬的因素

铬在土壤中主要以不溶性的不能被植物吸收利用的氧化形式存在。土壤中六价铬能移动，比三价铬毒性大，其价态的转化受土壤Eh值和pH的制约（见表7-6）。

（三）土壤铬的危害

铬不是植物必需的微量元素，但少量的铬对植物生长发育有刺激作用。对动物来说，铬是必需的微量元素，但是超量却对动植物有毒。Cr^{6+}生物毒性显著高于Cr^{3+}，原因是Cr^{3+}可与生物体中蛋白质键结合，而Cr^{6+}不易于蛋白质等大分子起生化反应，极易穿透生物膜危害动植物体。Cr^{3+}含量在300mg/kg以上可能使某些敏感作物生长受阻，主要表现类似缺磷、缺铁症状，叶黄化，生长慢，易萎蔫。植物一般不吸收铬。土壤中Cr^{6+}一般超过10mg/kg即可使作物生长受阻，过量铬可危害作物生长并可阻碍作物对其他营养元素(钙、镁、磷、铁等)吸收。铬大多富集于植物根部,籽实中残留较少。

五、土壤铅

(一)土壤铅含量及分布规律

土壤铅含量为1.6～16.8mg/kg,平均含量为10.00mg/kg。不同利用类型土壤铅平均含量由大到小依次为:粮田、露天菜地、塑料大棚、日光温室,分别为13.6mg/kg、9.10mg/kg、8.99mg/kg、7.19mg/kg(见表7-3)。

不同土壤类型土壤铅平均含量由大到小依次为:潮土＝潮褐土、褐土性土、褐土,分别为2.450mg/kg、2.450mg/kg、2.332mg/kg、2.226mg/kg(见表7-4)。

最高点位于店子乡宋柳沟村,为16.8mg/kg,低于50mg/kg绿色食品标准。

(二)影响土壤铅的因素及危害

铅在土壤中不易移动,大部分被累积在土壤表层。土壤pH、Eh、有机质含量和阳离子代换量都影响着铅的形态,铅可呈水溶态、代换态、有机态和难溶态等。对作物影响最大的水溶性铅,随Eh值和pH降低而增加(见表7-6)。铅在植物体内累积是根＞茎叶＞籽粒。土壤铅高至400～500mg/kg,可使植物生长受阻,一般无典型症状。土壤中铅的危害可因土壤中Fe、P、Ca、有机物存在而减弱。铅对动物毒性较大,铅中毒伤害神经系统,使人乏力、消沉、健忘,以致减少寿命。

第二节 耕地水环境状况

近年来,由于平阴县工矿企业的发展等原因,自然水体受到了不同程度的污染。水污染源主要是工业废水,给平阴县农业、渔业的发展和人们的生活带来了一定危害。

水污染的类型很多,根据污染原因可以分为自然污染源和人为污染源2类。据调查分析,平阴县的水质污染主要是人为污染源,即一是工业的发展,二是由于人口的增长、化肥和农药使用量的增加。

目前,平阴工业企业的废水多数是没有经过处理就直接排放,对河道水质造成了严重的污染,污染严重的河流有汇河、浪溪河、锦水河。本次调查共采集150处水样,其中地表水12个,平原区地下水111个,山区地下水27个,经化验分析,按照GB5084-92农田灌溉水质标准,全县符合一级水标准的样点有126处,水质综合污染指数大于1的样点有24处。汞、铅、铬、镉、砷等严控指标全部符合一级水标准,COD、氟化物、pH等一般指标符合绿色食品生产要求(见表7-7)。

表 7-7　　平阴县灌溉用水水质

项目		全县	地表水	平原地下	山区地下
pH	平均值	7.58	7.9	7.6	7.5
	范围值	6.9～8.6	7.25～8.26	6.9～8.6	7.4～8.02
氟化物	平均值(mg/L)	0.435	0.269	0.4704	0.364
	范围值(mg/L)	0.191～0.792	0.191～0.436	0.27～0.792	0.218～0.792
总磷	平均值(mg/L)	0.203	0.777	0.046	0.108
	范围值(mg/L)	0.003～3.793	0.0157～3.7932	0.0033～0.3872	0.0157～0.2006
COD	平均值(mg/L)	58.8	149.48	49.83	54.98
	范围值(mg/L)	11.8～89.6	88.7～388.5	11.8～226.6	24.8～70.6
砷	平均值(mg/L)	0.0035	0.0073	0.0031	0.0038
	范围值(mg/L)	0.0005～0.0080	0.0057～0.0080	0.0005～0.0080	0.0018～0.0070
六价铬	平均值(mg/L)	0.0187	0.0158	0.0209	0.01
	范围值(mg/L)	0.0018～0.0700	0.0040～0.0210	0.0018～0.0700	0.004～0.016
汞	平均值(mg/L)	0.00045	0.00146	0.0004	0.00015
	范围值(mg/L)	0.00003～0.006	0.0001～0.005	0.000013～0.006	0.00004～0.0011
铅	平均值(mg/L)	0.00093	0.00237	0.00093	0.000374
	范围值(mg/L)	0.00001～0.0065	0.000899～0.0065	0.00001～0.0053	0.00001～0.002
镉	平均值(mg/L)	0.00017	0.00017	0.00018	0.00029
	范围值(mg/L)	0.00001～0.00167	0.00001～0.00059	0.00001～0.00167	0.00001～0.002

第三节　点源污染对农田的影响

经调查，可能造成农田污染的污染源主要来自城市工业废水和生活污水，分别流入汇河和锦水河。汇河从孔村镇陈屯村入境，经店子乡、孝直镇到店子乡展小庄出境，全长25km。汇河的污染主要来源于石横驻地工业所排的废水，每天约有 2.8 万吨废水排入汇河，排污量最大、污染最严重的是肥城造纸厂，其次是石横电厂和煤矿废水。浪溪河下游的污染主要是阿胶厂及地瓜粉加工户排放的污水。锦水河的污染来源是平阴县城驻地工业排放的废水和生活污水，每天排放量 15000～20000m^3，排污量最大的是鲁西化工集团平阴化肥厂、琦泉热电厂、齐鲁制药厂和玛钢集团。

一、工业污染源

排放工业废水的企业主要有鲁西化工集团平阴化肥厂、琦泉热电厂、华阳紧固件厂、齐鲁制药厂和玛钢集团等 10 多家，污染源监测结果如表 7-8 所示，工业废水的化学需氧量、生物需氧量、总砷、氰化物等项目存在不同程度的超标，不适合作为农田灌溉用水。

表 7-8　　工业废水污染源监测结果

单位名称	废水量（吨/季）	化验项目（mg/L）										
		pH	悬浮物	CODCr	硫化物	BOD5	挥发酚	铵氮	氰化物	总砷	矿物油	氟化物
鲁西化工集团平阴化肥	2798	7.83	89	114	0.025	11	0.007	61.2	—	0.069	1.45	—
齐鲁制药厂	191300	8.06	36	140		8	未检出	8.46	—		—	
华阳紧固件厂	14600	8.37	78	92.3	未检出	262	未检出	—	—		—	
东阿阿胶厂	11879	7.43	55	105	1.66	130	0.1	—	—	0.023	—	

二、生活污染源

城市生活污水流经南阳河，污水水质检测结果如表 7-9 所示，污水的化学需氧量、生物需氧量、石油类超标严重，总砷部分略超标，一般不能用作农田灌溉水，尤其不能作为蔬菜地灌溉用水。

表 7-9　　生活污水水质检测结果

	pH	总硬度 3（mg/L）	COD（mg/L）	BOD（mg/L）	氨氮（mg/L）	亚硝态氮（mg/L）	硝态氮（mg/L）	氰化物（mg/L）	砷（mg/L）	石油类（mg/L）
范围	7.72～8.42	390.0～614.5	312～456	52～172	18.5～92.2	0.008～0.036	0.06～11	0.006～0.028	0.026～0.065	0.485～9.87
$\overline{X}$	7.99	550.3	395.2	86	45.3	0.021	2.6	0.017	0.043	3.48
S	0.28	95.7	57.5	43.1	30.0	0.01	4.7	0.011	0.22	4.05
CV	0.04	0.17	0.15	0.39	0.66	0.48	1.81	0.65	1.59	1.16

第四节　化肥农药对农田的影响

一、化肥对农田的影响

进入 20 世纪 90 年代以来，随着农业产业结构的调整，全县“两高一优”农业得到迅猛发展，单位面积产量、产值大幅度提高，化肥施用量也随之大量增加。但过量施用化肥，不仅浪费资源，造成经济损失，而且加重土壤和水体的污染，并影响到作物品质和产量。

（一）耕地化肥施用量

1. 蔬菜地肥料施用量

本次蔬菜地施肥量调查集中在平阴镇、东阿镇、玫瑰镇、孝直镇等乡镇，调查农户 305

户，统计结果是：蔬菜地年平均施用有机肥量为 5038kg/667m²，品种有鸡粪、人畜粪和饼肥，鸡粪用量最大，占 74.9%，各类化肥年平均施用量（实物量）为 403.3kg/667m²，其中 N、P、K 折纯量分别为：62.77kg/667m²、68.32kg/667m²、33.64kg/667m²，结果显示蔬菜地化肥用量过大，且氮、磷、钾比例不合理。

2. 粮田肥料施用量

本次粮田施肥量共调查 276 农户，有机肥年平均用量为 486kg/667m²，化肥年平均用量为 123.9kg/667m²（实物量），折纯量 N、P、K 分别为 29.67kg/667m²、19.78kg/667m²、3.41kg/667m²。蔬菜地、粮田肥料施用量如表 7-10 所示。

表 7-10 蔬菜地、粮田肥料施用量

类型	户数	有机肥（kg/667m²）	N（kg/667m²）	P_2O_5（kg/667m²）	K_2O（kg/667m²）
蔬菜地	305	5038	62.77	68.32	33.64
粮田	276	486	29.67	19.78	3.41

3. 不同利用类型化肥施用量

据全县 558 户调查，粮田年产量为 617.03kg/667m²，化肥实物总用量为 123.9kg，折纯 N 29.67kg、P_2O_5 19.78kg、K_2O 3.41kg；露天菜地年产量为 3004.84kg/667m²，化肥实物总用量为 232.9kg，折纯 N 41.89kg、P_2O_5 27.97kg、K_2O16.42kg；日光温室年产量为 8101.60kg/667m²，化肥实物总用量为 577.7kg，折纯 N 84.51kg、P_2O_5 102.46kg、K_2O 48.09kg；塑料大棚年产量为 5159.33kg/667m²，化肥实物总用量为 316.9kg，折纯 N 51.83kg、P_2O_5 54.97kg、K_2O 28.07kg（见表 7-11）。

表 7-11 不同利用类型平均产量及化肥施用量

利用类型	年平均产量（kg/667m²）	化肥实物用量（kg/667m²）	N（kg/667m²）	P_2O_5（kg/667m²）	K_2O（kg/667m²）
粮田	617.03	123.90	29.67	19.78	3.41
露天菜地	3004.84	232.9	41.89	27.97	16.42
日光温室	8101.60	577.7	84.51	102.46	48.09
塑料大棚	5159.33	316.93	51.83	54.97	28.07

（二）对农田的影响

通过对农田化肥用量的调查分析，对农田的影响主要表现在四个方面。

1. 不同利用类型土壤养分不平衡。

从有机质含量看，粮田含量最低，平均为 8.5g/kg，其次是露天菜地、塑料大棚、日光温室，分别为 10.7g/kg、11 g/kg 、11.8 g/kg。日光温室、塑料大棚虽然有机肥用量大，但高温时间长，有机质分解消耗多。蔬菜地氮、磷、钾比为 1∶0.34∶1.23。露天菜氮、磷、钾比为 1∶0.41∶0.94，土壤中磷过剩，钾不足。日光温室和塑料大棚氮、磷、钾分为 1∶0.91∶1.67，土壤中磷严重过剩，比标准高 167%，钾也表现过剩，比标准高 35.8%。塑料大棚氮、磷、钾为 1∶0.54∶0.99，土壤中磷过剩，钾偏少，磷比标准高 58.8%，钾偏少 19.5%。粮田比例基本合理。

2. 土壤含盐量明显增加

蔬菜地盐分含量明显高于粮田，蔬菜地利用类型不同，盐分含量也有差异，日光温室由于化肥量最大，含盐量最高平均为 1.78g/kg，达到轻度盐渍化程度，部分地块达到重度盐渍化程度。其次是塑料大棚、露天菜地，分别为 1.34g/kg、1.30g/kg，粮田土壤含盐量较低，为 0.91g/kg(见表 7-12)。

表 7-12　　不同设施土壤养分含量

设施类型	pH	有机质(g/kg)	全氮(mg/kg)	碱解氮(mg/kg)	有效磷(mg/kg)	速效钾(mg/kg)	全盐(g/kg)
粮田	7.3	8.5	0.95	79	15.2	97	0.91
露天菜地	7.1	10.7	1.01	164	57.5	180	1.30
日光温室	7.0	11	1.01	175	79.4	234	1.78
塑料大棚	6.7	11.8	1.06	180	59.8	204	1.34

3. 蔬菜地 pH 明显降低

从蔬菜地不同设施类型看，随化肥用量增加，pH 明显下降，日光温室、塑料大棚 pH 分别为 7.0、6.7，比粮田低(见表 7-12)，部分种植蔬菜时间较长的保护地出现土壤酸化现象，pH 达到 5.0。土壤 pH 明显降低，一定程度地影响了部分土壤养分的有效性。

4. 土壤重金属含量增加

由于长期过量施用磷肥，土壤重金属含量增加，据全国各地磷肥测定结果，重金属含量每千克几至几百毫克，镉、砷、铬含量较高。化肥中还含有汞等重金属离子。经土壤化验，土壤汞、镉、铅含量偏高，这与施肥量的增加有密切关系。

二、农药对农田的影响

1983 年国家禁止使用有机氯农药之后，土壤中有机氯含量明显降低，从 108 处样点化验土中六六六、DDT 结果看，残留量都明显低于国家标准《农产品安全质量无公害蔬菜产地环境要求》的规定(≤0.5 mg/kg)。六六六分析结果：露天菜地范围为 0.0004～0.0048mg/kg，平均为 0.0018mg/kg。日光温室为 0.0004～0.0464mg/kg，平均为 0.0056mg/kg。塑料大棚为 0.0004～0.0142mg/kg，平均为 0.0055。DDT 结果：露天菜地为 0.0002～0.0046mg/kg，平均为 0.0020mg/kg。日光温室为 0.0002～0.0242mg/kg，平均为 0.0044mg/kg。塑料大棚为 0.0002～0.0675mg/kg，平均为 0.0067mg/kg(见表 7-13)。

表 7-13 不同设施蔬菜地农药残留量

农药	设施类型	计数值	平均值(mg/kg)	最小值(mg/kg)	最大值(mg/kg)
六六六	露天菜地	9	0.0018	0.0004	0.0048
	日光温室	24	0.0056	0.0004	0.0464
	塑料大棚	21	0.0055	0.0004	0.0142
DDT	露天菜地	9	0.0020	0.0002	0.0046
	日光温室	24	0.0044	0.0002	0.0242
	塑料大棚	21	0.0067	0.0002	0.0675

由于国家禁止使用有机氯农药已有20年,其含量远远低于绿色食品标准,已不成为影响当地绿色食品和无公害发展。近几年汞成为土壤中污染物之首,与大量施用汞制剂防病治虫有关,因此应严格限制汞农药在农业生产上的应用。

第八章　平阴县耕地资源管理信息系统建设

第一节　概　述

一、项目来源及目的意义

平阴县耕地资源信息系统数据库建设工作，是农业部沃土工程测土配方施肥工作的重要组成部分，是国家实现农业科学种田，促进粮食稳定生产，实现农业科学施肥经常化、普及化的重要工作，是实现农业耕地地力评价成果资料统一化、标准化的重要计划，是实现综合农业信息资料共享的技术手段。平阴县耕地资源信息系统数据库建设工作是对最新的土地利用现状调查成果，第二次土壤普查的土壤、地貌等成果，本次耕地地力评价工作采集的土壤化学分析等成果进行汇总，建立一个集空间数据库和属性数据库的存储、管理、查询、分析、显示为一体的数据库，为科学种田、施肥和农业的可持续发展、深化农业科学管理工作服务。

二、建库单位组成

为加快平阴县耕地资源信息系统数据库建设工作，依据农业部县域耕地资源信息系统数据库建设工作要求，由多年来一直从事农业测土配方施肥研究、耕地地力评价、数据库建设工作有一定经验的单位组成联合工作组。

山东省土壤肥料总站：负责评价及建库工作组织、协调、标准制定、土壤图成果资料的归属核查处理等。

山东农业大学资源与环境学院：负责耕地地力评价图、土壤化学微量元素系列图及研究报告编制等。

山东天地亚太国土遥感有限公司：负责土地、土壤、矿化度、地貌、灌溉分区等图件扫描矢量化及几何校正处理等编图工作，耕地地力评价所有建库资料统一化、标准化处理，空间数据库和属性数据库建设，耕地地力评价成果图件修改编辑及图件输出、数据库建设报告编制等工作。

三、建库工作的软硬件环境

（一）主要硬件

P43.0 计算机 10 台。

HP5000 和 HP3500 绘图仪各 1 台。

(二)软件

MAPGIS 6.7 软件 10 套。

ARCGIS 9.2 软件 2 套。

县域耕地资源信息系统软件 2 套。

ENVI 4.6 遥感图像处理与分析软件 1 套。

第二节　建库内容及建库工作中主要问题的处理

一、建库内容

依据农业部耕地地力评价工作数据库建设的要求，平阴县耕地资源信息系统数据库建设工作包括空间数据库和属性数据库两部分内容。属性数据库严格按照县域耕地资源信息系统数据字典及建库县提供的有关数据编制。空间数据库包括土地利用现状图、土壤图、坡度图、灌溉分区图、地貌图、耕地地力调查点点位图、耕地地力评价等级图、土壤化学微量元素系列图等。

二、建库工作中的主要问题

平阴县耕地资源信息系统数据库建设工作由于涉及的内容多，加之部分资料为第二次土壤普查的资料，与县域耕地资源信息系统数据字典的要求对比存在以下问题。

第二次土壤普查的成果均为纸介质图，因图纸折叠和自然伸缩的影响，图件变形大，形成较大的误差。

土地利用现状图为 2006 年以前的现状，近年来交通用地和蔬菜地等出现变化。

平阴县土壤图中的土种名称和编码与山东省土种归属要求、全国土种标准名称和编码等不一致。

平阴县的地貌图为微地貌图，与县域耕地资源信息系统数据字典中地貌划分的名称不能一一对应。

同一个县已有资料坐标系不统一问题，如第二次土壤普查图件为 1954 年北京坐标系，土地利用现状图或行政区划图为 1980 年西安坐标系等。

三、建库工作中有关问题的处理

依据 1∶300000 标准分幅地形图，对所有建库的纸介质成果图全部进行几何校正处理，以消除纸介质成果图的误差。

依据较新的航天卫星资料对近年来变化的公路、铁路等进行了修改补充。

为使平阴县土种的名称及代码与省标和国标相对应，在耕地资源信息系统数据库建设前，首先对土壤图中所有图斑内容进行了检查统计，对错漏问题交项目县修改，最后由省土肥站进行土种归属复查处理。在此基础上编制了国标、省标、县土壤名称及代码对比表。为方便县域土壤图的利用和对比，建库后的图中仍保留了原县域土壤图的土种代码，属性挂接为国标代码。

由于县域耕地资源信息系统数据字典中划分的地貌名称少,其地貌名称不能一一对应,在建库时尽量选择与数据字典中相近的地貌名称进行编码。为方便地貌图的利用和对比,在地貌图中保留了原地貌图的名称和代码。图例中增加了建库数据字典中规定的地貌名称、代码与县原地貌名称、代码的对比表,属性挂接为数据字典中规定的地貌名称和代码。

对同一个县已有资料坐标系不统一问题,依据数据库建设要求,所有成果全部统一到高斯一克吕格投影,6 度分带,1954 年北京坐标系中。

第三节 数据库标准化

一、标准引用

县域耕地资源信息系统数据字典中规定的国标及行业有关技术标准:

1. GB2260-2002 《中华人民共和国行政区划代码》
2. NY/T309-1996 《全国耕地类型区、耕地地力等级划分标准》
3. NY/T310-1996 《全国中低产田类型划分与改良技术规范》
4. GB/T 17296-2000 《中国土壤分类与代码》
5. 全国农业区划委员会 《土地利用现状调查技术规程》
6. 国土资源部 《土地利用现状变更调查技术规程》
7. GB/T 13989-1992 《国家基本比例尺地形图分幅与编号》
8. GB/T 13923-1992 《国土基础信息数据分类与代码》
9. GB/T 17798-1999 《地球空间数据交换格式》
10. GB 3100-1993 《国际单位制及其应用》
11. GB/T 16831-1997 《地理点位置的纬度、经度和高程表示方法》
12. GB/T 10113-2003 《分类编码通用术语》
13. GB/T 10114-2003 《县以下行政区划代码编制规则》
14. GB/T 9648-1988 《中国际单位制代码》
15. 农业部 《全国耕地地力调查与评价技术规程》
16. 农业部 《测土配方施肥技术规范(试行)》
17. 农业部 《测土配方施肥专家咨询系统编制规范(试行)》
18. 山东省县域土种归属标准
19. 山东省县域耕地地力评价标准等

二、空间坐标系及建库平台

(一)空间数据坐标系

投影:高斯—克吕格,6 度分带。1954 年北京坐标系,1956 年黄海高程系。比例尺:1∶300000。

（二）数据库采集模板和数据库文件格式

为使所有建库资料达到统一化和标准化，以及满足所有成果图件的输出和耕地资源地力评价工作的需要，对建库资料的扫描矢量化和几何校正处理工作均采用MAPGIS平台，数据库的文件格式为MAPGIS的点、线、面文件。待数据库成果评审验收和修改后，将MAPGIS的点、线、面格式转换为SHAPE格式，由ARCGIS平台进行数据库规范化处理，最后将数据库资料导入县域耕地资源信息管理系统。

第四节　数据库结构

一、空间数据库图层划分

空间数据库图层划分是严格按照县域耕地资源信息系统数据字典要求分层的，每层只反映属性相同的内容。平阴县耕地资源信息系统数据库建设包括土地利用现状图、第二次土壤普查成果和耕地地力评价等三部分内容，其全省空间数据库图层划分情况如表8-1所示。

表8-1　耕地资源信息系统空间数据库分层表

序号	图层代码	图层名称	序号	图层代码	图层名称
1	AD101	行政区划图	18	SP103	耕层土壤有效磷等值线图
2	AD102	县乡村位置图	19	SP104	耕层土壤速效钾等值线图
3	AD103	行政界线图	20	SP105	耕层土壤缓效钾等值线图
4	AD201	辖区边界图	21	SP106	耕层土壤有效锌等值线图
5	AD202	装饰边界图	22	SP108	耕层土壤有效钼等值线图
6	GE103	面状水系图	23	SP109	耕层土壤有效铜等值线图
7	GE104	线状水系图	24	SP110	耕层土壤有效硅等值线图
8	GE105	道路图	25	SP111	耕层土壤有效锰等值线图
9	GE201	坡度图	26	SP112	耕层土壤有效铁等值线图
10	GE203	地貌类型分区图	27	SP201	耕层土壤pH等值线图
11	LM102	灌溉分区图	28	SP113	耕层土壤交换性钙等值线图
12	LU101	土地利用现状图	29	SP114	耕层土壤交换性镁等值线图
13	SB101	土壤图	30		耕层土壤有效硫等值线图
14	SB203	地下水矿化度等值线图	31		耕层土壤水解性氮等值线图
15	SB302	耕地地力调查点点位图	32		耕地地力评价等级图
16	SP101	耕层土壤有机质等值线图	33		耕层土壤有效硼等值线图
17	SP102	耕层土壤全氮等值线图			

注：表8-1为山东省统一的分层情况，平阴县为部分图件。

二、属性数据库结构

属性数据结构内容严格按县域耕地资源管理信息系统数据字典及建库县提供的资料编制。属性数据库结构如表 8-2 所示。

表 8-2 耕地资源信息系统属性数据库结构表

图名	属性数据结构	字段类型
行政区划图	内部标识码:系统内部 ID 号 实体类型:point,polyline,polygon 实体面积:系统内部自带 实体长度:系统内部自带 县内行政码:根据国家统计局"统计上使用的县以下行政区划代码编制规则"编制	长整型,9 文本型,8 双精度,19,2 长整型,10 长整型,6
县乡村位置图	内部标识码:系统内部 ID 号 实体类型:point,polyline,polygon X 坐标:无,Y 坐标:无 县内行政码:根据国家统计局"统计上使用的县以下行政区划代码编制规则"编制 标注类型:村标注,乡标注,县标注	长整型,9 文本型,8 双精度,19,2 长整型,6 字符串,6
行政界线图	内部标识码:系统内部 ID 号 实体类型:point,polyline,polygon 实体长度:系统内部自带 界线类型:根据国家基础信息标准(GB13923－92)填写	长整型,9 文本型,8 长整型,10 文本型,40
辖区边界图	内部标识码:系统内部 ID 号 实体类型:point,polyline,polygon 实体面积:系统内部自带 实体长度:系统内部自带 要素代码:依据《国家基础地理信息数据分类与代码》编制要素代码 要素名称:依据《国家基础地理信息数据分类与代码》编制要素名称 行政单位名称:单位的实际名称填写	长整型,9 文本型,8 双精度,19,2 长整型,10 长整型,5 文本型,40 文本型,20
装饰边界图	内部标识码:系统内部 ID 号	长整型,9
面状水系图	内部标识码:系统内部 ID 号 实体类型:point,polyline,polygon 实体面积:系统内部自带 实体长度:系统内部自带 要素代码:依据《国家基础地理信息数据分类与代码》编制要素代码 要素名称:依据《国家基础地理信息数据分类与代码》编制要素名称 面状水系码:自定义编码 面状水系名称:依据 2006 年 10 月版山东省地图册编制 湖泊储水量:依据 1∶300000 地形图	长整型,9 文本型,8 双精度,19,2 长整型,10 长整型,5 文本型,40 字符串,5 字符串,20 字符串,8

续表

图名	属性数据结构	字段类型
线状水系图	内部标识码:系统内部 ID 号 实体类型:point,polyline,polygon 实体长度:系统内部自带 要素代码:依据《国家基础地理信息数据分类与代码》编制要素代码 要素名称:依据《国家基础地理信息数据分类与代码》编制要素名称 线状水系码:自定义编码 线状水系名称:依据 2006 年 10 月版山东省地图册编制 河流流量:无	长整型,9 文本型,8 长整型,10 长整型,5 文本型,40 长整型,4 文本型,20 长整型,6
道路图	内部标识码:系统内部 ID 号 实体类型:point,polyline,polygon 实体长度:系统内部自带 要素代码:依据《国家基础地理信息数据分类与代码》编制要素代码 要素名称:依据《国家基础地理信息数据分类与代码》编制要素名称 公路代码:根据国家标准 GB917.1-89《公路路线命名编号和编码规则命名和编号规则》编制 公路名称:根据国家标准 GB917.1-89《公路路线命名编号和编码规则命名和编号规则》编制	长整型,9 文本型,8 长整型,10 长整型,5 文本型,40 文本型,11 文本型 20
地貌类型分区图	内部标识码:系统内部 ID 号 实体类型:point,polyline,polygon 实体面积:系统内部自带 实体长度:系统内部自带 地貌类型:数据引用自“中国科学院生物多样性委员会地貌类型代码库”(四类码)	长整型,9 文本型,8 双精度,19,2 长整型,10 文本型,18
灌溉分区图	内部标识码:系统内部 ID 号 实体类型:point,polyline,polygon 实体面积:系统内部自带 实体长度:系统内部自带 灌溉水源:县局提供数据 灌溉水质:无 灌溉方法:县局提供数据 年灌溉次数:县局提供数据 灌溉条件:无 灌溉保证率:无 灌溉模数:无 抗旱能力:无	长整型,9 文本型,8 双精度,19,2 长整型,10 文本型,10 文本型,4 文本型,18 文本型,2 文本型,4 长整型,3 双精度,5,2 长整型,3
土地利用现状图	内部标识码:系统内部 ID 号 实体类型:point,polyline,polygon 实体面积:系统内部自带 实体长度:系统内部自带 地类号:国土资源部发布的《全国土地分类》三级类编码 平差面积:无	长整型,9 文本型,8 双精度,19,2 长整型,10 长整型,3 双精度,7,2

续表

图名	属性数据结构	字段类型
土壤图	内部标识码:系统内部 ID 号 实体类型:point,polyline,polygon 实体面积:系统内部自带 实体长度:系统内部自带 土壤国标码:土壤类型国标分类系统编码	长整型,9 文本型,8 双精度,19,2 长整型,10 长整型,8
地下水矿化度等值线图	内部标识码:系统内部 ID 号 实体类型:point,polyline,polygon 实体长度:系统内部自带 地下水矿化度:依据县级矿化度图实际数据填写	长整型,9 文本型,8 长整型,10 双精度,5,1
耕地地力调查点点位图	内部标识码:系统内部 ID 号 实体类型:point,polyline,polygon X 坐标:北京 54 坐标系 Y 坐标:北京 54 坐标系 点县内编号 AP310102:自定义编号	长整型,9 文本型,8 双精度,19,2 双精度,19,2 长整型,8
行政区基本情况数据表	县内行政码 SH110102:根据国家统计局"统计上使用的县以下行政区划代码编制规则"编制 省名称:山东省 县名称:××市,××区,××县 乡名称:××乡,××镇,××街道 村名称:××村,××委员会 行政单位名称:××市,××区,××县,××乡,××镇,××街道,××村,××委员会 总人口:无 农业人口:无 非农业人口:无 国民生产总值 GNP:无	长整型,6 字符串,6 字符串,8 字符串,18 字符串,18 字符串 20 字符串 7 字符串 7 字符串 7 双精度,11,2 字符串,20
县级行政区划代码表	行政单位名称:××市,××区,××县,××乡××镇××街道××村××委员会 县内行政码 SH110102:根据国家统计局"统计上使用的县以下行政区划代码编制规则"编制	长整型,6 长整型 9
土地利用现状地块数据表	内部标识码:系统内部 ID 号 地类号:国土资源部发布的《全国土地分类》三级类编码 地类名称:国土资源部发布的《全国土地分类》三级类名称 计算面积:无 地类面积:无 平差面积:无 报告日期:无	长整型 9 字符串,3 字符串,20 双精度,7,2 双精度,7,2 双精度,7,2 日期型,10
土壤类型代码表	土壤国标码:土壤类型国标分类系统编码 土壤国标名:土壤类型国标分类系统名称	字符串,8 字符串,20

续表

图名	属性数据结构	字段类型
耕地地力调查点基本情况及化验结果数据表	灌溉水源:县提供数据	字符串,10
	灌溉方法:县提供数据	字符串,18
	调查点国内统一编号:自定义编号	字符串,14
	调查点县内编号:自定义编号	字符串,8
	调查点自定义编号 AP310103:自定义编号	字符串,40
	调查点类型:耕地地力调查点	字符串,20
	户主联系电话:区号一本地电话号码	字符串,13
	调查人联系电话:区号一本地电话号码	字符串,13
耕地地力调查点基本情况及化验结果数据表	调查人姓名:xxxx	字符串,8
	调查日期:采集当天日期	日期型,10
	≥0℃积温:无	字符串,5
	≥10℃积温:无	字符串,5
	年降水量:县提供数据	字符串,4
	全年日照时数:无	字符串,4
	光能辐射总量:无	字符串,4
	无霜期:县提供数据	字符串,3
	干燥度 CW210107:无	双精度,4,2
	东经:县提供数据	双精度,9,5
	北纬:县提供数据	双精度,8,5
	坡度:地形坡度海拔:海拔高度	双精度,6,1
	坡向:缺少数据	双精度,4,1
	地形部位:数据引用自 NY/T309-1996《全国耕地类型区、耕地地力等级划分》和 NY/T310-1996《全国中低产田类型划分与改良技术规范》	字符串,4 字符串,50
	田面坡度:依据田面实际坡度	双精度,4,1
	灌溉保证率:无	字符串,3
	排涝能力:无	字符串,2
	梯田类型:无	字符串,10
	梯田熟化年限:无	字符串,3
	保护块面积:无	双精度,7,2
	土壤侵蚀类型:无	字符串,8
	土壤侵蚀程度:无明显侵蚀,轻度侵蚀	字符串,20
	污染源企业名称:无	字符串,50
	污染源企业地址:无	字符串,50
	液体污染物排放量:无	双精度,6,1
	粉尘污染物排放量:无	双精度,6,1
	污染面积 LE220105:无	双精度,9,2
	污染物类型:无	字符串,20
	污染范围:无	字符串,40
	污染造成的损害:无	字符串,30
	距污染源距离:无	字符串,5
	污染物形态:无	字符串,4
	污染造成的经济损失:无	字符串,9
	省名称:山东省	字符串,8
	县名称:××市,××区,××县	字符串,18
	乡名称:××乡,××镇,××街道	字符串,18
	村名称:××村,××委员会	字符串,8
	户主姓名	字符串,8
	土壤类型代码(国标):根据县提供数据填写	字符串,20
	土类名称(县级):县提供数据	

续表

图名	属性数据结构	字段类型
耕地地力调查点基本情况及化验结果数据表	亚类名称(县级):县提供数据	字符串,20
	土属名称(县级):县提供数据	字符串,20
	土种名称(县级):县提供数据	字符串,20
	剖面构型:土层符号代码表、土层后缀符号代码表、剖面构型数据编码表	字符串,10
	是根据《中国土种志》整理	字符串,8
	质地构型:无	字符串,2
	耕层厚度:县提供数据	字符串,10
	障碍层类型:无	字符串,3
	障碍层出现位置:无	字符串,3
	障碍层厚度:无	字符串,30
	成土母质:数据引用于《土壤调查与制图》(第二版),农业出版社	字符串,6
	质地:中壤土,重壤土,砂壤土	双精度,4,2
	容重:县提供数据	字符串,2
	田间持水量:县提供数据	双精度,4,1
	pH:依据土壤化学分析 pH 耕地地力等级评价成果填写	双精度,4,1
	CEC:依据土壤化学分析 CEC 值耕地地力等级评价成果填写	双精度,5,1
	有机质:依据土壤化学分析有机质值耕地地力等级评价成果填写	双精度,6,3
	全氮:依据土壤化学分析全氮值耕地地力等级评价成果填写	字符串,5
	全磷:依据土壤化学分析全磷值耕地地力等级评价成果填写	双精度,5,1
	有效磷:依据土壤化学分析有效磷值耕地地力等级评价成果填写	字符串,4
	缓效钾:依据土壤化学分析缓效钾值耕地地力等级评价成果填写	字符串,3
	速效钾:依据土壤化学分析速效钾值耕地地力等级评价成果填写	双精度,5,2
	有效锌:依据土壤化学分析有效锌值耕地地力等级评价成果填写	双精度,4,2
	水溶态硼:依据土壤化学分析水溶态硼值耕地地力等级评价成果填写	双精度,6,2
	有效硅:依据土壤化学分析有效硅值耕地地力等级评价成果填写	双精度,4,2
	有效钼:依据土壤化学分析有效钼值耕地地力等级评价成果填写	双精度,5,2
	有效铜:依据土壤化学分析有效铜值耕地地力等级评价成果填写	双精度,5,1
	有效锰:依据土壤化学分析有效锰值耕地地力等级评价成果填写	双精度,6,1
	有效铁:依据土壤化学分析有效铁值耕地地力等级评价成果填写	双精度,6,1
	交换性钙:依据土壤化学分析交换性钙值耕地地力等级评价成果填写	双精度,5,1
	交换性镁:依据土壤化学分析交换性镁值耕地地力等级评价成果填写	双精度,5,1
	有效硫:依据土壤化学分析有效硫值耕地地力等级评价成果填写	双精度,5,1
	盐化类型:无	字符串,20
	1m 土层含盐量:无	双精度,5,1
	耕层土壤含盐量:无	双精度,5,1
	水解性氮:依据土壤化学分析水解性氮值耕地地力等级评价成果填写	双精度,5,3
	旱季地下水位:无	字符串,3
	采样深度:县提供数据	字符串,7

续表

图名	属性数据结构	字段类型
耕层土壤有机质等值线图	内部标识码:系统内部 ID 号 实体类型:point,polyline,polygon 实体长度:系统内部自带 有机质:依据土壤化学分析有机质值耕地地力等级评价成果填写	长整型,9 文本型,10 长整型,10 双精度,5,1
耕层土壤全氮等值线图	内部标识码:系统内部 ID 号 实体类型:point,polyline,polygon 实体长度:系统内部自带 全氮:依据土壤化学分析全氮值耕地地力等级评价成果填写	长整型,9 文本型,10 长整型,10 双精度,4,2
耕层土壤有效磷等值线图	内部标识码:系统内部 ID 号 实体类型:point,polyline,polygon 实体长度:系统内部自带 有效磷:依据土壤化学分析有效磷值耕地地力等级评价成果填写	长整型,9 文本型,10 长整型,10 双精度,5,1
耕层土壤速效钾等值线图	内部标识码:系统内部 ID 号 实体类型:point,polyline,polygon 实体长度:系统内部自带 速效钾:依据土壤化学分析速效钾值耕地地力等级评价成果填写	长整型,9 文本型,10 长整型,10 长整型,3
耕层土壤缓效钾等值线图	内部标识码:系统内部 ID 号 实体类型:point,polyline,polygon 实体长度:系统内部自带 缓效钾:依据土壤化学分析缓效钾值耕地地力等级评价成果填写	长整型,9 文本型,10 长整型,10 长整型,4
耕层土壤有效锌等值线图	内部标识码:系统内部 ID 号 实体类型:point,polyline,polygon 实体长度:系统内部自带 有效锌:依据土壤化学分析有效锌值耕地地力等级评价成果填写	长整型,9 文本型,10 长整型,10 双精度,5,2
耕层土壤有效钼等值线图	内部标识码:系统内部 ID 号 实体类型:point,polyline,polygon 实体长度:系统内部自带 有效钼:依据土壤化学分析有效钼值耕地地力等级评价成果填写	长整型,9 文本型,10 长整型,10 双精度,4,2
耕层土壤有效铜等值线图	内部标识码:系统内部 ID 号 实体类型:point,polyline,polygon 实体长度:系统内部自带 有效铜:依据土壤化学分析有效铜值耕地地力等级评价成果填写	长整型,9 文本型,10 长整型,10 双精度,5,2
耕层土壤有效硅等值线图	内部标识码:系统内部 ID 号 实体类型:point,polyline,polygon 实体长度:系统内部自带 有效硅:依据土壤化学分析有效硅值耕地地力等级评价成果填写	长整型,9 文本型,10 长整型,10 双精度,6,2

续表

图名	属性数据结构	字段类型
耕层土壤有效锰等值线图	内部标识码:系统内部 ID 号 实体类型:point,polyline,polygon 实体长度:系统内部自带 有效锰:依据土壤化学分析有效锰值耕地地力等级评价成果填写	长整型,9 文本型,10 长整型,10 双精度,5,1
耕层土壤有效铁等值线图	内部标识码:系统内部 ID 号 实体类型:point,polyline,polygon 实体长度:系统内部自带 有效铁:依据土壤化学分析有效铁值耕地地力等级评价成果填写	长整型,9 文本型,10 长整型,10 双精度,5,1
耕层土壤pH等值线图	内部标识码:系统内部 ID 号 实体类型:point,polyline,polygon 实体长度:系统内部自带 pH:依据土壤化学分析 pH 耕地地力等级评价成果填写	长整型,9 文本型,10 长整型,10 双精度,4,1
耕层土壤交换性钙等值线图	内部标识码:系统内部 ID 号 实体类型:point,polyline,polygon 实体长度:系统内部自带 交换性钙:依据土壤化学分析交换性钙值耕地地力等级评价成果填写	长整型,9 文本型,10 长整型,10 双精度,6,1
耕层土壤交换性镁等值线图	内部标识码:系统内部 ID 号 实体类型:point,polyline,polygon 实体长度:系统内部自带 交换性镁:依据土壤化学分析交换性镁值耕地地力等级评价成果填写	长整型,9 文本型,10 长整型,10 双精度,5,1
耕层土壤有效硫等值线图	内部标识码:系统内部 ID 号 实体类型:point,polyline,polygon 实体长度:系统内部自带 有效硫:依据土壤化学分析有效硫值耕地地力等级评价成果填写	长整型,9 文本型,10 长整型,10 双精度,5,1
耕层土壤水解性氮等值线图	内部标识码:系统内部 ID 号 实体类型:point,polyline,polygon 实体长度:系统内部自带 水解性氮:依据土壤化学分析水解性氮值耕地地力等级评价成果填写	长整型,9 文本型,10 长整型,10 双精度,5,3
耕地地力评价等级图	内部标识码:系统内部 ID 号 实体类型:point,polyline,polygon 实体面积:系统内部自带 等级(县内):“120”	长整型,9 文本型,10 双精度,19,2 文本型,2
耕层土壤有效硼等值线图	内部标识码:系统内部 ID 号 实体类型:point,polyline,polygon 实体长度:系统内部自带 有效硼:依据土壤化学分析有效硼值耕地地力等级评价成果填写	长整型,9 文本型,10 长整型,10 双精度,4,2
土壤全盐含量分布图	内部标识码:系统内部 ID 号 实体类型:point,polyline,polygon 实体长度:系统内部自带 全盐:依据土壤化学分析全盐值耕地地力等级评价成果填写	长整型,9 文本型,10 长整型,10 双精度,4,1

续表

图名	属性数据结构	字段类型
耕层土壤有效镁等值线图	内部标识码:系统内部 ID 号 实体类型:point,polyline,polygon 实体长度:系统内部自带 有效镁:依据土壤化学分析有效镁值耕地地力等级评价成果填写	长整型,9 文本型,10 长整型,10 长整型,2
耕层土壤有效钙等值线图	内部标识码:系统内部 ID 号 实体类型:point,polyline,polygon 实体长度:系统内部自带 有效钙:依据土壤化学分析有效钙值耕地地力等级评价成果填写	长整型,9 文本型,10 长整型,10 长整型,2

第五节 建库工作方法

一、数据库质量控制

数据库质量涉及三个方面的工作:一要满足耕地地力评价工作的需要。二要满足耕地资源信息系统数据库建设的需要。三要满足建库所有成果图件输出的需要。为满足以上三个方面的要求,在数据库建设工作开展前,首先在有关国标、部标和行业标准的基础上,制定了统一的工作平台、工作方法和流程,成果图件图名、图例和色彩编制要求,成果质量检查工作方法,对耕地地力评价基础性图件首先在建库单位初步检查后,交项目县进行全面检查和修改补充错漏内容,返回建库单位对所有成果图件安排专人进行全面检查和修改,从而保证了数据库的成果质量。

二、建库工作有关规定

为保证建库工作的按时及保质完成,成立了建库项目组等。

建库项目组:设立1名技术负责人,全面负责建库工作有关规程的学习、日常建库工作安排、工作进度、质量检查、建库数据库资料汇总、MAPGIS 格式建库成果经 ARCGIS 规范化处理手导入县域耕地资源信息系统等工作。

质量检查组:安排具有工作经验的人员成立检查组,负责所有建库资料的质量检查及修改工作。

制定了建库工作标准:在建库工作前,首先对建库图形子图的大小、线的粗细及线型、面的色彩搭配,图件分层,工作方法和流程,下发到每一个建库工作人员手中,统一了建库图形扫描矢量化的技术要求。

最终成果检查:所有成果图待评审验收后,依据专家意见,由建库组和耕地地力评价组依据专家和甲方意见进行成果图和数据库修改补充,最后输出成果图件和导入县域耕地资源信息系统。

三、建库资料精度及建库工作流程

(一)建库资料精度

为保证建库资料的数学精度，首先形成大于平阴县范围的1∶300000标准图幅理论图框，拼接形成县域的1∶300000理论图框，以1∶300000标准分幅地形图为基础，在地形图和县域土地利用现状图上选择同名地物点(主要为农村道路交叉点等)为几何校正点。为保证县域图件的精度，平阴县选不少于30个几何校正点，每一个几何校正点选择地形图附近的4个公里网交叉点，将其校正到县域的理论图框上，形成满足1∶300000精度要求的县域地理底图。以该图为基础，将所有建库成果图件校正到县域地理底图上。

(二)建库工作流程

第一步：首先按照建库工作的基本要求对土地利用现状、土壤、矿化度、灌溉分区、地貌、采样点位等图件进行扫描矢量化和几何校正处理、建库组错漏自查和交甲方进行错漏检查、返回建库组修改及编辑、拓扑检查、属性挂接处理等。第二步：将以上成果交耕地地力评价组进行耕地地力评价工作。第三步：耕地地力评价组将其评价成果资料再返回建库组，由建库组按照县域耕地资源信息系统数据库建设要求，对所有建库成果资料进行全面的质量检查及编辑处理、拓扑处理、属性挂接，最后由MAPGIS—ARCGIS—县域耕地资源信息系统及时输出成果图件。

(三)主要空间数据库说明

1. 行政区划图(地理底图)

以土地利用现状图为背景，分别提取乡镇、村庄、主要工矿企业建设用地，主要道路、河流、境界、行政区划等内容。参考地图或1∶300000地形图，对主要道路、双线河流等地物进行连接并加注地物注记。依据卫星影像等资料，对近年来增加的主要道路进行更新。

2. 土壤图

依据土壤调查研究报告、土壤志、山东省土壤分类归属标准，编制土种归属对比表和国标、省标、县三级对比表图例。在土壤图上保留土壤图原始代码，属性挂接为国标代码，可满足部、省、县各级政府工作的需要。

3. 地貌图

由于地貌图为微地貌图，为满足部、省、县各级政府使用及建库工作的需要，在地貌图中保留了原地貌代码，其属性尽量对应到数据字典中的名称及代码，在图例中增加了对比表，满足了各项工作的需要。

(四)属性库编制方法

严格按照建库数据字典中的要求及建库单位提供的资料编制各种成果图属性代码。

第六节 建库成果

平阴县耕地资源信息系统数据库建设成果包括农业部规定格式的数据库和MAPGIS格式的成果共计20幅图，如表8-3所示。

表 8-3　　平阴县耕地资源信息系统数据库建设成果表

序号	成果图名称	备注
1	平阴县土地利用现状图	
2	平阴县地貌图	
3	平阴县土壤图	
4	平阴县坡度图	
5	平阴县耕地地力调查点点位图	
6	平阴县灌溉分区图	
7	平阴县土壤 pH 分布图	
8	平阴县耕地地力评价等级图	
9	平阴县土壤缓效钾含量分布图	
10	平阴县土壤碱解氮含量分布图	
11	平阴县土壤全氮含量分布图	
12	平阴县土壤速效钾含量分布图	
13	平阴县土壤有机质含量分布图	
14	平阴县土壤有效磷含量分布图	
15	平阴县土壤有效硫含量分布图	
16	平阴县土壤有效锰含量分布图	
17	平阴县土壤有效硼含量分布图	
18	平阴县土壤有效铁含量分布图	
19	平阴县土壤有效铜含量分布图	
20	平阴县土壤有效锌含量分布图	

第七节　结　论

平阴县耕地资源管理信息系统数据库建设包括空间数据库和属性数据库 2 部分内容。空间数据库全部是按照县域耕地资源管理信息系统数据字典要求进行的，属性数据库由于部分资料难以收集到(如土地平差面积等)，属性数据仅按照县域耕地资源管理信息系统数据字典要求编制了部分内容。例如耕地地力评价土壤采样点位图，利用 GPS 坐标绘到地理底图上点与实际点位误差较大，达不到精度要求，所以耕地地力评价土壤调查采样点位图是依据野外采样点位图经扫描矢量化后形成，属性挂接为 GPS 定点的坐标。

第二篇　耕地可持续利用对策与建议

第九章　耕地地力建设和土壤改良利用对策与建议

第一节　改良利用与耕地培肥的总体原则

一、耕地改良与培肥综合论述

针对本次耕地地力调查所发现的问题，结合产业结构调整优化及农业的可持续发展战略实施，确定了耕地保养特别是中低产田的改良方向。

（一）培肥地力

通过增施有机肥、实行秸秆还田、开展平衡施肥等措施，促进土壤养分稳步提高，培肥地力。

（二）加大农田基本建设，兴修水利，提高耕地级别

加大基本农田建设投资，平整土地，兴修水利，改善耕地田间设施，提高灌溉保证率，提高耕地抵御自然灾害的能力，促进地力升级。

（三）改善耕地物理性状，提高耕地保水、保肥、供肥、供水能力

通过深耕、深松，打破耕地存在的障碍层次，通过治黏、治砂等工作，克服土壤存在的限制因素，改善耕地物理性状，并大力发展农艺节水，提高耕地保肥、保水、供肥、供水能力。

二、土壤改良利用分区的依据

土壤改良利用分区是对土壤属性、生产性能进行分析对比，揭示土壤资源对发展农业生产的有利因素和不利因素，同时从发展农业生产的角度出发，根据土壤肥力属性、组合特点及其自然条件和经济条件的内在联系，分类排队综合区划。土壤改良利用分区的依据有以下四点。

（一）土壤基本特点和发展方向的相对一致性

土壤类型组合、肥力特性与成土因素有密切关系，土壤的属性又直接影响农业生产的发展。土壤改良利用分区既考虑土壤、自然条件和农业生产的类似性，同时也考虑农业生产的发展方向，即农业生产远景发展的一致性。

（二）土壤开发利用情况和生产水平的相对一致性

土壤资源质量的优劣，人均耕地的多少，自然条件的好坏，直接影响科学种田水平的高低，这与土壤开发利用水平有十分密切的关系，而科学种田水平和农业生产水平具有相对的一致性，因此，土壤开发利用情况和生产水平的相对一致性，是确定土壤改良利用分区的重要依据之一。

（三）改良培肥途径和关键措施的相对一致性

土壤的各种障碍因素，以及影响和产生这些障碍因素的自然条件，决定着土壤培肥途径和适宜改良利用措施的选用。研究土壤改良利用分区，必须考虑改良培肥途径和关键措施的相对一致性，才能达到预期目的。

（四）保持一定自然单元的完整性

进行土壤改良利用分区时，不能形成个别因素的分类或区划，也不能将诸因素机械的归纳和相加，应以经济有效地改良利用土壤为目的。因此，要根据诸因素的内在联系，进行整体性综合分区，尽量照顾自然单元的完整性，以便独立统一地进行土壤改良利用。平阴县土壤改良利用分区采用两级分区的方法，第一级为区，第二级区中分类型，区即以自然单元、土壤亚类、农业生产资源，特别是水利资源的一致性为基础，提出一致性的改良利用方向和措施。类型即在区内依据土种组合、土壤的肥力特性以及障碍因素等的危害程度的一致性，提出改良利用分区的方向和措施。分区的命名，一是根据土壤类型，二是根据土壤主要的改良利用措施，两者有机结合，既体现了区域类型土壤的特点，又指出了区域类型土壤资源发展的方向。

第二节　农户施肥情况调查存在的问题

一、施用有机肥料减少

目前，由于农产品价格低迷，投资比较效益低，加上有机肥积造及施用比较麻烦，因此，有机肥施用量，特别是常规作物的施用量，呈下降趋势。

二、化肥投入结构失衡

根据全县的土壤养分状况和种植业结构分析，宏观上氮、磷、钾化肥的投入比例应为 2.20∶1∶1，而实际上 2006 年三种化学养分投入比例为 3.76∶1∶0.55，钾肥的投入较需求相差近一半，氮肥投入比例偏大。

三、盲目施肥现象严重

一是在同一地区，不顾管理水平和生产条件的差异，作物施肥具有一定的模式化倾向。农户之间在肥料投入量、施肥结构甚至肥料品种、施肥方法等方面都惊人的相似。二是在时间上，不顾土壤养分的巨大变化，作物施肥长期一贯制。尤其明显的是，近二十年来，土壤有效磷含量大幅增长，而小麦、大棚菜高效经济作物仍过量施用磷肥。三是在不同作物间肥料供需关系差异大。高产田，尤其是经济作物施肥严重过量，而常规作物施肥不足。四是不按作物需肥规律施肥，表现：玉米追肥晚，次数少；大豆、花生等经济作物基本不追肥。

四、施肥习惯具有一定的地带性

从调查的农户中发现，由于受水浇条件、土壤肥力的影响，平阴县不同地域的农户施肥习惯有很大的差异。沿黄潮土区域多为二级地和三级地，农民群众磷肥施用较多，钾肥施用较少，小麦施肥基本施用两次，即基肥和拔节肥。玉米一般在大喇叭口期一次施入。中部丘陵山地区域多为三级地、四级地和五级地，由于水浇条件较差，农作物施肥上基本都是一次施入。南部沿汇平原区域多为一级地，农户肥料施用较为合理，但基本施用复合肥，很少考虑作物的需肥规律，小麦施肥基本施用两次，即基肥和拔节肥。玉米一般在大喇叭口期一次施入。

第三节 不同土壤类型耕地改良与培肥

一、褐土性土(山岭薄地)耕地的改良利用

这类耕地所处的地势较高，坡度较大，土层浅薄，并含有砾石。目前，在生产上的主要障碍因素是土层浅薄，水源缺乏，干旱严重，土壤肥力低。在耕地地力分级上主要为五级地和六级地，针对上述存在问题，应主要抓好以下改良利用措施。

(一)整修梯田，防止水土流失

整修梯田要坚固耐用，结合整修梯田应加深土层，地面外高里低，堰下挖好排水沟，防止“半边涝”，修好梯田水簸箕、消力池，减少径流，防止冲刷。

(二)因地制宜，修好大小塘坝

兴建二级、三级扬水站。修水窖，雨季储水，以备春秋干旱时用，总之要千方百计创造水源条件。

(三)地堰，荒坡，植树造林，育草护坊

坡度大，田块小的水平梯田，应大力发展干鲜果树。

(四)调整作物布局

扩大花生种植，山岭地土层薄，沙性大，种植花生，提高经济效益。

(五)加快荒山绿化，提高森林覆盖率

山丘植树造林是抗旱防涝、调节气候、保持水土的根本措施，只有山青，才有水秀，毁林开荒，不仅破坏土地资源，造成水土流失，而且也破坏了生态平衡。因此，继续大力植树造林、封山育林，应作为山岭薄地的一项翻身措施，应抓紧抓好。

二、砂姜黑土耕地的改良利用

全县共有砂姜黑土760.44hm²，占可利用面积的1.17%，过去采取挖沟排水、搞台田、深耕加厚活土层等措施，已见成效，其中大部分砂姜黑土耕地已经变为高产稳产的一级地，只有100hm²砂姜黑土耕地没有完全改良好，在耕地分级上主要为三级地和四级地。砂姜黑土耕地由于地势低洼、土质黏重，易受旱涝威胁，农业生产低而不稳，其主要原因："涝"，我县的砂姜黑土处于孝直镇的沿汇一带，地势低洼，每年季节性暴雨成灾，四周的洪水在此洼地聚集，使潜水位升高，有的接近地表，又因该土黏重，心土层水位不易下渗，而形成托水层，导致耕层懈涝，严重影响农业生产的发展。"旱"，该地潜水位虽高，但因耕层薄，储水量小，旱季水源奇缺，又加上土体结构不良，旱季不仅地表龟裂，而且障碍毛细管水上升，很难补给耕层水分。"差"，土壤结构差，黏重，湿时懈，干时硬，不利于种子发芽生根，作物也会因土壤板结，根系发育不良，影响对养分的吸收和利用。涝时，地里不能播种，生长作物也会因土壤水分过多，空气少，影响呼吸，减少根系对养分的吸收能力，抑制根的代谢活动，引起作物的萎蔫死亡。加之该土有机质施用量少，造成土性冷而僵硬，致使作物生长不良，影响产量。

针对上述低产原因，在改良利用上，可采取下列措施。

（一）治涝防旱

深挖沟，高筑路，方田、沟、路、渠、林统一规划，综合治理，达到沟沟相遇，排灌沟渠配套。在田间挖沟台田，既每15m挖一道沟，沟深1m，宽2m，把土扔在地面上，抬高了地基，加深了活土层，把砂姜合在沟子里。涝时，水顺沟流走，根治或减轻了内涝，旱时，因活土层加厚后，增强了土壤蓄水能力。同时，台田后，土壤中的水、肥、气、热条件得到了改善，利于微生物的活动，养分得到了分解。因此，挖沟台田不仅能治涝防旱，还能提高地力，改善土壤条件，提高作物产量。孝直镇的宋柳沟村的砂姜黑土，未治理前，亩产小麦百斤左右，治理后达到了亩产小麦400kg以上。但应注意一定做到沟沟相通，防止堵塞，路旁和沟边可种树种草、种紫穗槐等，既能护坡，也能增加收入。

该种土壤类型的耕地水分垂直运动受阻，深层水源不好，水平运动强烈，浅层水源丰富，可打大口井，并搞好机电井配套，发展灌溉，也可以引汇河水灌溉。

（二）深耕加厚活土层，促进农作物的生长发育

砂姜黑土土地因地势低洼，土质黏重，耕作困难，一般只耕15cm左右，致使作物根系很浅，难以扎根，对下层的养分不能吸收利用，造成养分下降流失。深耕后，土壤多孔，有利于好氧性微生物活动，分解转化为速效养分，根系下扎后，广吸养分，深耕，改善了土壤中水、肥、气、热条件，使作物根系生长环境有改善，促进作物生长发育，获得高产。如曲柳沟大队，未深耕前，春玉米亩产只有100～150kg，深耕40cm后，产量达250kg以上，并连续获得高产。也可采用伏天深耕晒垡，冬季冬灌，风化土壤，增施骡粪、马等热性肥料，提高地温。

（三）发展绿肥，用地养地相结合

针对该地养分含量低、土壤结构差的特点，发展绿肥，增加土壤有机质，改善土壤结构。据试验，种植绿肥有以下好处：其一，迅速提高土壤肥力，粮食产量当年可成倍增长；

其二,能显著改善土壤物理性状,土壤由黏变松;其三,绿肥压青,成本低,用地养地省工省时,目前部分群众已认识到种植绿肥养地增产的作用。在发展绿肥中,也可推广"一粮一肥"或"两粮一肥"的轮作制度,利用高温多雨季节,种绿肥,这样既能用地养地,又能增加经济收入。

(四)立足当前,着手长远,广开肥源,增养地力,改善土壤结构

在地多人少、有条件的地方,可推广轮流种草、养牧,以达到培养地力、改善土壤结构的目的,并要大力推广秸秆还田。

三、沿黄黏土和涝洼耕地的改良利用

全县已对该种土壤类型的耕地进行了初步治理,但还未彻底解决,在此次耕地地力分级中,此种耕地主要为四级地和五级地,当前存在的主要问题是汛期懈涝,土质黏重,结构差,在改良利用上可采取下列措施。

(一)引黄灌淤,抬高地面

引黄灌淤的优点是压盐效果好,速度快,投资少,既能灌溉沉沙,又能减少渠道淤积。除此之外,灌淤后能改善土壤的物理性状,增加土壤养分,泥沙在洼地沉积后,能抬高地面,兼收洗盐之效,放淤季节以 7、8 月(汛期)和 4 月上、中旬为宜。此期水量足,泥沙量和黏粒多。但放淤必须统一领导,统一规划,合理安排排水出路,以防因灌淤造成洪涝灾害。

(二)深翻改土,改善土壤结构

深翻可以加深耕作层,结合增施厩肥、绿肥等有机肥料,能够促使生土熟化,增加土壤团粒结构,保蓄土壤水分,增加抗旱能力。深翻能增厚有效土层,减少土壤容重,改良土壤的松紧状况,增加土壤的毛管孔隙度。增加土壤的透水性,减弱了毛管作用,相应地增加了蓄水性能,加速了土壤与大气间的气体交换,促进了根系生长与微生物活动。深翻改变了土壤中固、液、气三相比例关系,有利于土壤空气的流通,增加了土壤的呼吸强度。深翻要根据土壤条件的不同,采取不同的方式。表土黏土层厚的土壤,犁底层坚实,作物根系深扎困难,应该利用深翻,结合增施有机肥,来改变土壤坚实度。

飞沙土不宜深翻,砂性较大的土壤质地疏松,应结合施用有机肥料,在增种绿肥的基础上,逐步加深耕作层。

沿黄上砂下黏的土壤(白汤土),可采取有计划地、逐片逐块地进行翻淤压砂,把下层的黏土翻上来,使砂黏掺混,改善土壤的物理性状和土壤结构。

表土为二合土、下层是黏性土的蒙金地,可分层深翻,逐渐加厚,不打乱土层,以利保水、保肥。

表土是黏土、下层是轻砂土或两合土的,可结合增施有机肥,上下翻动,创造人工蒙金地。

(三)改革耕作制度

合理的耕作制度必须用地养地两结合,使耕地越种越肥,产量越来越高,成本越来越低。确定耕作制度,必须因地制宜,根据该地汛期懈涝、土质黏重、结构差的特点,可采取以下耕作制度:

因地制宜,提倡在宽行作物的大行里,前期播种或后期套种绿肥,如春夏玉米前期播

种或后期套种大豆、田菁等。

人少地多、土地瘠薄、生产水平低的单位，可拿出三分之一或四分之一的耕地施行粮肥轮作，一粮一肥(一麦田)。生产条件较好、土地肥力中等的单位，可施行两粮一肥(麦田间苕子—夏玉米)或两粮两肥(小麦间苕子—玉米间田菁)，养用并举，用养结合。

发展绿肥及秸秆还田，改良土壤，实行用养结合。该耕地一般有机质含量低，致使土壤的理化性状和生产性能差，所以除多施农家肥外，要发展绿肥作物，积极推广秸秆还田，增加土壤中的有机质，改善土壤的理化性状，逐步改变土质黏重和结构差的弱点。

第四节　平阴县耕地改良利用分区

根据此次耕地地力评价结果，结合全县的自然条件、经济状况和耕地的生产性能、农户施肥习惯及限制因素，将全县共划分 3 个改良区、4 个副区(见表 8-1)。

表 8-1　　平阴县耕地改良利用分区表

分区号	分区名	副区号	副区名	面积(hm^2)	占可利用面积(%)
Ⅰ	岭地褐土水土保持农林牧改良利用区	$Ⅰ_1$	岭地性土水土保持林牧区	16248.49	24.96
		$Ⅰ_2$	梯阶地褐土防旱、培肥、水土保持农林区	31582	48.52
Ⅱ	黄泛缓平洼地潮土淤治涝农作区			7312.73	11.23
Ⅲ	平原褐土培肥农作区	$Ⅲ_1$	平原褐土培肥农作区	8063.13	12.39
		$Ⅲ_2$	洼地砂姜黑土农牧改良区	1880.96	2.9

一、岭地褐土水土保持农林牧改良利用区

此区域面积为 47830.49hm^2，占可利用面积的 73.48%，全县各乡镇均有分布。此区域耕地主要为四级地、五级地、六级地，分为 2 个副区。

(一)岭地性土水土保持林牧区

面积为 16248.49hm^2，占可利用面积的 24.96%。主要分布在洪范池镇、孔村镇、玫瑰镇。该区地势高，坡度大，土层浅薄，干旱多风，水土流失严重，主要以植树、养草保护水土。修挖鱼鳞坑，修堰整平，充分发挥山区优势，植树种草，有计划地留用牧场、牧地，发展牧场、牧地，发展牧业，防止陡坡开荒，加重水土流失。

(二)梯阶地褐土防旱、培肥、水土保持农林区

面积为31582hm²,占可利用面积的48.52%。主要分布在洪范池镇、孔村镇、安城乡、玫瑰镇,该区水源缺乏,土地不平整,肥力低,土地利用受限制,大部分土地坡度较大,切沟较多,水土流失严重,部分土地心部夹黏,影响根系发育,今后要宜林则林,种植干鲜果树,宜农则农。其措施是精耕细作,增用肥料,培肥地力,合理施用氮、磷、钾肥,深耕改土,加深活土层,平地修堰,堰上种植紫穗槐、玫瑰花,防止水土流失,切沟处建坝蓄水,修建坑塘及蓄水井,防止干旱,打机电井及发展引黄灌溉,实行农、林综合发展,粮、棉间作。

二、黄泛缓平洼地潮土淤灌治涝农作区

此区域面积为7312.73hm²,占可利用面积的11.23%,主要分布在沿黄的安城乡、平阴镇、玫瑰镇、东阿镇,主要为二级地、三级地和少部分四级地。

该区当前生产上存在的主要问题是地势低洼,汛期易被水淹,土质黏紧,耕作困难。有一部分土地心部夹沙,易漏肥水,肥水低。部分表层质地偏沙,易漏肥、漏水,地力差,对作物有选择性。在地势低洼易积水的地方,有部分发生盐碱化,水位较高。今后的发展方向:种植小麦、玉米、大豆、花生等作物。

改良利用措施:汛期放水淤灌,抬高地面,但要防止积水成涝和次生盐碱化,发展水稻或绿肥芦苇等。对山根附近的黏质土壤,可采取增施有机肥,种植绿肥及秸秆还田,掺沙改土,伏天晒垡,冬灌熟化土壤,改善土壤结构,增加通透性;对沿河砂质土壤,可采取掺黏改土,细肥少吃多餐,禁止翻黏压砂,以免造成漏肥、漏水,还可在河滩植树造林,种草、紫穗槐,以固沙改土,改良小气候。

三、平原褐土培肥农作区

此区域面积为9944.1hm²,占可利用面积的15.29%,主要为一级地,该区又细分为两个副区。

(一)平原褐土培肥农作区

面积为8063.13hm²,占可利用面积的12.39%,主要分布在孔村镇、孝直镇,该区主要问题是部分耕地心部有黏土层,影响植物根系发育,改良利用措施是增加有机肥,进行测土配方施肥,不断提高地力,深耕改土,加厚活土层,改善土壤结构,精耕细作,加强科学管理,种植粮菜等作物。

(二)洼地砂姜黑土农牧改良区

面积为1880.96hm²,占可利用面积的2.9%。主要分布在孝直镇,大部分已经改良成为一级地,少部分没有完全改良。没有改良的区域主要问题是土质黏重,部分土体内有砂姜,严重影响植物根系发育,土壤物理性差,易旱易涝。其改良利用途径及主要措施:伏天深耕晒垡,冬季冬灌,风化土壤,对部分地势低洼的地方要挖沟排水。增施骡粪、马粪等热性肥料,提高地温。有条件的可推行秸秆还田,掺沙或炉渣灰,改良土壤结构,增强土壤的通透性,促进速效养分的分解释放。今后的发展方向是种植小麦、棉花和绿肥等作物,如田菁、苕子,发展畜牧业。

第十章 耕地污染防治对策与建议

生态环境退化是指由于人类对自然资源过度和不合理利用而造成的生态系统结构破坏、功能衰退、生物多样性减少、生产力下降以及土地生产力衰退、水土资源丧失等一系列生态环境恶化现象。一旦生态环境遭到破坏，生态平衡失调，恢复起来就非常困难，一是花钱多，二是费时，而且有些破坏甚至是不可逆转的。环境污染既是导致环境退化的重要原因，又是环境退化的集中表现。因此，必须采取适当的对策来遏制环境污染的发展势头，逐步从根本上来解决污染问题。

一、自觉协调人口—资源—环境三者之间的关系

由于我国人口众多，增长较快，引起的资源短缺、环境恶化等问题已越来越严重。多年来，为了满足人口迅速增长的需要，在不同程度上对资源采取掠夺式的开发经营，致使资源衰退，破坏了人与资源的平衡关系。为了提高农牧业产量，大量使用化肥和农药，造成了环境污染越来越严重，也加速了这种破坏的进程，人口、资源、环境三者之间的矛盾更加突出。因此，在人口得到有效控制的前提下，必须大力提高人口素质，包括文化素质、科技素质和社会公德，尤其要加强生态、环境知识的教育和普及。要认识到我国农村生态环境恶化的现状及其严重的危害，要有危机感、紧迫感和责任感。树立生态意识和环境意识，在提倡物质文明和精神文明的同时，提倡生态文明。

二、加强法制观念，强化科学管理

认真学习、宣传和自觉遵守有关森林、土地、水、环境等方面开发、利用和保护的法律法规。按照法律法规对资源环境进行合理开发、利用和保护。国家要制定和完善农业生态平衡的环境政策，目前要侧重以下几个方面：一是遏制企业对环境的污染破坏，坚决取缔、关停污染严重、治理无望的企业；对退耕还林、还草、还水要制定一套完整的政策法规，由群众来监督地方官员认真执行。二是对土地施用有机肥、实施生物防治、地膜回收等进行奖励；以绿色规划布局种植业结构，制定出农牧产品优质优价的政策，鼓励农民在生产过程中严格按照绿色产品的要求组织生产。

三、综合规划，全面发展，走生态农业之路

生态农业是以生态经济学原理和系统工程方法为指导，采用农业生态工程技术，把传统农业技术和现代农业技术有机结合在一起的、良性循环的高效集约农业。开发农村能源，保护自然资源，多用有机肥和生物农药，减少化肥和化学农药的使用，减少外部投入，

防止污染，用地养地，精耕细作，改革调整农业结构等。在当前对资源破坏严重、环境恶劣、生态脆弱地区，要确实搞好产业结构调整，退耕还林、草、水，进行资源重组、生态恢复和重建工作，有效遏制土地酸化、毒性化的发展趋势。

四、积极引进，研究和推广高新农业技术，尤其是高新生物技术

科学技术是第一生产力，只有依靠科学进步、技术创新，才能在发展生产和经济的同时，做到资源合理利用，环境有效保护。重点解决：优良畜禽（作物）品种选育及其高产、高效饲养（栽培）管理技术；生物防治技术；畜禽粪便、秸秆等农业废弃物的无害化、资源化处理技术；绿色食品、有机食品等生产配套技术。这些具体的技术问题不解决，要实现既定的目标，即协调好经济发展、资源开发和环境保护三者之间的关系，只能是一句空话。这就要求全县各职能部门，充分利用本部门的优势，努力去为农业、农村和农民解决技术难题。

第十一章　耕地资源合理配置和种植业结构调整对策与建议

一、积极发展畜牧业，努力实现农、林、牧综合发展，建立良性循环的优化农田生态系统

因地制宜，积极推广各种生态畜牧业发展模式。根据当地的地理特征、种养方式，坚持适度规模，尽量降低成本，积极探索建立农牧结合的生态循环型畜牧业发展的模式。要优先推广就地结合、就地利用的“零排放”模式，实现养殖排泄物全部资源化利用；对于畜禽粪便超过周边承载量的大中型规模养殖场和专业生产区，要尽量在异地配套相应承载利用能力的种植业基地，着力培育畜禽肥水、沼液综合利用的中介服务组织，推动畜禽排泄物的异地资源化利用；对于平原、丘陵地带的中小型规模散养密集地区，要采取分散处理与集中处理相结合的办法，畜禽粪便收集后发酵处理，养殖户一户或联户建立沼气池，沼液、沼渣收集后作肥料还田；要积极引导散养密集区异地兴建生态小区或规模场，实现人畜分离，改善村庄环境；对于资金、技术实力比较雄厚的大型养殖场，要积极提倡配套一定面积的综合性农、林、渔业生产区域，实现整个区域内资源循环、生态平衡。

依靠科技提升农业资源循环利用水平。要根据农作物在不同农时对肥料的需求及土壤地力情况，研究科学使用化肥和有机肥的方法，努力做到既推进农牧结合，又节约肥料资源，既改善土壤地力，又保护生态环境。要研究更加科学有效的畜禽粪便工程处理技术、环保节约型饲料技术、有机肥与化肥复配技术，科学评估农牧结合对经济效益、生态环境影响等，为推进农牧结合、建设生态牧业和良性循环的优化农田生态系统提供科技支撑。

二、农牧结合的措施和技术

(一)加强示范推进

结合高效生态农业示范园区建设、沃土工程、测土配方、畜禽养殖场排泄物治理和农村能源建设工程等项目，扩大农牧结合、生态畜牧业发展的试点范围，采取“政府引导、项目带动、业主为主、市场运作”方式加快试点和实践。

农区发展畜牧业，实行农牧结合，不仅是提高我国畜牧业生产水平、满足人民生活需要的主要途径，而且也是促进农业发展、提高农民收入的重要措施。在丘陵低产地区的综合治理过程中，积极发展畜牧业生产，既可以加速农田生态系统的综合治理，又为综合发展建立良性循环的农业生态经济系统提供了必要的基础。在丘陵低产田综合治理阶段，根据当地农业生产的实际情况，研究总结出了一套农牧结合配套技术，促进了畜牧业

发展。

（二）优化政策导向

重点培育农牧结合型的新型主体，对实施农牧结合的专业服务公司、合作组织和种养企业（场户）加大扶持力度，对发展生态畜牧业所需的管网设施、沼液肥水储存池、槽罐运输专用车等加强财政补助，出台商品有机肥推广应用补贴政策，鼓励种植基地（大户）、专业合作社和农户使用商品有机肥。凡国家和省投入资金扶持发展的高效生态农业、建设生态规模养殖场（小区）、实施低产田改造和沃土工程项目、测土配方施肥项目、果园改造等项目和各类无公害基地（产品）认定等环节，都要把农牧结合、发展生态畜牧业作为重要内容，充分发挥好政策的引导作用，促进各类项目提升综合效益。

第十二章　作物平衡施肥和无公害农产品基地建设对策与建议

一、配方施肥技术的研究和应用

通过单因子和多因子长期定位试验，研究总结出了土壤肥力的调控，除增加土壤有机质含量外，合理的氮、磷肥配合比例对协调土壤供肥能力和作物产量的关系有很重要的意义；合理的氮、磷肥配合比例对于提高氮、磷肥的利用率有很重要的理论和现实意义；合理的氮、磷肥配合比例也有利于减少施肥对环境的污染。试验证明，综合治理初期的中低产田的施肥比例（N：P_2O_5）为1：0.5～1时为宜，其最适比例为1：0.5，即纯氮用量控制在90～150kg/hm^2，五氧化二磷用量控制在60～75kg/hm^2，为最佳经济用量。

二、土壤有机质调控

调控土壤有机质的途径和措施主要有五点。

（一）秸秆还田的推广与应用

有机肥源主要依靠作物秸秆。经过近几年来农业部门和地方政府的高度重视，农民普遍提高了对秸秆还田的认识，科研和技术推广部门研制了适用于不同动力的秸秆还田机，使秸秆还田技术得到了广泛应用。目前平阴县小麦高留茬面积达到98%以上，玉米秸秆还田也在开展中。

（二）增加和开辟有机肥源

以无机肥料增加有机肥源：合理使用化学肥料，大幅度增产粮、棉、油料。一般每增产1kg小麦、玉米，相应增产的秸秆数量分别为1.2kg、1.8kg。含有机质10.0g/kg、矿化率为3%的土壤，如果玉米产量为6000kg/hm^2，则玉米秸秆产量为10800kg/hm^2，只需投入31%的玉米秸秆，即可维持腐殖质平衡。

以高产田秸秆培肥低产田：低产田产量低，每年生产的作物秸秆全部还田，仍难达到培肥要求；中产田生产水平一般，每年可产秸秆只能满足本身培肥需求；高产田土壤有机质含量一般较高，每年生产的秸秆除满足本身培肥需求外，可以腾出一部分用于培肥中低产土壤，使全部土壤有机质得到全面保持与逐步提高。

（三）改善有机材料还田程序

现行秸秆还田程序有五种形式。

1. 直接还田

绿肥青体和作物秸秆直接施入土壤，省工省事，多在燃煤充裕、水源较好地区推行。

水源困难地区，土壤中的秸秆腐解之前，架空耕层，对作物生长和耕作管理有一定的影响。

直接还田的另一种方式是将秸秆粉碎，覆盖于田间，经过初步分解，在作物收获后耕地时施入土壤。

秸秆覆盖还田和直接还田增加土壤有机质的积累，特别是秸秆覆盖还田可以提高土壤蓄水保墒能力，调节土壤温度，增加株间二氧化碳浓度，改善土壤结构状况，协调土壤养分的供应，促进盐碱土的脱盐，具有省工、节能、减少杂草和防止水土流失等作用。

2. 堆沤还田

秸秆经过粉碎堆沤施入土壤，可以避免直接还田中的消极影响。但是，无论直接还田或堆沤还田，秸秆中的大量粗蛋白和碳水化合物未经过中间利用过程，直接进入土壤，经济效益较差。

3. 过腹还田

以可食用绿肥青体和作物秸秆饲养食草牲畜，以畜粪回田培肥土壤。

4. 根茬还田

利用土地比较宽裕的低产土壤种植一部分苜蓿、沙打旺，以地上部分喂养牲畜，畜粪回田；以地下部分和残落茎叶培肥土壤。一般作物根茬总量为其秸秆总量的1/4～1/3，单产6000kg/hm^{2}小麦，秸秆产量约为7200kg/hm^2，根茬总量约为2400kg/hm^2。不少地区有机肥质量较差，施用量亦少，土壤有机质仍然比较稳定，作物根茬还田起了作用。

5. 沼渣沼水还田

以秸秆可食部分发展食草牲畜，以人畜粪尿和剩余不可食用秸秆作为材料发展沼气，所产沼气用做燃料，沼渣沼水还田培肥土壤。

以上五种还田程序以沼渣沼水还田程序最为完善，秸秆过腹还田和根茬还田培肥作用和经济效益亦较好，秸秆直接还田或堆沤还田适于燃煤充裕、饲草充足的灌溉农业地区。

(四)制订和执行严格的土壤保护制度

平整土地，修挖工程以及拉土、打坯、埋沙，注意保留多年培肥熟化的耕层表土，挖取底土，用土以后，复原表土。基建占地力求避开富含有机质的高肥力土壤，尽量安排在瘠薄低产土壤上。占用农田营造建筑物之前，应将富含有机质的表土运走，覆盖于薄劣土壤之上。有些地区挖取荒地草皮垒墙，刮取山坡草皮积肥，破坏生态，降低肥力，应严加制止。

(五)土壤有机质增减预测

根据土壤有机质积累转化规律及其系数，进行土壤有机质动态趋势与增减幅度概算以及培肥目标实现时期预测。例如，土壤有机质含量为10.0g/kg，腐殖质年矿化率为3%，耕层土壤质量按2250000kg/hm^2，则土壤腐殖质每年损耗量为675kg/hm^2。如果每年投入玉米秸秆3375kg/hm^2，玉米秸秆腐殖化系数为0.20，则土壤腐殖质每年积累量亦为675kg/hm^2。土壤腐殖质积累损耗基本相抵，可以保持平衡，如果每年投入玉米秸秆5625kg/hm^2，从腐殖质积累量中扣除损耗量，每年可有450kg/hm^{2}盈余，土壤有机质每年可以增加0.02%。随着土壤有机质含量提高，腐殖质矿化率及矿化量相应增加。如果预期在10年期间把土壤有机质含量由原来10.0g/kg提高到12.0g/kg左右，每年投入玉米秸秆数量应保持 5625kg/hm^{2}以上。

三、测土配方施肥分区

通过分析土壤测试结果，并根据耕地地力评价结果、平阴县不同区域的农户施肥情况调查、土壤类型、小区试验、校正试验，将平阴县分为 3 个配方施肥区域，分别是东南沿汇平原测土配方施肥区、北部沿黄滩区测土配方施肥区、中部低山丘陵测土配方施肥区（见图 12-1）。

图 12-1　平阴县测土配方施肥区域划分

（一）东南沿汇平原测土配方施肥区

此处区域为 105 国道以东的孔村镇和孝直镇区域，耕地土壤为褐土、潮褐土，并有少部分砂姜黑土，其中褐土亚类在此区域多为洪积冲积物褐土土属。此类耕地耕种历史悠久，土体深厚，保水、保肥性能好，多为一级地。其中洪积冲积潮褐土土属土体深厚，土壤肥力较高，表层质地适中，利于耕作，但中下层土壤复杂，有的能直接影响表层土的生产性能，后经改良，此类耕地多为一级地。砂姜黑土亚类主要分布于此区域，此亚类土壤质地多为黏壤，物理性状较差，土壤养分含量适中，但经改良后，生产性能提高，多改良为一级地。

（二）北部沿黄滩区测土配方施肥区

此区域分布在平阴镇、安城乡、玫瑰镇、东阿镇沿黄地区，其中潮土亚类分布在黄泛缓平洼地上，此类耕地是平阴县耕作历史悠久的主要农业耕地类型之一，耕地质地多为砂壤，通透性较好，其土壤有机质含量低，有效磷和全氮也不高，但含速效钾较丰富，多为二级地和三级地。其中褐土化潮土亚类，土壤质地为砂壤至中壤，土壤保水、保肥性能差，水浇条件好，多为三级地和四级地，潮褐土区多为一级地和二级地，潮土区多为二级地和三级地。

(三)中部低山丘陵测土配方施肥区

此处土壤多为褐土土壤,质地多为中壤,保水、保肥性能比较好,但水浇条件差距很大,土层深浅不一,靠近河流及水浇条件好并土层深厚的地块多为二级地,水浇条件一般的多为三级地和四级地,丘陵山区土层瘠薄、水浇条件差的地块多为五级地和六级地。

四、主要农作物施肥技术

根据本次耕地地力调查土壤测试结果,结合平阴县实际,尊重群众施肥习惯,在征求专家意见并充分酝酿的基础上,提出平阴县主要农作物及保护地栽培测土配方施肥技术,供参考。

(一)冬小麦测土配方施肥技术

1. 冬小麦需肥特点

小麦一般在10月中上旬播种,生育期较长,从播种到成熟一般需要210～220天。小麦是一种需肥较多的作物,据化验分析,在一般栽培条件下,每生产100斤小麦,需从土壤中吸收氮素1.5kg左右,五氧化二磷0.5～0.75kg,氧化钾1～2kg,氮、磷、钾的比例约为3∶1∶3。

小麦对氮、磷、钾的吸收量,随着品种特性、栽培技术、土壤、气候等有所变化。产量要求越高,吸收养分的总量也随之增多。小麦在不同生育期,对养分的吸收数量和比例也是不同的。小麦对氮的吸收有两个高峰:一是在出苗到拔节阶段,吸收氮占总氮量的40%左右;二是在拔节到孕穗开花阶段,吸收氮占总氮量的30%～40%,在开花以后仍有少量吸收。小麦对磷、钾的吸收,在分蘖期吸收量占总吸收量的30%左右,拔节以后吸收率急剧增长。磷的吸收以孕穗到成熟期吸收最多,占总吸收量的40%左右。钾的吸收以拔节到孕穗、开花期为最多,占总吸收量的60%左右,到开花时对钾的吸收最大。

因此,在小麦苗期,应有适量的氮素营养和一定的磷、钾肥,促使幼苗早分蘖、早发根,培育壮苗。拔节到开花是小麦一生吸收养分最多的时期,需要较多的氮、钾营养,以巩固分蘖成穗,促进壮秆、增粒。抽穗、扬花以后应保持足够的氮、磷营养,以防脱肥早衰,促进光合产物的转化和运输,促进小麦籽粒灌浆饱满,增加粒重。

小麦高产不仅要求某一营养元素的绝对含量高,也要求营养元素之间有一个合适的比例,特别在营养需求的关键时期更为重要。因此,在小麦的配方施肥上,不仅要求各营养元素的量要适宜,它们之间的比例也要适宜,平衡施用各种肥料。

(1)增施有机肥,大力推广秸秆直接还田

有机肥是一种完全肥料,富含有机质、氮、磷、钾和微量元素,而且又是微生物的重要营养源。施足有机肥,既可以满足小麦生长对各种营养元素的需要,又可促进微生物的活动,有利于土壤各种形态养分的转化,提高土壤肥力。

(2)合理施用氮、磷、钾肥,因地补施锌肥

2. 测土配方施肥技术

(1)东南沿汇平原测土配方施肥区

该区以褐土、潮褐土为主,兼有一部分砂姜黑土。主要包括孝直镇东部、孔村镇东部部分村庄。该区土壤养分:有机质含量在13g/kg左右;碱解氮为90～150mg/kg;有效磷

为 30～50mg/kg；速效钾为 150～200mg/kg。亩底施尿素 20kg，过磷酸钙 60kg，硫酸钾 14kg，硫酸锌 1～2kg。追肥以氮肥为主，一般在拔节期亩追施 15kg 尿素，灌浆初期用 0.2%磷酸二氢钾喷雾 2 次。

(2)北部沿黄滩区测土配方施肥区

该区以潮土为主，土壤养分：有机质含量为 10g/kg 左右；碱解氮为 70～120mg/kg；有效磷为 10～20mg/kg；速效钾为 150～200mg/kg。亩底施尿素 25kg，过磷酸钙 75kg，硫酸氯化钾 10kg，硫酸锌 1～2kg。追肥于拔节期追施尿素 15g，灌浆初期用 0.2%磷酸二氢钾喷雾 2 次。

(3)中部低山丘陵测土配方施肥区

该区土壤类型以褐土为主，土壤养分：有机质含量为 12g/kg 左右；碱解氮为 70～90g/kg；有效磷为 10～15mg/kg；速效钾为 100mg/kg 左右。该区施肥原则上全部底施，一般尿素 30kg，过磷酸钙 40kg，氯化钾 18kg。追肥可视苗情及墒情酌施氮肥。

3. 注意事项

小麦施肥一般以底施为主、追施为辅，磷、钾肥全部底施，氮肥底、追各半。

氮肥一次底施容易造成挥发损失，需分次使用；玉米秸秆还田地块，因秸秆的腐烂与小麦争夺土壤中的氮素，施氮肥应前重后轻。

小麦基肥以腐熟的有机肥为主，配合无机肥料，一般每亩施有机肥 3000kg 左右，可以改善土壤团粒结构，增加土壤通透性，促进小麦根系的生长。

(二)玉米测土配方施肥技术

1. 玉米需肥特点

(1)不同生长时期玉米对养分的需求特点

每个生长时期玉米需要养分比例不同。玉米从出苗到拔节，吸收氮 2.5%、有效磷 1.12%、有效钾 3%；从拔节到开花，吸收氮 51.15%、有效磷 63.81%、有效钾 97%；从开花到成熟，吸收氮 46.35%、有效磷 35.07%、有效钾 0%。

玉米营养临界期：玉米磷素营养临界期在三叶期，一般是种子营养转向土壤营养时期；玉米氮素临界期则比磷稍后，通常在营养生长转向生殖生长的时期。临界期对养分需求并不大，但养分要全面，比例要适宜。这个时期营养元素过多过少或者不平衡，对玉米生长发育都将产生明显的不良影响，而且以后无论怎样补充缺乏的营养元素都无济于事。

玉米营养最大效率期：玉米最大效率期在大喇叭口期。这是玉米养分吸收最快、最大的时期。这期间玉米需要养分的绝对数量和相对数量都最大，吸收速度也最快，肥料的作用最大，此时肥料施用量适宜，玉米增产效果最明显。

(2)玉米整个生育期内对养分的需求量

玉米生长需要从土壤中吸收多种矿质营养元素，其中以氮素最多，钾次之，磷居第三位。一般每生产 100kg 籽粒需从土壤中吸收纯氮 2.5kg、五氧化二磷 1.2kg、氧化钾 2.0kg。氮磷钾比例为 1∶0.48∶0.8。

2. 玉米施肥量

(1)确定目标产量

一般根据地块前三年玉米的平均产量，再提高 10%～15%作为玉米的目标产量。例如，某地块为较高肥力土壤，当年计划玉米产量达到600kg，玉米整个生育期所需要的氮、磷、钾养分量分别为15kg、7.2kg和12kg。

(2)计算土壤养分供应量

测定土壤中含有多少速效养分，然后计算出每亩地中含有多少养分。由于土壤多种因素影响土壤养分的有效性，土壤中所有的有效养分并不能全部被玉米吸收利用，需要乘上一个土壤养分校正系数。我国各省配方施肥参数研究表明，碱解氮的校正系数为0.3～0.7，有效磷校正系数为0.4～0.5，速效钾的校正系数为0.5～0.85(Olsen法)。氮、磷、钾化肥利用率为：氮28%～35%、磷10%～20%、钾40%～50%。

(3)确定玉米施肥量

有了玉米全生育期所需要的养分量和土壤养分供应量及肥料利用率，就可以直接计算玉米的施肥量了。再把纯养分量转换成肥料的实物量，就可以用来指导施肥。

(4)微肥的施用

玉米对锌非常敏感，如果土壤中有效锌少于0.5～1.0mg/kg，就需要施用锌肥。土壤中锌的有效性在酸性条件下比碱性条件要高，所以，在碱性和石灰性土壤容易缺锌。长期施磷肥的地区，由于磷与锌的拮抗作用，易诱发缺锌，应给予补充。常用锌肥有硫酸锌和氯化锌，基施亩用量为0.5～2.5kg，拌种为4～5g/kg，浸种浓度为0.02%～0.05%。如果复混肥中含有一定量的锌，就不必单独施锌肥了。

3. 玉米施肥方法

(1)基肥

春玉米及直播夏玉米一般用3000～5000kg有机肥、全部磷、钾肥、三分之一氮肥做基肥或种肥。

(2)种肥

套种夏玉米有机肥、磷、钾肥多施在小麦生育期内。种肥是夏玉米最经济有效的施肥方法。种肥的施用方法多种，如拌种、浸种、条施、穴施。拌种：可选用腐殖酸、生物肥以及微肥，将肥料溶解，喷洒在玉米种子上，边喷边拌，使肥料溶液均匀地沾在种子表面，阴干后播种。浸种：将肥料溶解配成一定浓度，把种子放入溶液中浸泡12小时，阴干后随即播种。条施、穴施：化肥适宜条施、穴施，一般用磷酸二铵3.5～4kg做种肥。但肥料一定与种子隔开；深施肥更好，深度以10～15cm为宜。

(3)追肥

剩下三分之二氮肥做追肥。追肥分苗肥、秆肥、穗肥和粒肥4种追肥时期，并将以下两个时期作为重点。

(4)秆肥

拔节后10天内追施，有促进茎生长和促进幼穗分化的作用。将追肥中氮肥的三分之一做拔节肥，肥与苗的距离为5～7cm。

(5)穗肥

剩下的氮肥在玉米抽雄前10～15天大喇叭口期施入，能有促进穗大粒多，并对后期籽粒灌浆也有良好效果。

4. 测土配方施肥技术

由于平阴大田种植的玉米大部分为套种夏玉米，在基肥施用上不方便，施肥上均为大喇叭口期一次追施。

(1)东南沿汇平原测土配方施肥区

高产田于大喇叭口期亩追施尿素 33kg，过磷酸钙 40kg，硫酸钾 10kg，硫酸锌 1～2kg。

中产田于大喇叭口期亩底追施尿素 30kg，过磷酸钙 50kg，硫酸钾 8kg，硫酸锌 1～2kg。

(2)北部沿黄滩区测土配方施肥区

高产田于大喇叭口期亩追施尿素 35kg，过磷酸钙 50kg，硫酸钾 6kg，硫酸锌 1～2kg。

中产田于大喇叭口期亩追施尿素 33kg，过磷酸钙 50kg，硫酸钾 6kg，硫酸锌 1～2kg。

(3)中部低山丘陵测土配方施肥区

高产田于大喇叭口期亩追施尿素 33kg，过磷酸钙 50kg，硫酸钾 12kg，硫酸锌 1～2kg。

中产田于大喇叭口期亩追施尿素 33kg，过磷酸钙 42kg，硫酸钾 10kg，硫酸锌 1～2kg。

低产田于大喇叭口期亩追施尿素 25kg，过磷酸钙 42kg，硫酸钾 5kg，硫酸锌 1～2kg。

(三)棉花测土配方施肥技术

棉花生长发育对肥料的需求较为敏感严格，氮(N)、磷(P_2O_5)、钾(K_2O)三要素总用量之比为 1∶0.4～0.5∶1。同时不同生育时期对氮、磷、钾的需求差异较大，出苗至现蕾分别占总用量的 4.5%、2.0%和 2.8%；现蕾至初花分别占总用量的 11.5%、7.9%和 9.0%；初花至盛花分别占总用量的 56.7%、24.0%和 36.5%；盛花至吐絮分别占总用量的 27.9%、65.5%和 51.7%。根据棉花生长发育的特性及其需肥规律，生产实践中亩产 100kg 皮棉，一般需亩施有机肥 2000～3000kg 或饼肥 75～100kg、过磷酸钙 50～60kg、氯化钾肥 25～30kg、尿素 40～45kg、硼肥 0.5kg、锌肥 1.0kg。具体施肥方法大致如下：

1. 轻施苗床肥

3 月底整理苗床时，每亩苗床均匀撒播高效复合肥 15～25kg，用作营养钵肥。移栽前 5～7 天，每亩苗床施用腐熟带水的人粪尿 50～75kg，加尿素 0.2～0.3kg。并在移栽前喷施 0.5%～1%的过磷酸钙浸出液(喷时搞拌均匀，以免伤苗)，以促发根。

2. 穴施安家肥

安家肥是促苗快发、早搭丰产架子的主要营养基础，但在施用时又要注意使棉苗在盛蕾期稳得住，初花期有个落黄的过程。根据这个原则，一般每亩用复合肥 7.5～10.0kg，施于移栽穴底。

3. 早施提苗肥

早追苗肥，有利于促进棉苗早生快发、早现蕾、早发棵。苗肥要本着早施、轻施的原则，一般追施 2 次左右氮肥。在移栽 5～7 天，普施一次提苗肥，每亩用尿素 5～7kg。然后视情况再补施一次平衡肥，每亩施用尿素 5～6kg。

4. 稳施蕾期肥

蕾肥施用的总体原则是“数量要足，品种要全，时间得当，促中求稳”。一般每亩用饼肥 50～75kg，过磷酸钙 35～40kg，氯化钾肥 15～20kg，硼砂 0.5kg，锌肥 1.0kg，于现蕾期(6 月中旬前后)混合埋施于窄行。对于二、三类棉田可视情况配施速效氮肥，以促平衡生长。

5. 重施花铃肥

重施花铃肥，除有利于满足开花结铃需要的氮肥以外，还能满足保持茎叶营养生长对氮的需求，从而促多开花、多结桃、结大桃。亩用饼肥 25kg，尿素 20kg，氯化钾肥 7.5～10.0kg，于花铃盛期(7 月中旬)混合埋施于宽行沟边。

6. 普施盖顶肥

为了满足不断增多、增大的棉桃生长发育需要，力争多结秋桃，要普施一次盖顶肥。亩用尿素 5.0～7.5kg，于 8 月中下旬结合抗旱施于宽行，促秋桃盖顶。

7. 喷施叶面肥

进入吐絮期后，要及时喷施叶面肥，促进功能叶的光合作用。结合打药，每隔一周喷施一次 0.2%的磷酸二氢钾和 1%～2%尿素液，共 2～3 次。

(四)甘薯测土配方施肥技术

甘薯属块根作物，甘薯的根系深而广，茎蔓又能着地生根，吸肥力很强，在贫瘠的土壤上也能获得一定产量。甘薯需肥性很强，它在生长过程中从土壤中吸取大量营养物质。钾肥对甘薯产量的影响最大，氮肥次之，磷肥又次之。甘薯吸收养分在不同生育阶段很不相同，并且受土壤、气候和其他因素的影响。养分在甘薯植株各器官中分配比率也不同。甘薯在生长早期根系还不发达，吸收养分较少。从分枝结薯期至茎叶盛长期吸收速度加快，数量增多。至薯块迅速膨大期，氮、磷吸收量较小，而钾的吸收量仍保持较高的水平。从整个一生吸收三要素的动态来看，各生育阶段对钾的吸收量最多，从生长开始直到收获期均高于氮和磷的吸收量，而以薯块膨大期尤为明显。对氮的吸收在生长早期直到茎叶盛长期均较多，接近后期渐趋减少。甘薯一生中对磷的吸收最少。一般每生产 1000kg 薯块，至少从土壤中吸收 N 3.93kg、P_2O_5 1.07kg、K_2O 6.2kg，甘薯产量的提高与三要素吸收量在一定范围内成正比，并且与三要素的合理配合有关。氮、磷、钾三要素有互作效应。钾肥可以促进氮、磷的吸收，还能在一定程度上平衡氮肥过多所产生的不良影响。因此，三要素适当配合施用对甘薯生长更为有利。

甘薯在平阴主要是在中部丘陵山区栽植，近几年主要栽培鲜食品种。甘薯施肥应以有机肥为主，化肥为辅，基施为主，追肥为辅，并要做到生产前期促茎叶早发、早结薯，中期茎叶生长旺盛、稳长，块根膨大转快，后期不脱肥，早衰氮素不过多，不贪青，促使块根迅速膨大。对甘薯追施速效化肥，应掌握两个时机：(1)早追提苗肥。早追适量化肥，可促使养料向地上部转移，能提早结薯，并促使块根膨大，对增产有明显的效果，山丘薄地或施肥不足的田地，在秧苗成活后，即可进行追肥。追施化肥应氮、磷、钾配比合理，施用量每亩 15～20kg。(2)追施催薯肥。在甘薯生长后期，气温下降，雨量较少，叶色转淡，茎叶衰退，块根膨大快，如果发现叶色落黄稍快，可追施 15kg 氮、磷、钾配比合理的速效化肥，以防止茎叶早衰。

根据甘薯地块的土壤肥力状况、产量基础、经济与技术水平以及产量指标等综合考虑，对平阴县甘薯施肥模式分为以下三种。

1. 亩产 3000kg 以上高产田施肥技术

高产地块甘薯需肥多，要求亩施充分腐熟的有机肥 3000kg 或尿素 30kg、过磷酸钙 75kg、硫酸钾 25kg 或甘薯专用配方肥 50kg。甘薯高产田基肥施用量大，一般采取分层分期施肥、粗肥打底、精肥施面的施肥技术，符合甘薯生长和吸肥特性。还要注重迟效肥料与速效肥料相结合的方法，把速效化肥施在土壤上层，可促使甘薯前期茎叶早发，早结薯。

2. 亩产 2500～3000kg 中产田施肥技术

根据平阴县中产地块土壤肥力及产量水平，一般要求亩施有机肥 2000kg 或尿素 20kg、过磷酸钙 60kg、硫酸钾 15kg 或甘薯专用配方肥 40～50kg。对于此类地块，要求把全部有机肥集中条施在垄底，以收到经济用肥的效果。化肥的施用可结合起垄时施在犁沟上，随即盖垄，防止烧苗。

3. 亩产 2000kg 左右的低产田施肥技术

由于此类地块多为山丘薄地，土壤肥力低，产量水平低。建议亩施有机肥 2000kg 或尿素 10kg、过磷酸钙 30kg 或甘薯专用配方肥 40kg。一般要求一次施足，有条件的可在团棵前追施一次提苗肥，在膨大期追施一次催薯肥。

（五）马铃薯测土配方施肥技术

平阴县汇东 5 万亩蔬菜基地主要栽培模式为：早春马铃薯—春玉米—大白菜。春季早熟栽培马铃薯的方式有地膜小拱棚双膜覆盖、厚膜小拱棚覆盖和地膜平铺三种方式。

马铃薯每生产 1000kg 块茎需要吸收氮 5～6kg，磷 1～3kg，钾 12～13kg。马铃薯不同生育期对氮、磷、钾肥料的吸收量按其吸收的总肥量计算：幼苗期对氮、磷、钾肥料的吸收量分别为总吸收量的 6%、8%和 9%，发棵期分别为 38%、34%和 36%，结薯期分别为 56%、58%和 55%。

春马铃薯测土配方施肥技术：施足基肥，因覆膜后追肥不方便，肥料应在覆膜前一次性施入。翻耕时亩施腐熟的农家有机肥，如畜禽粪肥或人粪尿等 3000～4000kg，尿素 55kg，过磷酸钙 65kg，硫酸钾 35kg。50%的肥料在整地前均匀撒施，50%沟施混匀，覆土整地做畦，确保肥料与种薯隔离 8～10cm。

（六）大白菜测土配方施肥技术

大白菜是重要的叶菜类蔬菜。大白菜单产很高，可达每亩 5000kg 以上，因而对肥料的要求比较多，三者比例为 1∶0.4∶1.1。大白菜与其他叶菜类蔬菜一样，在营养生长期内，充足的氮素营养对促进形成肥大的绿叶和提高光合率具有特别重要的意义。由于大白菜不同生长时期的生长量和生长速度不同，因此对营养条件的要求也不相同。总的吸肥规律是：苗期吸收养分较少，氮、磷、钾的吸收量不足总吸收量的 1%；莲座期明显增多，其吸收量占 30%左右；包心期吸收最多，占总量的 70%左右。

测土配方施肥技术：大白菜产量高，需肥量大，按照有机与无机相结合、基肥与追肥相结合的原则进行施肥。一般每亩基施优质土杂肥 3000kg、尿素 20kg、过磷酸钙 65kg、硫酸钾 15kg，结合耕翻整地与耕层混匀。大白菜一般需要三次追肥，第一次追肥为进入莲座期，结合浇水每亩施配方肥（20-8-7）20kg 或者尿素 8kg、过磷酸钙 15kg、硫酸钾 15kg，施肥时要在距离植株 8～10cm 处开沟施入，不要伤根。第二次追肥在结球初期，追施尿素 10kg、过磷酸钙 15kg、硫酸钾 15kg。第三次追肥为结球中期，每亩施尿素 10kg、过磷酸钙 15kg、硫酸钾 15kg。收获前 30 天不再施用肥料。

（七）平阴玫瑰测土配方施肥技术

平阴县栽培玫瑰已有 1300 多年历史，平阴玫瑰是“中国玫瑰”的代表，平阴玫瑰以其花大色艳、香气浓郁而蜚声中外，平阴玫瑰是集绿化、美化、药用、香用、食用于一体的经济植物，俗有“平阴玫瑰甲天下”之称，平阴玫瑰为平阴人民带来了很大的经济效益和社会效益，为提高平阴县的知名度起了很大的推动作用。

平阴玫瑰主要种植于玫瑰镇、孔村镇、孝直镇、东阿镇的岭坡梯田、近山阶地、山前平地等微地貌单元的堰边地头，很少有大田种植的。

玫瑰花施肥技术：玫瑰花一般在每年 3 月中下旬及时追肥，每亩株间穴施尿素 20kg、过磷酸钙 40kg、氯化钾 15kg，并及时灌水，3～5 天后划锄保墒。另外，每隔 2～3 年，结合浇越冬水深翻扩穴，每亩沟（或穴）施充分腐熟的优质有机肥 5000kg。

第十三章　加强耕地质量管理的对策与建议

加强耕地质量管理的对策与建议主要是建立健全耕地质量监测体系和耕地资源管理信息系统，对耕地质量进行动态管理；健全耕地保养管理法律法规体系，依法加强耕地地力建设与保养管理；建立耕地保养管理专项资金，按照世贸组织规则，加大政府对耕地质量建设的支持力度等。

尽可能降低蔬菜中的硝酸盐，其主要措施包括有机肥与无机肥的配施，追肥尽量选用尿素，基肥最好是复合肥与有机肥配施，注意收获前10～15天不要进行追肥，在不影响蔬菜商品价值的前提下，尽可能推迟收获时间。

蔬菜中的DDT和氟化物超标很严重的蔬菜地，目前不可作为无公害蔬菜基地，因对它们进行降解的有效措施不多，只能依靠自然降解能力使其降到符合无公害蔬菜基地环境标准后，再考虑将其作为无公害蔬菜基地。

我国于20世纪80年代初停用如六六六、DDT等高残留有机氯农药，总体上的耕地污染程度大大下降，但目前个别地方仍然有污染超标的情况，主要原因可能是这些农药的药效比目前的生物农药好，且价格也便宜，这就促使个别菜农为一时的利益而不顾广大人民群众的身体健康，因此，有必要加大监督力度。

关于无公害蔬菜有害物含量及其基地的环境条件标准制定，由于各个地区气候、土壤、水质及菜农的管理方式等存在差异，应采取国家与地方具体情况相结合的原则，制定出合理的标准。如果从长远来看，因我国已加入世贸组织，尽可能在较短的时间内与国际接轨，这样才能使我国蔬菜在国际市场占有一席之地。

第三篇 专题报告

第十四章 平阴县耕地改良利用分区专题研究

耕地是农业生产和农业可持续发展的重要基础，耕地维持着作物生产力、影响着环境的质量和动物、植物甚至人类的健康。自1979～1985年第二次土壤普查以来，随着农村经营体制、耕作制度、作物品种、种植结构、产量水平和肥料使用等方面的显著变化，耕地利用状况也发生了明显改变。近年来，虽然对部分耕地实施了地力监测，但至今对区域中低产耕地状况及其障碍因素等缺乏系统性、实用性的调查分析，使耕地利用与改良难以适应新形势农业生产发展的要求。因此，开展区域耕地地力调查评价，摸清区域中低产耕地状况及其障碍因素，有的放矢地开展中低产耕地的科学改良利用，挖掘区域耕地的生产潜力，对于平阴县耕地资源的可持续利用具有十分重要的意义。

一、耕地改良利用分区原则与分区系统

(一)耕地改良利用分区的原则

耕地改良利用分区的基本原则是从耕地自然条件出发，主导性、综合性、实用性和可操作性相结合。按照因地制宜、因土适用、合理利用来配置耕地资源，充分发挥各类耕地的生产潜力，坚持用地与养地相结合，近期与长远相结合的原则进行。以土壤组合类型、肥力水平、改良方向和主要改良措施的一致性为主要依据。同时，考虑地貌、气候、水文和生态等条件以及植被类型，参照历史与现状等因素综合考虑进行分区。

(二)耕地改良利用分区系统

根据耕地改良利用原则，将影响耕地利用的各类限制因素归纳为耕地自然环境要素、耕地土壤养分要素和耕地土壤物理要素，将全区耕地改良利用划分为3个改良利用类型区，即耕地自然环境条件改良利用区、耕地土壤培肥改良利用区、耕地土体整治改良利用区，并分别用大写字母E、N和P表示。各改良利用类型区内，再根据相应的限制性主导因子，续分为相应的具体改良利用亚类。

二、耕地改良利用分区方法

(一)耕地改良利用分区因子的确定

耕地改良利用分区因子是指参与评定改良利用分区类型的耕地诸属性。由于影响的因素很多,根据耕地地力评价,遵循主要因素原则、差异性原则、稳定性原则、敏感性原则,进行了限制主导因素的选取。考虑与耕地地力评价中评价因素的一致性,考虑各土壤养分的丰缺状况及其相关要素的变异情况,选取耕地土壤有机质含量、耕地土壤有效磷含量、耕地土壤速效钾含量、耕地土壤有效锌含量和耕地土壤有效硼含量等因素作为耕地土壤养分状况的限制性主导因子;选取灌溉保证率、坡度和有效土层厚度作为耕地自然环境状况的限制性主导因子;选取耕层质地条件和土体构型条件等作为耕地土壤物理状况的限制性主导因子。

(二)耕地改良利用分区标准

依据农业部《全国中低产田类型划分与改良技术规范》,根据山东省各县区耕地地力评价资料,综合分析目前全省各耕地改良利用因素的现状水平,同时针对影响平阴县耕地利用水平的主要因素,邀请有土壤管理经验的相关专家进行分析,制订了耕地改良利用各主导因子的分区及其耕地改良利用类型的确定标准。具体分级标准如表 14-1 所示。

表 14-1　耕地改良利用主导因子分区标准

耕地改良利用区划	限制因子	代号	分区标准
耕地土壤培肥改良利用区(N)	有机质(o,g/kg)	No	<12
	有效磷(p,mg/kg)	Np	<15
	速效钾(k,mg/kg)	Nk	<100
	有效锌(zn,mg/kg)	Nzn	<0.5
	有效硼(b,mg/kg)	Nb	<0.5
耕地自然环境条件改良利用区(E)	灌溉保证(i,%)	Ei	灌溉保障率低于 50%
	坡度[s,(°)]	Es	>15°
	有效土层(d,cm)	Ed	<60cm
耕地土体整治改良利用区(P)	耕层质地(t)	Pt	沙土、沙壤、粗骨土
	土体构型(c)	Pc	土体中有障碍层次

(三)耕地改良利用分区方法

在 GIS 支持下,利用耕地地力评价单元图,根据耕地改良利用各主导因子分区标准在其相应的属性库中进行检索分析,确定各单元相应的耕地改良利用类型,通过图面编辑生成耕地改良利用分区图,并统计各类型面积比例。

三、耕地改良利用分区专题图的生成

(一)耕地土壤培肥改良利用分区图的生成

根据耕地土壤养分限制因素分区标准把平阴县耕地有机质分为两类,即有机质改良利用区和有机质非改良利用区,有机质改良利用区以代号 No 标注;同样,有效磷改良利用区用代号 Np 标注,速效钾改良利用区用代号 Nk 标注,有效锌改良利用区用符号 Nzn 标注,有效硼改良利用区用代号 Nb 表示。编辑生成耕地土壤培肥改良利用分区图(见图 14-1)。

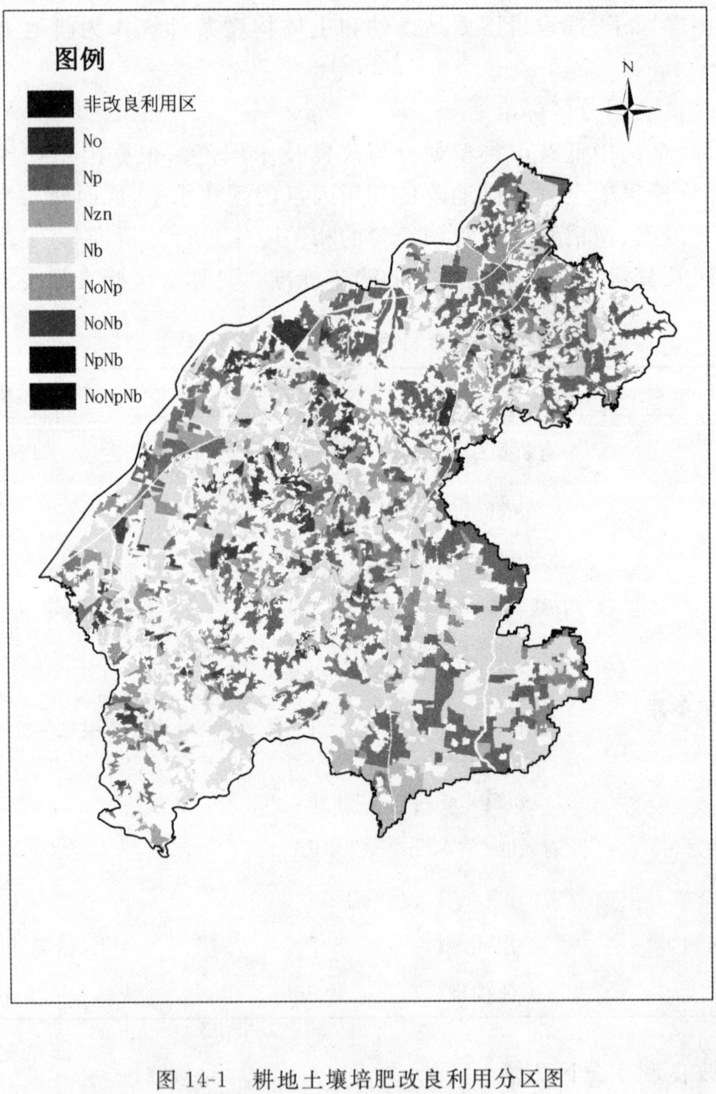

图 14-1　耕地土壤培肥改良利用分区图

(二)耕地自然环境条件改良利用分区图的生成

根据耕地自然环境条件限制因素分区标准进行平阴县耕地改良利用分区。灌溉保证条件分为灌溉保证条件改良利用区和灌溉保证条件非改良利用区，改良利用区用代号 Ei 标注；坡度条件分为坡度改良利用区和非改良利用区，坡度改良利用区以代号 Es 标注；有效土层厚度分为有效土层改良利用区和非改良利用区，有效土层改良利用区以代号 Ed。标注结果如图 14-2 所示。

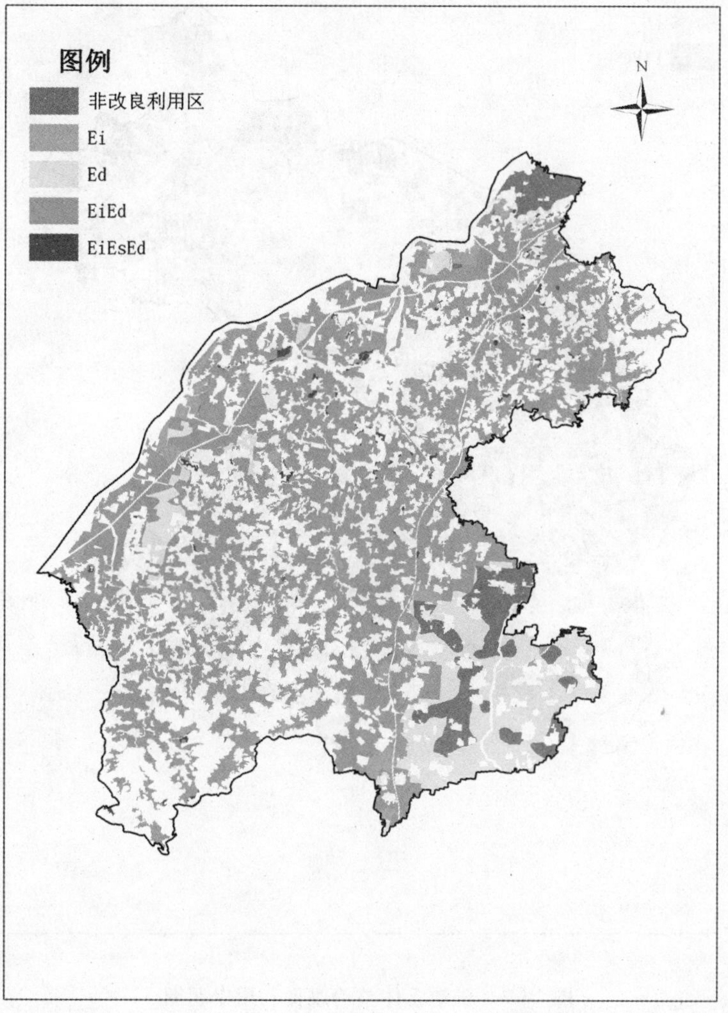

图 14-2　耕地自然环境条件改良利用分区图

(三)耕地土体整治改良利用分区图的生成

根据耕地土地条件限制因素分区标准，耕地耕层质地条件改良利用区用符号 Pt 标注，耕地土体构型改良利用区用符号 Pc 标注。在 GIS 下检索生成耕地土体整治改良利用分区图(见图 14-3)。

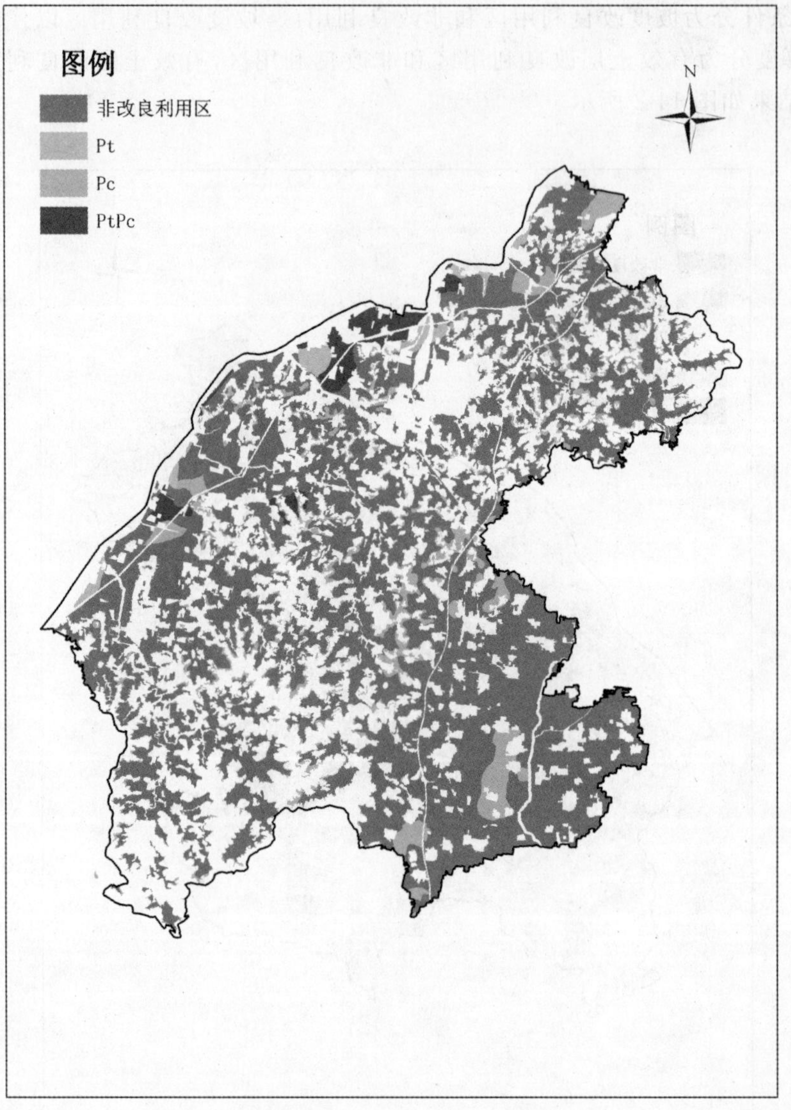

图 14-3 耕地土体整治改良利用专题图

四、耕地改良利用分区结果分析

(一)耕地土壤培肥改良利用分区面积统计及问题分析

平阴县耕地土壤培肥改良利用区各改良利用类型面积及其比例如表 14-2 所示。

表 14-2　　平阴县耕地土壤培肥改良利用分区面积统计表

改良利用分区	Nb	No	NoNb	NoNp	NoNpNb	Np	NpNb	Nzn	非改良利用区汇总
面积(hm^2)	11180.73	861.45	2118.4	671.23	1627.35	1811.6	3645.85	614.51	5265.41
百分比(%)	40.22	3.1	7.62	2.41	5.85	6.52	13.12	2.21	18.94

由图 14-1 和表 14-2 可以看出,平阴县土壤主要养分状况总体较好,但土壤微量元素,特别是有效硼的含量普遍偏低,土壤主要养分需要培肥改良的耕地多分布在南部、东北部和西南部,包括孝直镇、平阴镇、玫瑰镇、孔村镇、洪范池镇、东阿镇和安城乡。其中有机质、有效磷和有效硼含量都比较少的耕地面积为 1627.35hm^2,占耕地总面积的 5.85%,缺少有机质和有效硼的耕地面积为 2118.4hm^2,缺少有机质和有效磷的耕地面积为 671.23hm^2,缺少有效磷和有效硼的耕地面积为 3645.85hm^2。单一缺少有效硼的耕地面积为 11180.73hm^2,占全区总耕地面积的 40.22%,单一缺少有机质的耕地面积为 861.45hm^2,单一缺少有效磷的耕地面积为 1811.6hm^2,单一缺少有效锌的耕地面积为 614.51hm^2。非改良利用区为 5265.41hm^2,占全区总耕地面积的 18.94%。从各类型面积比例看出,平阴县耕地土壤培肥改良的主要方向为增施富含微量元素的肥料,同时应注重有机肥料的施用,逐步提高土壤有机质、磷元素和硼元素含量。

(二)耕地自然环境条件改良利用分区面积统计及问题分析

平阴县耕地自然环境条件改良利用区各改良利用类型面积及其比例如表 14-3 所示。

表 14-3　　平阴县耕地自然环境条件改良利用分区面积统计表

改良利用分区	Ed	Ei	EiEd	EiEsEd	非改良利用区汇总
面积(hm^2)	3845.86	1180.2	20424	277.78	2068.69
百分比(%)	13.84	4.25	73.48	1	7.44

由图 14-2 和表 14-3 可以看出,平阴县耕地自然环境条件总体一般,耕地自然环境条件只有 7.44%的面积不需改良,需要改良的面积占总面积的 92.56%。具体来说,东部和北部一些地区耕地自然环境条件利用良好,包括孔村镇东部、孝直镇北部以及安城乡北部一些地区,而其他大部分地区均需要改良,包括东阿镇、玫瑰镇、洪范池镇和平阴镇的大部分地区,孔村镇、孝直镇以及安城乡的部分地区。其中灌溉保证水平、坡度和土层厚度都需要改良的耕地面积为 277.78hm^2,占耕地总面积的 1%,灌溉保证水平和有效土层厚度都需改良的耕地面积为 20424hm^2,占耕地总面积的 73.48%,有效土层需要改良的耕地面积为 3845.86hm^2,占全区总耕地面积的 13.84%,灌溉保证水平需要改善的耕地面积

为 1180.2hm²,占耕地总面积的 4.25%。可见,灌溉保证率是制约平阴县耕地自然环境条件的主要因素,平阴县耕地自然环境条件改良利用的主要方向为改善该区耕地灌溉条件,提高灌溉保障率,其次为有效增加土层厚度,防止水土流失,保护耕层土壤。

(三)耕地土体整治改良利用分区面积统计及问题分析

平阴县耕地土体整治改良利用区各改良利用类型面积及其比例如表 14-4 所示。

表 14-4 平阴县耕地土体整治改良利用分区面积统计表

改良利用分区	Pc	Pt	PtPc	非改良利用区汇总
面积(hm^2)	3136.67	361.33	734.28	23564.24
百分比(%)	11.28	1.3	2.64	84.77

由图 14-3 和表 14-4 可以看出,平阴县耕地土体结构整体较好,土体条件好、不需改良的非改良区面积为 23564.241hm²,占耕地总面积的 84.77%,需要改良的面积占 15.23%,主要零星分布在平阴县中部和北部地区,包括安城乡大部,平阴镇、玫瑰镇、孔村镇、洪范池镇部分地区,东阿镇东部,孝直镇西部等地区。宜采取秸秆还田、增施有机肥料、深耕等措施,改善偏沙的土壤表层质地及不良的土体结构,是平阴县耕地土体整治改良的主要方向。

五、耕地改良利用对策及措施

(一)增加经济投入,加大耕地保护力度

农业是既有自然风险又有市场风险的弱质产业,保护农业是国民经济发展中面临的重大问题。由于调控体制不健全,受比较利益驱使,各层次资金投入重点向非农业倾斜,资金投入不足已成为农业生产发展的主要制约因素。要达到农业增产的途径就要增加耕地投入,加强中低产田改造,不断提高耕地的质量,从而提高耕地利用的经济效益。平阴县宜进一步加强对耕地改良利用的投入,通过对耕地的改良逐步消除制约耕地生产力的限制因素,培肥地力,改善农业生产条件和农田生态环境。

(二)平衡施肥,用养结合,增施有机肥料,培肥地力

长期以来,平阴县在耕地开发利用上,重利用,轻培肥,重化肥,轻有机肥,虽然全区化肥的施用量逐年增加,但有机肥投入量却逐年减少,且投入的化肥以氮肥为主,引起土壤养分,特别是有机质和微量元素含量的下降和矿质养分的失衡,导致耕地肥力下降。全区普遍存在微量元素,特别是有效硼含量偏低和有效磷含量偏低等限制性因素,磷肥和有效硼都需要培肥的耕地面积为 3645.85hm²,占全区耕地总面积的 13.12%,单独缺少有效硼的耕地面积为 11180.73hm²,占全区总耕地面积的 40.12%,另外,缺少多种元素的地区也有分布。因此,要持续提高中低产耕地的基础地力,为农作物生长创造高产基础,必须将用土与养土妥善结合起来,广辟有机肥源,重视有机肥的施用,提倡冬种绿肥和使用有机—无机复混肥。同时应利用中低产耕地调查评价成果,科学指导化肥的调配,采用科学优化平衡施肥,重视合理增施钾肥尤其是微肥,不断培肥地力,实现中低产耕地资源的永续利用。

（三）加强水利建设，改善灌溉条件，注重农田基本设施建设

水是作物生长的必要条件，灌排条件与耕地的基础地力有着密切的关系。因而，可以通过采取以下措施，实现自然降水的空间聚集，改善区域农田的土壤水分状况，推广节水灌溉技术，改善和扩大灌溉面积。

健全灌溉工程，改善灌区输水、配水设备，加强灌溉作业管理，改进地面灌溉技术，采用增产、增值的节水灌溉方法和灌溉技术。应加强水利建设，修筑田埂，防止水土冲刷。安排好水利规划，修好水渠，制止渗漏，加强管理，提高引灌水的利用率。

人工富集天然降水，建造大、中、小型蓄水池、塘等蓄水体系，将集纳雨水、拦截径流和蓄水有效结合起来，在作物需水的关键时期进行灌溉，解决作物的需求和降水错位的矛盾，以充分发挥水分的增产效果。

改善土壤结构，增加土壤的蓄水能力，通过对土壤增施有机肥料（如施用有机肥，秸秆还田等）和应用土壤改良剂，改良土壤结构，增强土壤结构的稳定性，提高土壤对降水的入渗速率和持水量。

（四）采用农业措施改良土壤质地、改善土体结构

平阴县耕地土壤限制性因素主要为土层薄，水土流失严重，要从调整土地利用结构和建设基本农田起步，改广种薄收为集约经营，改单一经营为农、林、牧、副全面发展，因地制宜，全面规划，综合治理，连续治理，实行生物措施与工程措施相结合，坡地治理与沟道治理相结合，田间工程和蓄水保土耕作相结合。在不宜种粮的钙质土和棕壤性土、褐土性土上，因地制宜地大力发展果、药土特产，在土层较厚的地方，可以发展果粮间作，以尽快提高经济效益。

（五）集约化利用耕地资源，发展生态型可持续农业，改善生态环境

耕地生态环境质量的高低是保证农作物持续稳产、高产、优产、高效的重要前提。根据平阴县资源优势以及生态环境的特点，因地制宜地利用耕地资源，通过合理轮作、科学间套种等措施，提高复种指数，努力提高耕地资源的利用率。注重多物种、多层次、多时序、多级质能、多种产业的有机结合，农、林、牧、副、渔并举，建立生态型可持续农业系统，达到经济、生态和社会效益的高度统一。此外，应重新审视耕地承包到户政策所致的耕地经营权分散在新形势下出现的不利耕地资源规模集约经营的缺点，努力探讨建立“公司＋农户”或各种专业化合作组织等耕地规模集约经营模式，提高全区耕地资源的集约经营和经济效益。

第十五章　平阴县主要农作物施肥指标体系

测土配方施肥指标体系的建立，可以使我们准确了解和掌握本地耕地状况，包括N、P、K、有机质、中微量元素等含量，土壤类型，适宜作物及获得作物最佳产量指标所需的各种养分，并且依据土壤养分贡献率、肥料利用率等技术指标确定合理的肥料配比，以达到作物高产、优质的目的，为领导决策提供了依据，为农民科学种植提供优质服务。

平阴县是2006年国家级测土配方施肥项目县，项目实施以来，平阴县通过进行农户施肥调查，基本摸清了全县不同区域农户施肥情况；通过对不同土类进行取土化验，基本摸清了不同土壤类型的养分状况；分区域安排冬小麦、夏玉米、甘薯等主栽作物的"3414"小区试验30处，肥效对比示范试验44个，校正试验20处，并已取得大量数据。通过对已取得的数据进行整理分析，确定了平阴县主要农作物不同产量水平下肥料使用量及其不同时期的使用比例。初步建立起了适合平阴县不同区域的配方施肥指标体系。

一、农户施肥情况调查

(一)调查结果

1. 基本情况

选取具有代表性的10个村和50个农户，家庭总人口为180人，户主最高文化程度为高中，农业劳动力为108人。承包土地面积为20.7hm²，其中旱地面积为11.44hm²，水浇地面积为9.26hm²。被调查的50户2006年家庭总收入为484950.5元，其中种植业收入为288863.5元，占总收入的59.6%。种植的主要作物有小麦、玉米、地瓜、谷子、花生、西瓜、蔬菜等。

2. 种植业产品销售情况

50户共种植小麦10.84hm²，总产为48423kg，玉米9.94hm²，总产为67115kg，地瓜6.6hm²，总产鲜地瓜为201625kg，折粮为40325kg，谷子0.087hm²，总产为650kg，大豆1.81hm²，总产为2210kg，西瓜0.97hm²，总产为37500kg，苹果0.7hm²，总产为10500kg，蔬菜0.5hm²，总产为90000kg。销售价格平均为小麦每千克1.00元、玉米0.9元、地瓜(鲜)0.24元、大豆2.8元、西瓜0.9元、谷子2元、苹果2元、蔬菜平均0.4元，总产值为216742.5元，平均人均1204.13元。

3.2005年度养殖业情况

50户共养猪60头，其中母猪5头，肥猪55头，羊92只，大牲畜16头，其中牛11头，驴5头。共出售仔猪70头，收入7300元，肥猪55头，销售收入27500元，羊50只，收入13870元，牛4427元，养殖业收入共计53097元，共投入各项成本53499.2元，实际纯收入为－402.2元。

4. 各种作物种植情况和施肥情况（只计算主要农作物小麦、玉米、棉花）

（1）小麦

被调查的50户共种植小麦10.84hm^2，2006年总产为48423kg，平均单产为297.8kg。施用有机肥种类有猪圈粪、羊圈粪和牛圈粪，总施用面积为8.27hm^2，施用有机肥总量为131400kg，平均亩施1060kg。底施用尿素3377.5kg，平均亩施20.77kg，底施二铵1249kg、氢铵450kg，小麦专用复合肥（$N_{14}P_9K_7$）1832.5kg，过磷酸钙1950kg，氯化钾85kg，小麦追肥面积为4.72hm^2，占播种面积的43.4%，追肥总数量为尿素1077.5kg，平均亩施15.2kg。共折纯氮为2532.16kg，平均亩施15.57kg，P_2O_5为1012.56kg，平均亩施6.227kg，K_2O为170.77kg，平均亩施1.05kg。N、P、K比例为2.50∶1∶0.17。

（2）玉米

50户播种面积为9.94hm^2，2006年总产为67115kg，平均单产为450.13kg。玉米只进行追肥，共追施尿素3262kg，氢铵1100kg，复合肥（$N_{15}P_{15}K_{15}$）1045kg，二铵135kg，折合纯氮1860.47kg，平均亩施12.47kg，P_2O_5为218.85kg，平均亩施1.46kg，K_2O为156.75kg，平均亩施1.05kg，N、P、K比例为8.54∶1∶0.72。

（3）地瓜

50户共种植地瓜6.6hm^2，2006年总产鲜瓜为230840kg，平均亩产为2044.9kg。有机肥施用种类有猪圈粪、牛圈粪和土杂肥。施用总量为85150kg，平均亩施869kg。化肥全部作底施，一般在起垄时施用，其中施用地瓜专用肥（N_8P_7K 10）面积5.62hm^2，施用总量为3987kg，平均亩施47.3kg。施用二铵0.95hm^2，共施二铵519kg，平均亩施36.3kg。折合施用纯氮为381.24kg，P_2O_5为517.83kg，K_2O为389.7kg，N、P、K比为1∶1.36∶1.05。

（二）分析讨论

1. 当前种植业施肥存在的问题

（1）施用有机肥料减少

目前，由于农产品价格低迷，投资比较效益低，加上有机肥积造及施用比较麻烦，因此，特别是常规作物的施用量呈下降趋势。

（2）化肥投入结构失衡

根据平阴县的土壤养分状况和种植业结构分析，宏观上氮、磷、钾化肥的投入比例应为2.20∶1∶1，而实际上2006年三种化学养分投入比例为3.76∶1∶0.55，钾肥的投入较需求相差近一半，氮肥投入比例偏大。

（3）盲目施肥现象严重

一是在同一地区，不顾管理水平和生产条件的差异，作物施肥具有一定的模式化倾向。农户之间在肥料投入量、施肥结构甚至肥料品种、施肥方法等方面都惊人的相似。二是在时间上，不顾土壤养分的巨大变化，作物施肥长期一贯制。尤其明显的是，近二十年，土壤有效磷含量大幅增长，而小麦、大棚菜高效经济作物仍过量施用磷肥。三是在不同作物间肥料供需关系差异大。高产田尤其是经济作物施肥严重过量，而常规作物施肥不足。四是不按作物需肥规律施肥，表现有玉米追肥晚，次数少；大豆、花生等经济作物基本不追肥。

2. 对策

(1)推广测土配方施肥

通过对50户农户施肥情况调查分析可以看出，只要对不同作物进行测土配方施肥，增产效果就很明显。因此，搞好有针对性的测土配方施肥与推广施用有机肥相结合，保障品质优化和环境安全的施肥技术研究与推广，无公害农产品、绿色食品标准化施肥技术研究，产前、产中土壤植株养分速测及调控技术研究，控施肥等环境友好肥料新品种的开发研究与推广等。

(2)广辟有机肥源

在目前形势下，应在小麦高留茬基础上搞好秸秆堆沤和畜牧养殖业，大力发展沼气，充分利用沼液沼渣，广造有机肥源，不断培肥地力。

二、平阴县土壤养分状况

土壤养分含量是一个可变因素，在其比例协调的情况下，含量与作物产量呈正相关，即养分含量高，作物产量也高，反之则低。通过国家测土配方施肥补贴资金项目对全县耕层土壤农化样的常规化验分析，基本摸清了平阴县土壤养分状况，找出了高产土壤适宜的氮、磷、钾配比及低产土壤在养分方面的限制因素，为平阴县合理施肥，夺取当季、全年高产及用地、养地、培肥土壤等方面提供了科学依据。近几年来的土壤化验数据汇总如表4-1～4-4所示。

从化验分析数据可以看出，全县土壤各种养分含量的变幅较大，氮、磷、钾、微量元素相对比较丰富，但差异悬殊，缺素面积大，对满足作物生长发育的需要及促进平衡增产是极不利的。从区域上看，北部沿黄滩区有机质含量、有效磷含量低，速效钾含量较高；东南沿汇平原区有机质含量、碱解氮含量较高，有效磷含量、速效钾含量中等；中部低山丘陵区碱解氮含量较低，其余中等。微量元素方面，平阴县土壤普遍缺锌、硼，注意锌、硼的使用对平阴县农作物产量的提高具有一定作用。因此，必须根据这次测试结果对全县的肥料施用作统一规划，找出不同区域、不同作物、不同土壤的最小养分率，根据最小养分率及对产量要求合理施用化学肥料，真正做到低成本，高效益。

三、平阴县主要农作物肥效试验

(一)小麦肥效试验

1. 东南沿汇平原测土配方施肥区

(1)高产田

店子农场通过“3414”完全试验得出三元二次方程为：

$$Y=298.49+4.6x_1-1.49x_2+11.15x_3-0.08x_1^2+0.05x_2^2-0.85x_3^2+0.27x_1x_2+0.11\ x_2x_3^2$$

同时，进行方差分析做F检验来判断回归模型的回归效果，得到$F=12,15$大于$F_{0.05}=6$，说明小麦亩产量与氮、磷、钾的亩施用量之间具有显著的回归关系。

最佳施肥量为：N 15.95kg/667m^2、P_2O_5 8.6kg/667m^2、K_2O 6.85kg/667m^2。

肥效示范试验也验证了在此区域高产田施肥量为 16 8 7，此施肥量较为适合本区域高产田，即每亩底施农家肥 3000kg、尿素 20kg、过磷酸钙 60kg、硫酸钾 14kg、硫酸锌 1～2kg。追肥以氮肥为主，一般在拔节期每亩追施 15kg 尿素，灌浆初期用 0.2%磷酸二氢钾喷雾 2 次。

(2)中产田

孝直镇李庄村通过"3414"完全试验得出三元二次方程为：

$$Y=272.58+1.94x_1-2.92x_2+25.95x_3-0.06x_1^2+0.24x_2^2-1.84x_3^2+0.78x_1x_2+0.15x_1x_3-0.75x_2x_3$$

同时，进行方差分析做 F 检验来判断回归模型的回归效果，得到 $F=14,29$ 大于 $F_{0.05}=6$，说明小麦亩产量与氮、磷、钾的亩施用量之间具有显著的回归关系。

最佳施肥量为：N 13.9kg/667m^2、P_2O_5 7.5kg/667m^2、K_2O 7.41kg/667m^2。

肥效示范试验也验证了在此区域中产田施肥量为 14 8 7，此施肥量较为适合本区域中产田，即每亩底施农家肥 2000kg、尿素 20kg、过磷酸钙 60kg、硫酸钾 14kg、硫酸锌 1～2kg。追肥以氮肥为主，一般在拔节期每亩追施 10kg 尿素，灌浆初期用 0.2%磷酸二氢钾喷雾 2 次。

2. 北部沿黄滩区测土配方施肥区

(1)高产田

东阿镇西山村通过"3414"完全试验得出三元二次方程为：

$$Y=245.88+1.35x_1-2.28x_2+29.51x_3-0.02x_1^2+0.29x_2^2-1.57x_3^2+1x_1x_2+0.01x_1x_3-1.5x_2x_3$$

同时，进行方差分析做 F 检验来判断回归模型的回归效果，得到 $F=10,66$ 大于 $F_{0.05}=6$，说明小麦亩产量与氮、磷、钾的亩施用量之间具有显著的回归关系。

最佳施肥量为：N 18.02kg/667m^2、P_2O_5 9.68kg/667m^2、K_2O 4.64kg/667m^2。

肥效示范试验也验证了在此区域高产田施肥量为 18 9 5，此施肥量较为适合本区域高产田，即每亩底施农家肥 3000kg、尿素 25kg、过磷酸钙 75kg、硫酸钾 10kg、硫酸锌 1～2kg。于拔节期追施尿素 15g，灌浆初期用 0.2%磷酸二氢钾喷雾 2 次。

(2)中产田

平阴镇刘官村通过"3414"完全试验得出三元二次方程为：

$$Y=279.38-0.04x_1-2.67x_2+34.26x_3-0.13x_1^2+0.34x_2^2-0.98x_3^2+1.16x_1x_2-0.29x_1x_3-2.9x_2x_3$$

最佳施肥量为：N 13.16kg/667m^2、P_2O_5 6.29kg/667m^2、K_2O 4.69kg/667m^2。

玫瑰镇丁口村三元二次方程为：

$$Y=261.59+3.33x_1+5.95x_2+17.1x_3-0.31x_1^2-0.49x_2^2-0.66x_3^2+1.29x_1x_2+0.04x_1x_3-1.66x_2x_3$$

最佳施肥量为：N 13.99kg/667m^2、P_2O_5 6.42kg/667m^2、K_2O 5.5kg/667m^2。

肥效示范试验也验证了在此区域中产田施肥量为 14 6.5 5.5，此施肥量较为适合本区域中产田，每亩底施农家肥 2000kg、尿素 20kg、过磷酸钙 55kg、硫酸钾 11kg、硫酸锌 1～2kg。于拔节期追施尿素 10g，灌浆初期用 0.2%磷酸二氢钾喷雾 2 次。

3. 中部低山丘陵测土配方施肥区

(1)高产田

玫瑰镇南石峡村通过“3414”完全试验得出三元二次方程为：

$$Y=300.68+0.56x_1-5.09x_2+27.19x_3-0.06x_1^2+0.18x_2^2-1.93x_3^2+1.12x_1x_2+0.05x_1x_3-0.11x_2x_3$$

同时，进行方差分析做 F 检验来判断回归模型的回归效果，得到 $F=7,30$ 大于 $F_{0.05}=6$，说明小麦亩产量与氮、磷、钾的亩施用量之间具有显著的回归关系。

最佳施肥量为：N 15.79kg/667m^2、P_2O_5 6.5kg/667m^2、K_2O 6.86kg/667m^2。

肥效示范试验也验证了在此区域高产田施肥量为 16 6.5 7，此施肥量较为适合本区域高产田，即每亩底施农家肥 3000kg、尿素 20kg、过磷酸钙 55kg、硫酸钾 14kg、硫酸锌 1～2kg。于拔节期追施尿素 15kg，灌浆初期用 0.2%磷酸二氢钾喷雾 2 次。

(2)中产田

玫瑰镇张庄村通过“3414”完全试验得出三元二次方程为：

$$Y=261.59+3.33x_1+5.95x_2+17.1x_3-0.31x_1^2-0.49x_2^2-0.66x_3^2+1.29x_1x_2+0.04x_1x_3-1.66x_2x_3$$

最佳施肥量为：N 12.99kg/667m^2 P_2、O_5 6.42kg/667m^2、K_2O 7.59kg/667m^2。

肥效示范试验也验证了在此区域中产田施肥量为 13 6.5 7.5，此施肥量较为适合本区域中产田，即每亩底施农家肥 3000kg、尿素 20kg、过磷酸钙 55kg、硫酸钾 15kg、硫酸锌 1～2kg。于拔节期追施尿素 10g，灌浆初期用 0.2%磷酸二氢钾喷雾 2 次。

(3)低产田

安城乡北圣村通过“3414”完全试验得出三元二次方程为：

$$Y=253.64+3.3x_1+5.85x_2+13.05x_3-0.27x_{12}-0.52x_2^2-0.11x_3^2+1.3x_1x_2+0.01x_1x_3-1.63x_2x_3$$

最佳施肥量为：N 12.06kg/667m^2、P_2O_5 4.82kg/667m^2、K_2O 8.93kg/667m^2。

肥效示范试验也验证了在此区域低产田施肥量为 12 5 9，此施肥量较为适合本区域低产田。即每亩底施农家肥 2000kg、尿素 25kg、过磷酸钙 40kg、硫酸钾 18kg、硫酸锌 1～2kg。

(二)玉米肥效试验

1. 东南沿汇平原测土配方施肥区

(1)高产田

店子农场通过“3414”不完全试验得出磷、钾二因素二元二次方程为：

$$Y=376.4+41.7x_1+33.8x_2-2.5x_1^2-1.8x_2^2-0.66x_1x_2$$

肥效示范试验也验证了在此区域高产田施肥量为 15 5 5，此施肥量较为适合本区域高产田的施肥量。即于大喇叭口期每亩追施尿素 33kg、过磷酸钙 40kg、硫酸钾 10kg、硫酸锌 1～2kg。

(2)中产田

孝直镇李庄村通过“3414”不完全试验得出磷、钾二因素二元二次方程为：

$$Y=439.3+14.9x_1-6.1x_2-2.2x_1^2-0.1x_2^2+4.4x_1x_2$$

肥效示范试验也验证了在此区域中产田施肥量为 14 6 4，此施肥量较为适合本区域中产田。即于大喇叭口期每亩底追施尿素 30kg、过磷酸钙 50kg、硫酸钾 8kg、硫酸锌 1～2kg。

2. 北部沿黄滩区测土配方施肥区

(1)高产田

东阿镇西山村通过“3414”不完全试验得出磷、钾二因素二元二次方程为：

$$Y=430.3+20.1x_1+7.1x_2-2.2x_1^2-0.9x_2^2+3.0x_1x_2$$

肥效示范试验也验证了在此区域高产田施肥量为 16 6 3，此施肥量较为适合本区域高产田。即于大喇叭口期每亩追施尿素 35kg、过磷酸钙 50kg、硫酸钾 6kg、硫酸锌 1～2kg。

(2)中产田

平阴镇刘官村通过“3414”不完全试验得出得出磷、钾二因素二元二次方程为：

$$Y=421.5+17.1x_1+6.7x_2-3.1^2x_1-0.5x_2^2+2.8x_1x_2$$

肥效示范试验也验证了在此区域中产田施肥量为 16 6 3，此施肥量较为适合本区域中产田。即于大喇叭口期每亩追施尿素 35kg、过磷酸钙 50kg、硫酸钾 6kg、硫酸锌 1～2kg。

3. 中部低山丘陵测土配方施肥区

(1)高产田

玫瑰镇南石峡村通过“3414”不完全试验得出得出磷、钾二因素二元二次方程为：

$$Y=426.5+40.2x_1+28.6x_2-3.0x_1^2-2.0x_2^2+0.72x_1x_2$$

肥效示范试验也验证了在此区域高产田施肥量为 15 6 6，此施肥量较为适合本区域高产田。即于大喇叭口期每亩追施尿素 33kg、过磷酸钙 50kg、硫酸钾 12kg、硫酸锌 1～2kg。

(2)中产田

孔村镇后套村通过“3414”不完全试验得出得出磷、钾二因素二元二次方程为：

$$Y=427.3+12.5x_1-6.1x_2-2.2x_1^2-0.1x_2^2+4.4x_1x_2$$

肥效示范试验也验证了在此区域中产田施肥量为 15 5 5，此施肥量较为适合本区域中产田。即于大喇叭口期每亩追施尿素 33kg、过磷酸钙 42kg、硫酸钾 10kg、硫酸锌 1～2kg。

(3)低产田

孔村镇晁峪村通过“3414”不完全试验得出得出磷、钾二因素二元二次方程为：

$$Y=279.6+16.7x_1-0.02x_2-1.8x_1^2+0.01x_2^2+2.0x_1x_2$$

肥效示范试验也验证了在此区域低产田施肥量为 12 5 2.5，此施肥量较为适合本区域低产田。即于大喇叭口期每亩追施尿素 25kg、过磷酸钙 42kg、硫酸钾 5kg、硫酸锌 1～2kg。

(三)甘薯肥效试验

甘薯在平阴县主要是在中部低山丘陵区栽植，主要分为中产田和低产田两种类型。

1. 中产田

安城乡北圣村通过“3414”完全试验得出甘薯肥效三元二次方程为：

$Y=1090.25+42.67x_1+121.92x_2+17.99x_3-8.26x_1^2-11.82x_2^2$

$-1.14x_3^2+10.49x_1x_2+6.12x_1x_3-3.51x_2x_3$

最佳施肥量为：N 10.15kg/667m²、P_2O_5 5.83kg/667m²、K_2O 13.82kg/667m²。

肥效示范试验也验证了在此区域中产田施肥量为 10 6 14，此施肥量较为适合本区域中产田。甘薯施肥可结合起垄时施在犁沟上，随即盖垄，防止烧苗。即每亩施农家肥3000kg、尿素 21kg、过磷酸钙 50kg、硫酸钾 28kg。

2. 低产田

孔村镇石板台村通过“3414”完全试验得出甘薯肥效三元二次方程为：

$Y=855.41-7.91x_1+138.36x_2+32.08x_3-6.34x_1^2-11.33x_2^2-1.39x_3^2$

$+13.85x_1x_2+8.03x_1x_3-7.56x_2x_3$

最佳施肥量为：N 7.8kg/667m²、P_2O_5 6.62kg/667m²、K_2O 12.62kg/667m²。

肥效示范试验也验证了在此区域低产田施肥量为 8 6 15，此施肥量较为适合本区域低产田。甘薯施肥可结合起垄时施在犁沟上，随即盖垄，防止烧苗。即每亩施农家肥3000kg、尿素 17kg、过磷酸钙 50kg、硫酸钾 30kg。

(四)棉花肥效试验

随着甘薯种植效益的下降，棉花在平阴县的种植面积逐年增加。在平阴县主要种植在中部低山丘陵区的坡地上，产量不高。

玫瑰镇南石峡村通过“3414”完全试验得出三元二次方程为：

$Y=110.19+5.76x_1-2.94x_2+0.25x_3-0.11x_{12}+0.10x_{22}-0.09x_{32}$

$+0.25x_1x_2+0.43x_1x_3+0.98x_2x_3$

同时，进行方差分析做 F 检验来判断回归模型的回归效果，得到 $F=36,27$ 大于 $F_{0.01}=14.66$。说明棉花亩产量与氮、磷、钾的亩施用量之间具有极显著的回归关系。

最佳施肥量为：N 12.87kg/667m²、P_2O_5 6.65kg/667m²、K_2O 8.94kg/667m²。

肥效示范试验也验证了在平阴县棉花施肥量为 12 6 8 为较为适合平阴县的施肥量。即每亩施农家肥 3000kg、尿素 26kg、过磷酸钙 50kg、硫酸钾 16kg。

第十六章　平阴县蔬菜种植基地土壤环境现状调查及改良利用专题报告

近年来，随着种植业结构的调整，平阴县孝直镇蔬菜面积逐年扩大，蔬菜种类逐年增加，蔬菜产量不断提高。但随着蔬菜复种指数的提高和化肥施用量的增加，蔬菜地土壤板结和酸化现象加重，这不但影响蔬菜的生育，还可能诱发多种病害，导致蔬菜产量和品质下降。地力监测也显示，孝直镇蔬菜地土壤酸化的趋势日益明显，导致缺钙等蔬菜生理病害越来越严重，严重影响了蔬菜优质高效安全生产及其可持续发展。通过对蔬菜地土壤酸化现状的调查和分析，为治理蔬菜地土壤酸化、提高蔬菜品质、促进蔬菜生产可持续发展提供决策依据。

一、概况

平阴县孝直镇地处平阴、肥城、东平三县(市)交界处，因地处恪守孝道、忠厚信直的孝直村而得名。105 国道、济菏高速公路纵贯全境，交通便利，是重要的物资集散地和商贸中心。面积为 143km^2，耕地为 6884hm^2，辖 64 个行政村，有 2.05 万户共 6.20 万人。土壤类型有潮褐土、砂姜黑土、褐土 3 大亚类。

近几年来，孝直镇始终把大力发展蔬菜业作为加快农村经济发展、增加农民收入的重要举措，大力实施了蔬菜标准化生产。投资 3300 万元实施了孝直洼、大兴洼、谷楼洼、前科洼农业综合开发和营子片、前科片、孝直片、孔庄片、柳滩片、盛屯片土地整理；投资 1000 万元实施了汇东 2 万亩农业综合开发，通过了国家级标准化示范区验收；投资 1260 万元实施了集中供水工程；成立了无公害马铃薯协会，注册了“民乐享”商标，推广了标准化生产技术，为农民提供产前、产中、产后一条龙服务，并投资 150 多万元建起了无公害蔬菜批发市场。同时，平阴县孝直镇积极引导广大菜农运用先进农业技术，精心打造有机蔬菜生产基地。推广了蔬菜、生物反应堆、配方施肥和增施有机肥等提质增效关键配套措施，蔬菜业生产的快速发展，吸纳了大量的农村劳动力就业。目前，全县直接或间接从事蔬菜业生产的人员达到 2 万人，其中直接从事蔬菜生产管理的约 1 万人，从事蔬菜储藏保鲜、加工及蔬菜经营等二、三产业的人员有 1000 多人。

二、土壤环境调查监测结果

(一)种植模式

平阴县孝直镇汇东地区是济南市有名的无公害标准化蔬菜生产基地，土壤肥沃，水利条件便利，农民采用早春覆膜马铃薯—夏玉米—秋大白菜种植模式，亩产马铃薯 2500kg、玉米500kg、大白菜7000kg左右，亩收入10000元左右，生产的无公害蔬菜不仅供应当地市场，而且还远销北京、太原、乌鲁木齐、深圳、广州等地市，深受欢迎。

马铃薯因覆膜后追肥不方便，施肥一般在整地覆膜前一次性施入。施用量一般为高钾复合肥150kg左右，覆土整地做畦。在马铃薯出苗后20天左右播种玉米，同时畦间施用普通复合肥50kg左右。玉米收获后，在垄上直播(移栽)大白菜，莲座期结合浇水，追施尿素30kg。

(二)土壤养分状况

2006年实施测土配方施肥项目以来，店子蔬菜基地共采集样品254个，化验有机质、有效磷、速效氮等13项目，取得1802个数据(见表16-1)。

表16-1　平阴县蔬菜作物表层土壤养分统计表

项目	样品个数	最大值	最小值	平均值	标准差	最大值/最小值
速效氮(mg/kg)	200	330	47	123	46	7.0
有效磷(mg/kg)	254	193.6	4.4	99.6	46.9	44.0
速效钾(mg/kg)	254	228	43	139	31	5.3
有机质(mg/kg)	243	20.49	7.68	12.53	2.5	2.7
全氮(g/kg)	156	1.28	0.5	0.83	0.15	2.6
全磷(g/kg)	30	0.77	0.65	0.7	0.06	1.2
全钾(g/kg)	30	19.8	15.8	18.4	2.25	1.3
有效铁(mg/kg)	121	91.5	10.3	39.1	21.5	8.9
有效锰(mg/kg)	121	86.7	19.4	45.7	17.3	4.5
有效铜(mg/kg)	121	2.94	1.15	1.83	0.45	2.6
有效锌(mg/kg)	121	6.69	0.23	1.04	1.36	29.1
有效硼(mg/kg)	30	3.29	1.7	2.57	0.46	1.9
缓效钾(mg/kg)	121	1084	828	919	67	1.3

可以看出，速效氮最高为330mg/kg，最低为47mg/kg，最高为最低的7倍，平均含量为123mg/kg，属于较低水平。有效磷最高为193.6mg/kg，最低为4.4mg/kg，最高为最低的44.0倍，平均含量为99.6mg/kg，属于中等水平。速效钾最高为228mg/kg，最低为43mg/kg，最高为最低的5.3倍，平均含量为139mg/kg，属于极低水平。有机质最高为20.49g/kg，最低为7.68g/kg，最高为最低的2.7倍，平均含量为12.53g/kg，属于中等偏低水平。有效硼最高为3.29mg/kg，最低为1.7mg/kg，最高为最低的1.9倍，平均含量为2.57mg/kg。有效锌最高为6.69mg/kg，最低为0.23mg/kg，最高为最低的29.1倍，平均含量为1.36mg/kg。

(三)土壤性状时空变化趋势

2006年孝直镇菜区5万亩菜田抽样化验表明，其有机质比1982年有所提高，有效磷的含量达到102.7mg/kg，是1982年的16.3倍，而速效钾含量相差不大，pH平均为6.29，出现菜田土壤普遍偏酸、磷富集、钾不足的现象（见表16-2）。

表16-2 土壤养分含量统计表

年份	有机质(g/kg)	全氮(g/kg)	速效氮(mg/kg)	有效磷(mg/kg)	速效钾(mg/kg)	pH
1982	10.21	0.781		6.3	140	7.2～7.6
1990			32.67	11.01	111.5	
2006	12.505		124.6	102.7	139.3	6.29

三、土壤理化性状变化原因分析

（一）土壤酸化原因分析

1. 过度施用化肥

多年来，人们为了追求高产，大量施用化肥，其养分不能被作物有效地吸收利用，氮、磷、钾等一些化学物质易被土壤固结，形成各种化学盐分，在土壤中积累，造成土壤养分结构失调，物理性状变差，部分地块有害金属和有害病菌超标，导致土壤板结，养分比例失调，土壤酸化程度日趋严重，土壤性状恶化，造成产品品质降低，如现在的瓜果吃起来不甜，蔬菜吃起来不香，并且容易腐烂，不能存放。而且由于施入过多的化肥，土壤水溶性养分等物质被雨水和农田灌水淋溶到地下水及河流中，造成部分地区的地下水及河流污染，使地下水、河流、湖泊富营养化，导致地下水不好喝，部分河流、湖泊内的鱼虾常发生死亡，给农民带来了损失。

（1）施氮肥

旱田，由于通气状况良好，氧化过程占优势。施入的酰胺态氮、铵态氮最终都变为硝态氮。即便是以蛋白质形态给予的氮，也在微生物的作用下，经胺化、氨化和硝化作用，最终形成硝态氮。

（2）施磷肥

可溶性磷肥（过磷酸钙和磷酸一铵）释放出的磷酸能暂时使施肥局部酸化。普通过磷酸钙含3%～5%的游离酸，本身就是化学酸性肥料，导致土壤酸化。

（3）施钾肥

硫酸钾和氯化钾都是生理酸性肥料。钾离子被作物吸收后，残留的硫酸根、盐酸根，使土壤酸化。

2. 自然因素

（1）植物吸收养分引起的土壤酸化

植物对土壤中阳离子（K^+、NH_4^+、Ca^{2+}、Mg^{2+}）养分元素的吸收，与对阴离子（NO_3^-、SO_4^{2-}、PO_4^{3-}）等养分元素的吸收，不是按阳阴离子的等电荷性进行的。植物根系从土壤吸收养分离子的同时，要向土壤溶液分泌 H^+ 或 OH^- 和 HCO_3^-，以保持体系的电荷平衡。通常分泌的是酸性物质。

(2)土壤中生物的代谢活动

根系、微生物和其他各种各样生物有机体的代谢活动可以引起土壤的酸化。生物代谢不停地产生CO_2、可溶性有机酸、酸性有机残余物等弱酸性物质,它们解离出的质子,可以与土壤交换点位上的盐基离子进行交换作用。例如:

$CO_2 + H_2O = H_2CO_3$

$2H_2CO_3 + Ca^{2+}$－黏粒 $= Ca(HCO_3)_2 + 2H^+$－黏粒

(3)闪电

闪电使大气中的N_2氧化成NO,进一步被氧化成NO_2和HNO_3:

$N_2 \rightarrow NO \rightarrow NO_2 \rightarrow HNO_3$

(4)降水

经空气平衡的降水通常是很稀的碳酸溶液。

(5)土壤水的自动离解也产生H^+,虽然浓度很小,但长期多雨条件下,土中交换性盐基离子被逐渐淋去,而被这些H^+所代替。

(二)土壤有效养分变化原因

长期施用氮、磷、钾化肥和有机肥,对土壤中氮、磷、钾养分都有不同程度的影响,长期施有机肥或有机无机配合施用化肥能改善土壤结构,培肥土壤,提高化肥和有机肥吸收利用率,保持地力久用不衰,保持土壤环境均衡,为农业可持续发展奠定坚实的基础。

1. 有效氮

长期施用化肥,尤其是氮肥,可以提高土全氮及有效氮含量。这是因为施氮肥可增加根茬、系和根分泌物的含量,即增加了归还土壤的有机氮量。有机肥单施能显著提高土壤全氮及有效氮,但其作用不如化学氮肥来得快。在有机肥中,厩肥的作用优于绿肥和秸秆。在某些土壤上,即使施用厩肥,土壤有机氮含量也会缓慢下降。有机肥与无机肥配合施用对于提高土壤氮素含量具有重要意义,既能快速提高土壤中有效氮的含量,又能久保存土壤氮素。

2. 有效磷

磷在植物大量营养元素中占有重要地位,然而,与其他大量营养元素相比,土壤磷的含量相对较低。由于磷肥的残效期较长,重施一次磷肥,其后效至少可持续10年以上。近年来,农民认识到了施磷肥对作物的增产作用,加大了对磷肥的投入,长期施用磷肥,导致土壤变酸,可提高石灰性土壤的有效磷水平。

3. 速效钾

土壤钾素极大,即使长期施用钾肥,对土壤全钾的影响也很难测出,但钾肥能显著提高土壤代换离子的含量。单施无机肥,尤其是氮、磷肥,土壤速效钾含量显著下降。有机肥单施或与无机肥配施,可提高土壤速效钾含量,但由于在在农业生产中,农民种植多年的喜钾作物马铃薯,施入的钾肥少于作物需要的含量,尤其是氮肥和磷肥的过量施用,导致土壤中速效钾含量相对有所下降。

四、土壤改良利用措施

(一)加强农田基本建设

根据制约土壤肥力提高的矛盾，因地制宜地采取各种治水改土的基本建设措施。在改造蔬菜地土壤环境的基础上，培肥土壤，使土壤肥力不断提高。

（二）在作物施肥上要一改过去传统方式，变盲目施肥为优化配方施肥

测土配方施肥是根据不同类型的土壤肥力状况、土壤供肥特点、作物需肥规律和肥效试验结果，提出合理的施肥配方，按照合理的原料配比和采用相关工艺生产的养分齐全的配方肥料。通过开展测土配方施肥，可以合理地确定施肥量和肥料中各营养元素比例，有效提高化肥利用率，有效地控制化肥投入量及各种肥料的比例，减轻环境与资源的负担，达到降低成本、增产增收的目的，另外，测土配方施肥还可以培肥地力、保护生态、协调养分、防治病害、对有限肥源合理分配等。

（三）要增加有机肥在配方施肥中的比重

有机肥具有养分全、肥效长、无污染的特点，高效有机肥可增加土壤有机质含量，提高土壤蓄水、保肥能力，改善土壤的理化性状和团粒结构，提高农产品品质。有机质含量偏低的现象在强酸性土壤甚为普遍，添加有机质肥料，以增加强酸性土壤有机质含量亦有助于土壤物理、化学和生物性能的改良。不但如此，有机质肥料的添加亦具有提升强酸性土壤 pH 的功效，而禽畜粪堆肥的施用对强酸性土壤地力的增进效应更为显著。鸡粪堆肥的 pH 通常较高（有些 pH 甚至高于 8.0），特别适合使用在强酸性土壤中。

（四）要加大对微肥及生物肥料的利用

微肥能平衡作物所需的养分，而生物肥料又能通过自身所含有的微生物分泌生理活性物质，固氮、解磷、解钾、分解土壤中的其他微量养分，提高化肥和有机肥的利用率，改善土壤的理化性状，使土壤能供给作物各种养分，促进作物生长，提高作物产量和产品品质，同时还能分解土壤中的有害化学物质和杀死有害菌群，减少化肥、农药的残留量及有害病菌。

（五）要协调大量元素与微量元素之间的关系

人们在配方施肥中，往往重视氮、磷、钾等大量元素的使用，而忽视了微量元素肥料的施用。增施微量元素或喷施微量元素生长剂及复合生物生长剂，都能使养分平衡供应，促进作物体内营养快速转化，减少有害物质的积累，是促使作物抗病、防病并增加产量、提高品质的好方法。

五、蔬菜测土配方施肥技术

（一）马铃薯测土配方施肥技术

春季早熟栽培马铃薯的方式有地膜小拱棚双膜覆盖、厚膜小拱棚覆盖和地膜平铺三种方式。利用这些方式栽培的马铃薯，可比常规露地栽培的马铃薯提早 10～20 天上市。

1. 选用良种

无论采用何种覆盖方式，应选用早熟、高产、优质、抗病品种。不能用自留种，更不能用自行留种多年、品种老化、种性严重退化的本地种。亩用种量约需 150kg。大薯可切开播种，每个种薯重 20～25g，芽眼 2～3 个。

2. 施足基肥

因覆膜后追肥不方便，肥料应在覆膜前一次性施入。翻耕时亩用腐熟的农家有机肥，

如畜禽粪肥或人粪尿等3000～4000kg，马铃薯专用包膜缓释配方肥(18-8-18)100～150kg，50%的肥料在整地前均匀撒施，50%的沟施混匀，覆土整地做畦，确保肥料与种薯隔离8～10cm。

3. 适时播种覆膜

根据不同的覆盖方式，播种时期也不同，地膜平铺栽培的在2月下旬至3月上旬播种。播种覆土后盖膜前应进行化学除草，防止草害。亩用田捕100～150mL兑水全田细喷雾。施药时要求土壤湿润，田面平整，以提高除草效果。薄膜要细心覆盖，四周用土压实，出苗前要保证密封不漏气。出苗后平铺畦面的地膜应及时破膜放苗，并用泥土封好苗孔，以利增高土温。拱棚覆盖栽培的，遇晴天高温时应通风换气，防止高温烧苗。

4. 加强田间管理

马铃薯盛花期出现旺长时，亩用30mL烯效唑兑水50kg，均匀喷施在植株上，可起到增强植株抗性、减轻病害、防止徒长、提早成熟和提高产量的作用，一般可增产10%～15%以上。马铃薯生长期间的病害主要是晚疫病，发现零星病株时应及时拔除，然后全田用25%瑞毒霉800倍液喷雾防治；虫害主要是二十八星瓢虫和蚜虫。二十八星瓢虫可用80%敌敌畏500倍液喷杀，蚜虫可用10%吡虫啉2000倍液喷杀。

(二)大白菜测土配方施肥技术

1. 选择优良品种

选用抗病、优质丰产、抗逆性强、适应性广、商品性好的品种。

2. 整地播种

上茬作物收获后要及时翻耕晾茬，能消灭病虫杂草，提高地力，要精细整地，做到地平、土碎，为幼苗出土创造良好条件。一般情况下，在立秋前后3～5天播种为宜，高温年份可推迟到8月中旬。抗病、生长期长的晚熟品种可以适当早播，生长期限短的中熟品种可适当晚播几天。一般采用条播与穴播。条播或穴播都要足墒播种，如底墒不足，要先浇水，待水渗下后再播种，确保足墒全苗。

3. 肥水管理

(1)施肥

大白菜产量高，需肥量大，按照有机与无机相结合、基肥与追肥相结合的原则进行施肥。一般亩施优质土杂肥3000kg，硫酸钾型配方肥(20-8-7)50kg或者尿素10kg，硫酸钾复合肥(15-15-15)15kg，结合耕翻整地与耕层混匀。大白菜一般需要三次追肥，第一次追肥为进入莲座期，结合浇水亩施配方肥(20-8-7)20kg或者尿素10kg，过磷酸钙15kg，施肥时要在距离植株8～10cm处开沟施入，不要伤根。第二次追肥在结球初期，追施配方肥(20-8-7)25kg或者尿素10kg，硫酸钾复合肥(15-15-15)10kg。第三次追肥为结球中期，亩施配方肥(20-8-7)10kg或者尿素10kg。收获前30天不再施用肥料。

(2)浇水

播种后及时浇水，保证齐苗、壮苗，定苗、定植或补栽后浇水，促进返苗；莲座初期浇水促进发棵；包心初、中期结合施肥浇水，后期适当控水，促进包心。

第十七章　平阴县玫瑰花地质环境调查

平阴县栽培玫瑰已有1300多年历史，平阴玫瑰是“中国玫瑰”的代表，平阴玫瑰以其花大色艳、香气浓郁而蜚声中外，平阴玫瑰是集绿化、美化、药用、香用、食用于一体的经济植物，俗有“平阴玫瑰甲天下”之称，平阴玫瑰为平阴人民带来了很大的经济效益和社会效益，为提高平阴县的知名度起了很大的推动作用。

一、玫瑰产业发展现状

近几年来，县委县府一直把玫瑰生产作为农村产业结构调整的主导产业来抓，大力实施农业产业化和外向型带动战略，从而大大促进了玫瑰业的发展。

（一）生产能力初具规模

近几年来，全县玫瑰花面积稳定在现在的3万亩，面积扩大了12倍，亩产量由过去的150kg左右提高到现在的450kg，最高单产突破了600kg，全县年产玫瑰鲜花2500吨。

（二）加工能力不断提高，国有、集体、个体企业并举

目前平阴县已有国有、集体及个体加工企业近20家，其中惠农、福胶集团、平阴玫瑰酒业有限公司、九洲玫瑰公司、天源茶厂、康宇玫瑰制品公司、平阴玫瑰开发公司等已形成六大玫瑰系列，产品近50个品种。

二、平阴玫瑰的地宜性

平阴玫瑰主要种植于玫瑰镇、孔村镇、孝直镇、东阿镇的岭坡梯田、近山阶地、山前平地等微地貌单元的堰边地头，很少有大田种植的。图17-1为平阴县玫瑰花种植区域图。

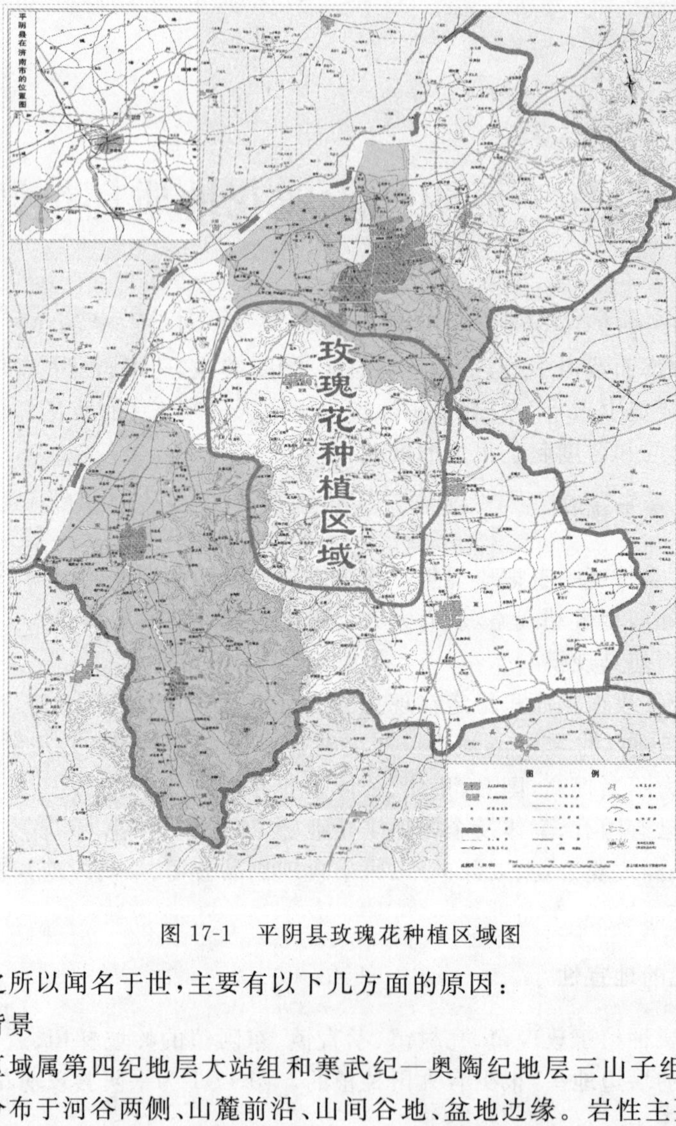

图 17-1 平阴县玫瑰花种植区域图

平阴玫瑰之所以闻名于世，主要有以下几方面的原因：

(一)地质背景

玫瑰种植区域属第四纪地层大站组和寒武纪—奥陶纪地层三山子组，其中大站组出露广，面积大，分布于河谷两侧、山麓前沿、山间谷地、盆地边缘。岩性主要为砂土夹砾石层，含铁锰结核。三山子组全由白云岩组成，与上覆马家沟组及下伏炒米店组均为整合接触。

(二)土壤因素

玫瑰种植区域成土母岩主要为白云质灰岩、大理岩等，成土母质主要为坡积物、洪积物、冲积物、红色黏质土钙质岩类，多发育成褐土，为坡积洪积物褐土或洪积物褐土，土层厚薄不等，肥力不高，灌溉条件差，但排水条件好的岭坡梯田，玫瑰花多种植在梯田的堰边，与小麦、花生等间作，对玫瑰花不直接施肥管理。通过本次测土配方施肥对玫瑰种植区域表层(0～20cm)土壤进行取土化验，化验结果如表 17-1 所示。

表 17-1 玫瑰种植区域表层土壤养分状况

项目	样品个数	最大值	最小值	平均值	标准差
碱解氮(mg/kg)	114	241.18	13.80	76.77	35.31
有效磷(mg/kg)	219	131.8	0.05	17.98	19.99
速效钾(mg/kg)	219	640	70.00	173.65	80.90
有机质(mg/kg)	219	25.60	2.40	13.17	3.38
全氮(g/kg)	90	1.91	0	0.58	0.31
全磷(g/kg)	10	0.78	0.37	0.66	0.17
全钾(g/kg)	30	1217.00	429	808.41	191.18
有效铁(mg/kg)	131	48.33	2.29	13.63	6.81
有效锰(mg/kg)	131	33.22	4.04	14.81	5.49
有效铜(mg/kg)	131	5.01	0.33	1.40	0.64
有效锌(mg/kg)	119	3.03	0.09	121.23	0.55
有效硼(mg/kg)	32	2.04	0.04	0.67	1.83
有效硫(mg/kg)	21	121.39	16.20	35.58	22.71
pH	140	8.09	7.38	7.70	0.2
交换性钙(g/kg)	30	25.6	10.39	18.92	2.5
交换性镁(g/kg)	30	4.07	0.58	1.35	3.1

可以看出，当地 pH 平均为 7.70，有机质含量为 13.17g/kg，全氮为 0.58g/kg，全磷为 0.66g/kg，碱解氮为 76.77g/kg，有效磷为 17.98g/kg，速效钾 173.65Pg/kg，当地土质较为疏松，部分地块耕作层下较为坚硬，耕性及透性良好，适于各种作物生长发育。而且当地土壤的钙、镁含量明显高于其他地区，玫瑰花生长正需要高钙、高镁的土壤环境。

（三）地下水

平阴玫瑰的主产地地下水主要来源是靠大气降雨渗透补给、山区各水库季节性蓄水补给。区域属山区丘陵，地势较高，地下水埋藏深，径流畅通，矿化度较小，无洪涝威胁，但易受寒。

玉带河为区域内唯一河流，属季节性河流，每年河水的大小随降水量的变化而变化。发源于李沟山区，蜿蜒向北，流经玫瑰镇，在玫瑰镇的外山流入黄河，全长 27.5km，流域面积为 193km^2，崔山头村以上为上游段，由自然冲沟形成，崔山头村以下为下游段，1952 年国家投资分期治理，挖河复堤 6.2km，河宽 20～30m，河水流量最大为 28m^3/s，枯水流量为 0.5 m^3/s。

2006 年平阴县国土资源局的《山东省平阴县生态地球化学调查项目》对平阴县浅层地下水进行了采集及分析。采样密度为 1 件/16hm^2，采样点布设在采样格子中间部位的水井、泉等，做到了均匀分布。对浅层地下水进行取样，分析了 21 项指标。亚硝酸根、高锰酸钾指数、氯化物、氟化物、pH5 项指标分析由山东省地质环境监测总站承担；铁、锰、锌等 16 项指标分析由山东省地质科学研究院承担。各项分析指标的检测方法及检出限如表 17-2 所示。

表 17-2 浅层地下水样品分析方法及检出限表

元素	方法名称	检出限(mg/L)	元素	方法名称	检出限(mg/L)
Fe	光度法	0.03	Ni	ICP-ms	0.03
Mn	ICP 光谱法	0.008	Be	ICP-ms	0.005
Zn	ICP 光谱法	0.01	Ba	ICP-ms	0.01
Cu	ICP 光谱法	0.08	Co	ICP-ms	0.05
Mo	光度法	0.0001	Mg	光度法	5
Cd	光度法	0.0001	pH	离子剂法	0.1
As	原子荧光法	0.0005	Cr^{6+}	光度法	0.01
Pb	ICP 光谱法	0.005	亚硝酸根	滴淀法	0.5
Se	荧光法	0.00025	高锰酸钾根	光度法	2
Ca	光度法	8	氯化物	离子色谱仪法	0.04
Hg	光度法	0.0004	氟化物	光度法	0.006

玫瑰种植区域浅层地下水分析数据如表 17-3 所示。

表 17-3 玫瑰种植区域浅层地下水分析数据报出率及 RD 检验统计表

指标	报出率	重复性检验			指标	报出率	重复性检验		
		RD_{max}	n	合格率(%)			RD_{max}	n	合格率(%)
Fe	100	19.46	0	100	Ni	38.89			
Mn	100	3.64	0	100	Be	42.03			
Zn	100	19.68	0	100	Ba	100	0.24	0	100
Cu	38.89				Co	38.89			
Mo	100	0.11	0	100	Mg	100	1.3	0	100
Cd	42.59				pH	100	1.32	0	100
As	38.89				Cr^{6+}	40.74			
Pb	100	11.47	0	100	亚硝酸根	94.4	19.6	0	100
Se	40.74				高锰酸钾指	100	18.26	0	100
Ca	100	5.99	0	100	氯化物	100	2.8	0	100
Hg	40.74				氟化物	100	0.3	0	100

从浅层地下水检测结果看，各项化验指标较满意，总报出率约 75%，其中 pH、亚硝酸

盐(NO_2^-)、高锰酸钾指数(COD)、氯化物(Cl^-)、氟化物(F^-)、Fe、Mn、Zn、Mo、Pb、Ca、Mg、Ba、Be报出率达100%;Co、Hg、As等元素含量低,很难检出,报出率不到50%。每批样品(50件)插入2件平行样品,以检验重复分析质量。重复采样测试结果表明,凡报出的各项指标合格率均为100%,达到规范要求。

(四)地形因素

平阴玫瑰的主产地在玫瑰镇的翠屏山下的玉带河畔,多种植于岭坡梯田、近山阶地、山前平地等微地貌单元的堰边地头。这里四周山峦环绕,中间谷地狭长,气候温和,雨雪蒸发量较小,冬季早春雨雪较多,有利于玫瑰的生长发育。从萌动到开花期间,气温上升比较稳定,花期雨少,光照充足。正是这独特的小气候、特殊的地形、特殊的土壤环境,造就了浓郁芳香的平阴玫瑰。

(五)气候

平阴县玫瑰镇属暖温带半湿润区大陆性季风气候,其特点是:气候温和,四季分明。冬季寒冷少雨雪,春季干旱多风,夏季炎热多雨,秋高气爽温差大,有利于作物的生长发育。本地光照资源丰富,日照时数长,光照充足,有利于作物的光合作用。常年平均日照时数为2484.7小时,占全年可照时数的54%,平均积温4920℃,常年以5月日照时数为最多,平均为269.44小时,12月最少,为164.4小时。玫瑰镇年平均气温13.6℃,7月最高为27.4℃ ,1月最冷,平均为-1.9℃ 。平均霜期为161.9天,最多为181天,最少为127天。早霜始于10月中旬,晚霜终于四月中旬,夜间凉爽,昼夜温差大,有利于各种作物的养分积累。玫瑰镇降雨量偏少,且集中在盛夏季节,年际变化大,年平均降雨量为658.6mm,春季降雨量偏少,常年水量仅为84mm,是年降雨量的12.8%。春季降雨量少,玫瑰花的病虫害发生轻,有利于花的生长发育及提高花的质量。

三、玫瑰花肥料试验

平阴县玫瑰花虽栽植历史悠久,但在管理上比较粗放,生长习性掌握不够,限制了玫瑰花产量和品质的提高。为尽快掌握玫瑰花的生长习性和对环境的要求,科学管理,配方施肥,提高产量和质量,促进玫瑰花产业的迅速发展,特制定玫瑰花的配方施肥试验。

(一)试验地点

田间小区试验安排在平阴县玫瑰花研究所,地处山东省济南市平阴县玫瑰镇,属纯山区,为低山丘陵台地,起伏不大,坡度多较缓和。土壤类型为褐土,轻壤,水浇条件良好。

(二)试验时间

2009年3月至2009年7月。

(三)试验设计

1. 试验地选择

试验在两年以上嫁接玫瑰花园进行,地势平坦、整齐、肥力均匀,具有较好的代表性。小区试验需地2亩以上,对比试验需地1.5亩以上。小区试验和对比试验在地块相邻的农户。该试验地处平原,水浇条件良好。土壤类型为轻壤表黏腰洪积物褐土,0~20cm轻壤,20~50cm中壤。

2. 肥料田间小区试验

7个处理组成磷、钾两因素肥效试验方案，研究玫瑰花的磷、钾肥最佳施肥量。每处理小区长50m、宽2m，面积为100m²。试验区设置保护行2行，小区间隔100cm，各处理随机排列，重复三次。根据不同试验地点土壤养分状况，确定玫瑰花的施肥量第二水平($N_2P_2K_2$)为：N 10 、P_2O_5 5、K_2O 10。

试验前按地块取土化验养分状况，试验结束按小区取土化验养分状况(见表17-4)。

表17-4 试验前供试土壤基本理化性状

试验地点	取样深度(cm)	有机质(g/kg)	全氮(g/kg)	碱解氮(mg/kg)	有效磷(mg/kg)	速效钾(mg/kg)	pH
玫瑰花研究所	0～20	12.35	0.77	123.47	21.32	168	7.67

表17-5为试验小区施肥量明细表。

表17-5 肥料试验小区施肥量明细表

处理号	处理	施纯养分量(kg/666.7m²)			施尿素量(kg/100m²)	施磷肥量(kg/100m²)	施氯化钾量(kg/100m²)
		N	P_2O_5	K_2O			
1	$N_0P_0K_0$	0.00	0.00	0.00	0.00	0.00	0.00
2	$N_1P_1K_1$	5.00	2.50	5.00	1.63	3.12	1.25
3	$N_2P_2K_2$	10.00	5.00	10.00	3.26	6.24	2.50
4	$N_2P_2K_3$	10.00	5.00	15.00	3.26	6.24	3.75
5	$N_2P_3K_2$	10.00	7.50	10.00	3.26	9.36	2.50
6	$N_3P_2K_2$	15.00	5.00	10.00	4.90	6.24	2.50
7	常规施肥	15.00	15.00	15.00	4.90	18.72	3.75

说明：小区面积100m²，施肥量的单位是千克，尿素含N:46%，磷肥含量P_2O_5:12%，氯化钾含K_2O:60%，习惯施肥平均用量为该产量水平的50农户的平均施肥的用量，有机肥为优质腐熟的圈肥。

3. 施肥时间方法

追肥时间：2009年3月4日，一次施足。

追肥方法：在玫瑰花植株两侧开沟撒施，施后盖土，沟深15～20cm。

4. 观测记载项目

叶面积：分别于4月24日、5月29日、6月29日调查一次，每个处理中随机采30片鲜复叶，量算叶面积。

叶绿素：调查时间同上，每个处理取0.5g鲜叶进行分析测定。

新生枝条增加量：6月29日，每小区选取代表性的3棵，分别查处老枝和新生枝条数，再以老枝为基础计算新生枝条所增加的(本棵上的新枝条与本棵上的老枝条相比较计算)分数。

花产量：收花期间每区单收称重计产，最后折算成亩产。

(四)试验结果

1. 叶面积

从表 17-6 可以看出,合理施肥对叶面积有明显的增大,配方施肥处理 3 占第一位,不施肥的处理 1 最低。

表 7-6 三十片复叶面积

取样日期	处理 1	处理 2	处理 3	处理 4	处理 5	处理 6	处理 7
(一)4 月 24 日	293.7	347.6	340.2	303.5	280.2	336.2	291
(二)5 月 29 日	368.6	287.2	352.4	319.3	338.5	262.7	315.7
(三)6 月 29 日	301.6	405	484.1	494.8	366.8	496.7	442.4
合计	963.9	1039.8	1176.7	1117.6	985.5	1095.6	1049.1
平均	321.3	346.6	392.2	372.5	328.5	365.2	349.7
位次	7	5	1	2	6	3	4

2. 叶绿素测定结果

从表 17-7 可以看出,处理 3 和处理 6 叶绿素最高,可初步说明合理施肥对叶绿素的增加起一定的作用。

表 7-7 叶绿素分析

取样日期	处理 1	处理 2	处理 3	处理 4	处理 5	处理 6	处理 7
(一)4 月 24 日	0.39	0.33	0.43	0.46	0.31	0.44	0.42
(二)5 月 29 日	0.2736	0.2927	0.331	0.292	0.4054	0.355	0.3488
(三)6 月 29 日	0.309	0.39	0.369	0.329	0.3	0.328	0.322
合计	0.9726	1.0127	1.13	1.081	1.0154	1.123	1.0908
平均	0.324	0.337	0.38	0.36	0.338	0.374	0.364
位次	7	6	1	4	5	2	3

3. 新生枝条增加量

通过新枝条与老枝条相互比较,从表 7-8 可以看出氮、磷、配合施肥对新生枝条的增加起着显著的作用,新枝条比老枝条多增加 124.7%～150%,处理 3 居首位,而不施肥的处理 1 仅增 91.7%。

表 17-8 老枝条与新枝条比较

取样日期	处理1		处理2		处理3		处理4		处理5		处理6		处理7	
	老	新	老	新	老	新	老	新	老	新	老	新	老	新
(一)4月24日	9.3	4	9.3	7.3	5.6	7.6	8.6	11.3	7	9.3	10.3	7.3	4	6
(二)5月29日	8.3	10.7	8	10.3	5	9.7	7.3	8.7	7	7.3	6.7	9	8.3	6.3
(三)6月29日	7.6	8.3	8.3	10	6.7	8.7	5.3	7.7	8	10.7	6.3	1.	6	11.3
合计	25.2	23	25.6	27.6	17.3	26	21.2	27.7	22	27.3	23.3	26.3	18.3	23.6
平均	8.4	7.7	8.5	9.2	5.8	8.7	7.1	9.2	7.3	9.1	7.8	8.8	6.1	7.9
新条增加%		91.7		108.2		150		129.6		124.7		112.8		129.5
位次	7		6		1		2		4		5		3	

4. 花产量分析结果

试验结果表明，处理3叶面积、叶绿素、新生枝条增加量、花产量均居首位，处理1各项指标均居末位(见表17-9)。

表 17-9 玫瑰花小区产量（折亩产）

取样日期	处理1	处理2	处理3	处理4	处理5	处理6	处理7
(一)4月24日	203.3016	170.6853	217.2086	198.3992	171.8859	234.3171	207.5037
(二)5月29日	105.7529	145.2726	168.084	172.8864	118.4592	104.5523	165.8829
(三)6月29日	106.4532	105.6528	128.8644	137.2686	162.4812	134.2671	112.1561
合计	415.5077	421.6107	514.157	508.5542	452.8263	473.1365	495.5477
平均	138.4692	140.5703	171.3857	169.4847	150.9755	157.6788	161.7809
位次	7	6	1	2	5	4	3

(五)试验分析

通过对各施肥小区的产量、叶面积、叶绿素、新生枝条增加量进行分析可以看出，合理施肥对玫瑰的叶面积、叶绿素、新生枝条增加量有明显的促进作用，进而提高玫瑰花的产量。玫瑰花是多年生花卉植物，每年5月开花，花期1个月，由于本试验第一年施肥量是在2009年3月4日施入，时值花芽分化(玫瑰花的花芽分化是在春秋季节两次高峰)后期，所以施肥对花产量影响不大，而是对植株的营养生长有较大的作用，所以准确测定施肥对花的产量影响则需第二年、第三年才能更加明显。

附 图

平阴县土壤图

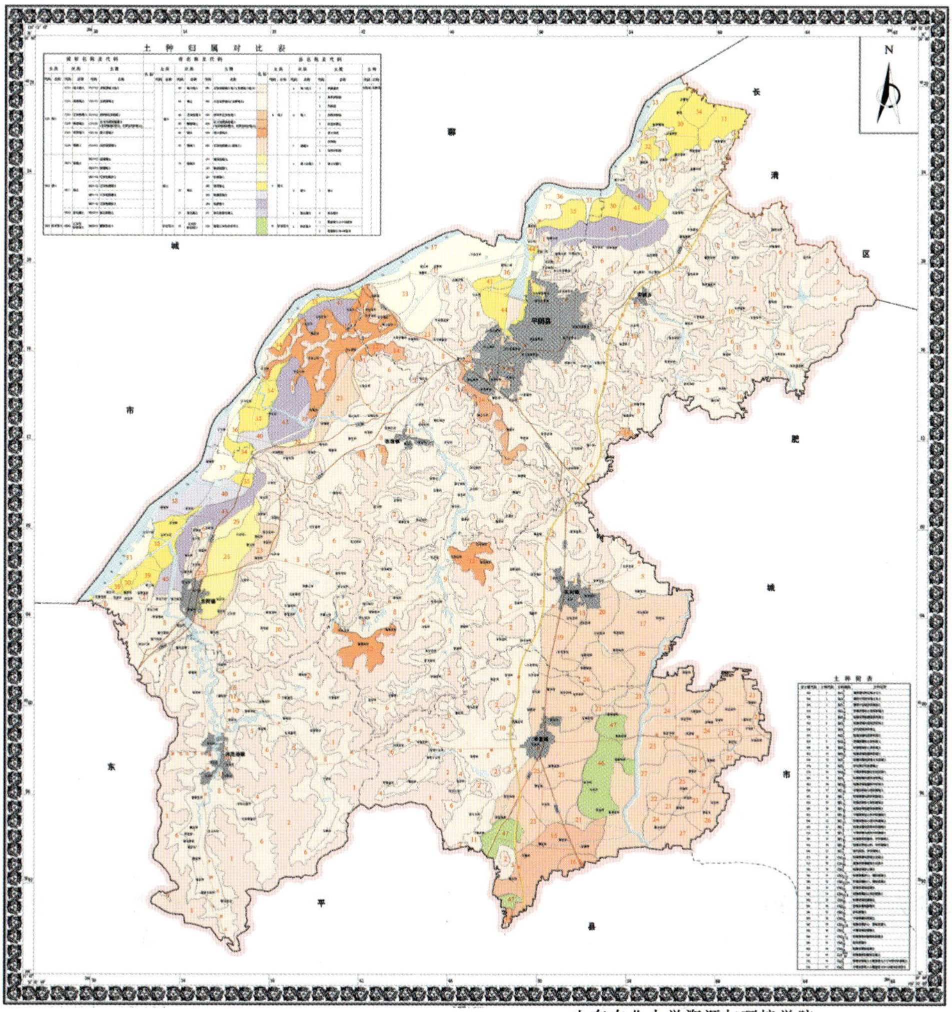

1954年北京坐标系　1956年黄河高程系　　比例尺1：300000　　山东农业大学资源与环境学院　山东天地亚太国土遥感有限公司　二〇〇九年十月

平阴县土地利用现状图

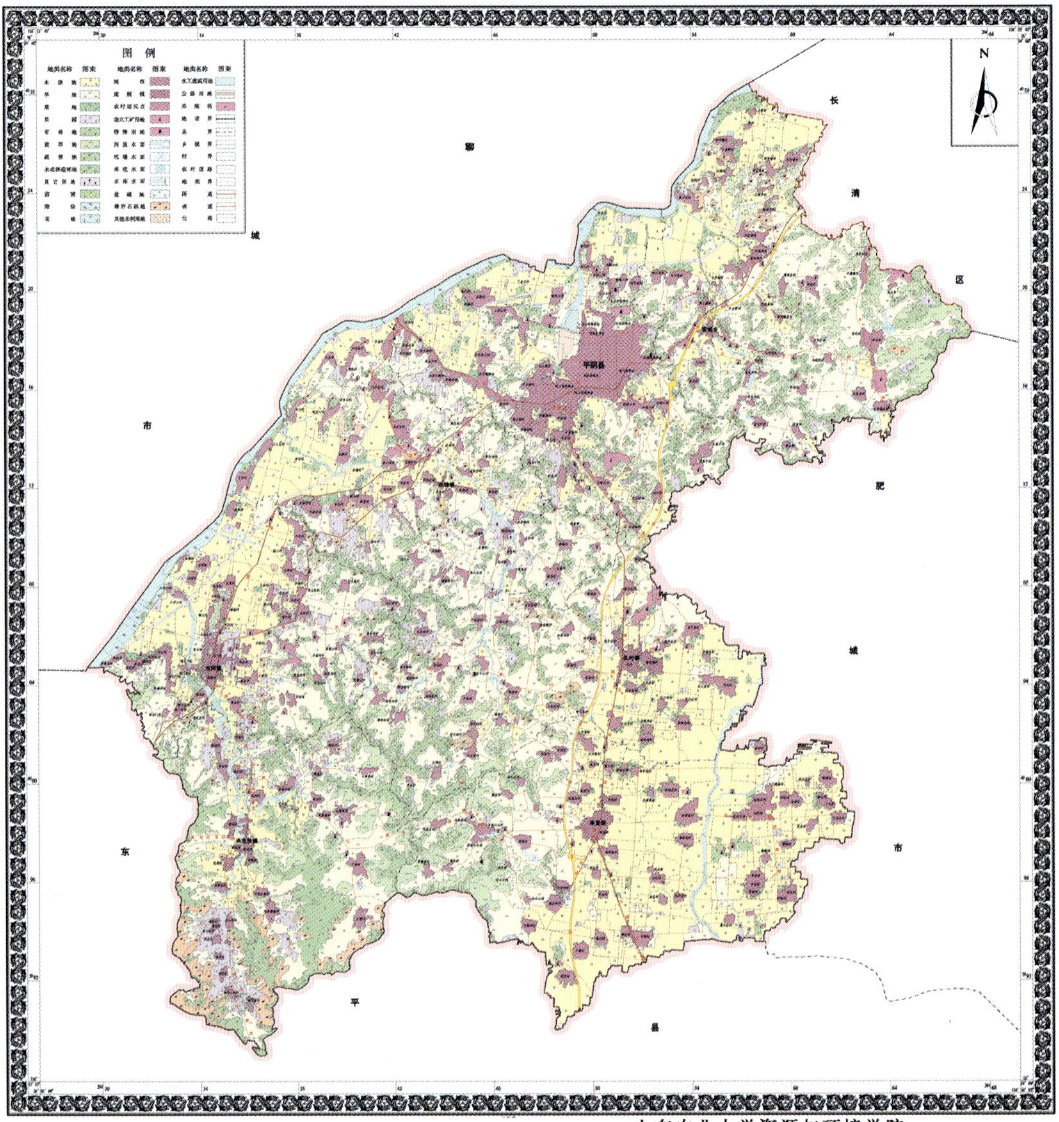

1954年北京坐标系　1956年黄河高程系　　比例尺1：300000

山东农业大学资源与环境学院
山东天地亚太国土遥感有限公司　二〇〇九年十月

平阴县灌溉分区图

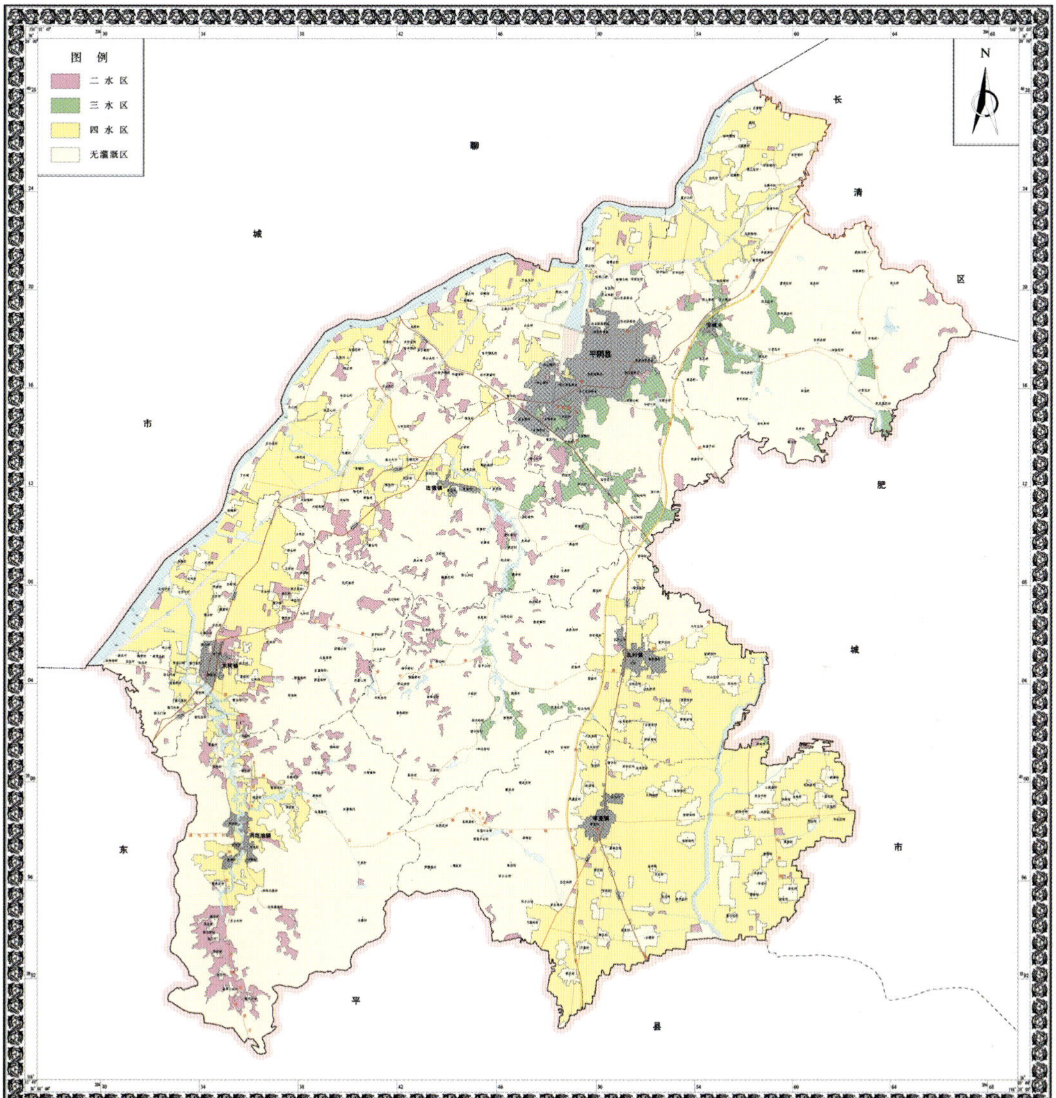

1954年北京坐标系　1956年黄河高程系　　比例尺1：300000　　山东农业大学资源与环境学院　山东天地亚太国土遥感有限公司　二〇〇九年十月

平阴县地貌图

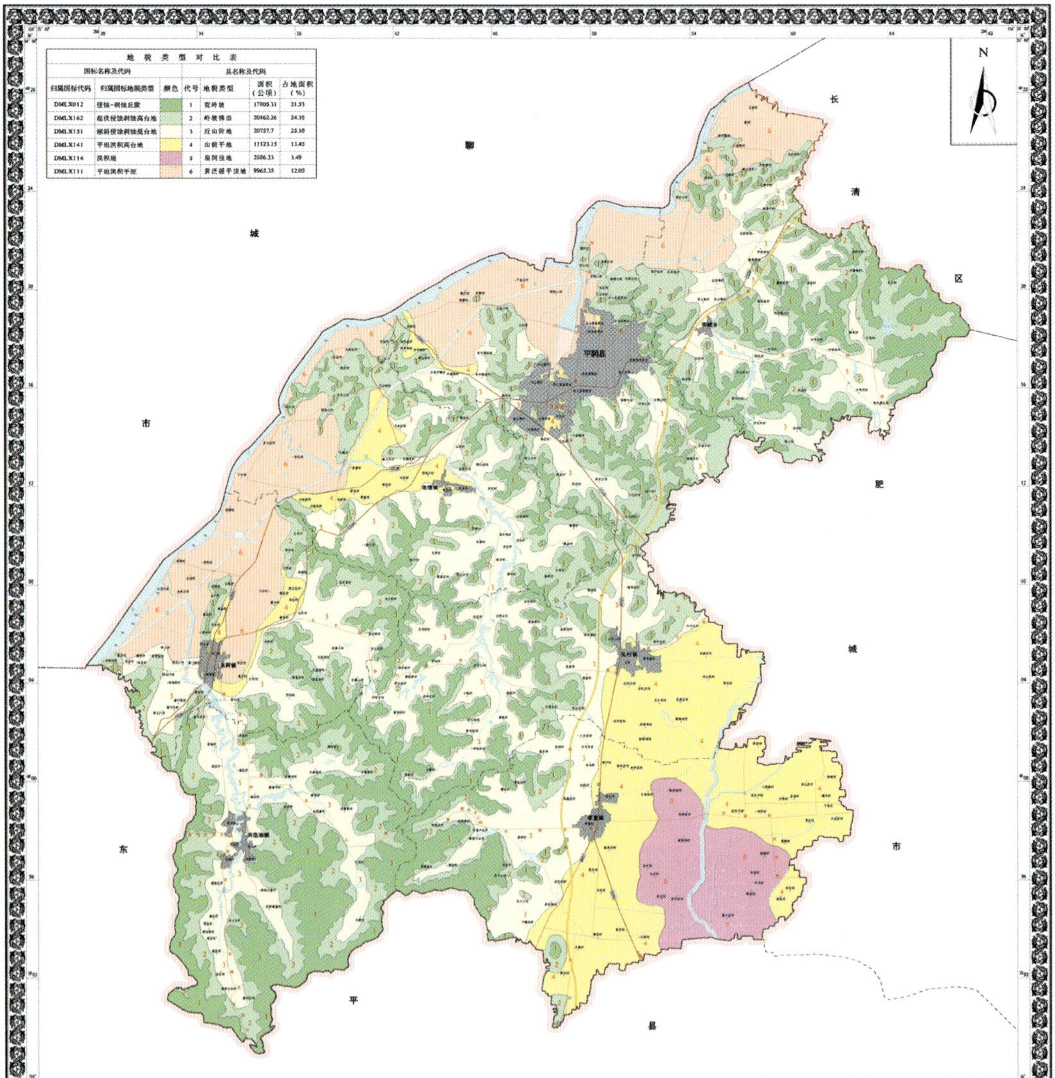

1954年北京坐标系　1956年黄河高程系　　　比例尺1：300000　　　山东农业大学资源与环境学院
山东天地亚太国土遥感有限公司　二〇〇九年十月

平阴县坡度图

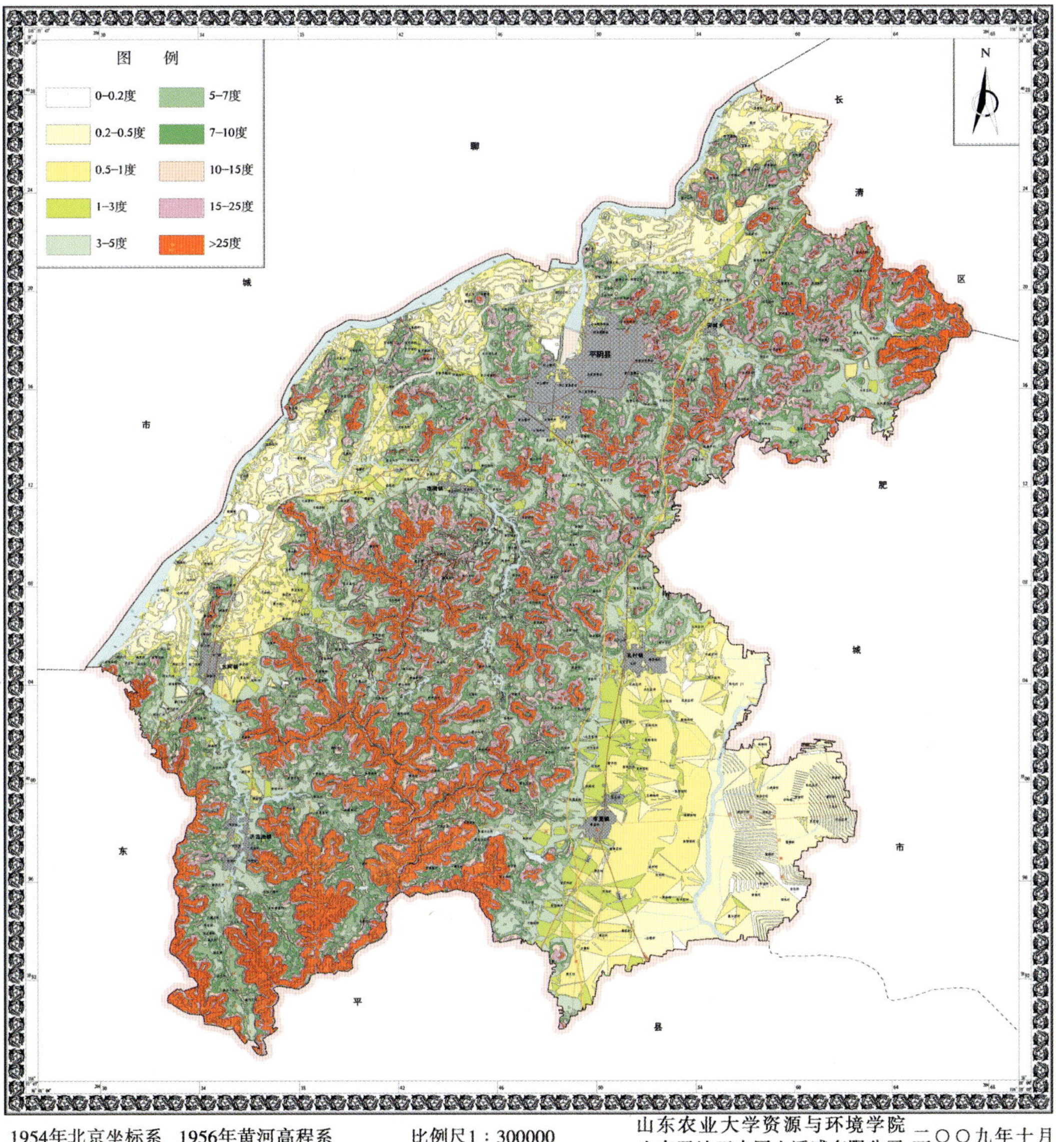

1954年北京坐标系 1956年黄河高程系 比例尺1：300000 山东农业大学资源与环境学院 山东天地亚太国土遥感有限公司 二〇〇九年十月

平阴县耕地地力调查点点位图

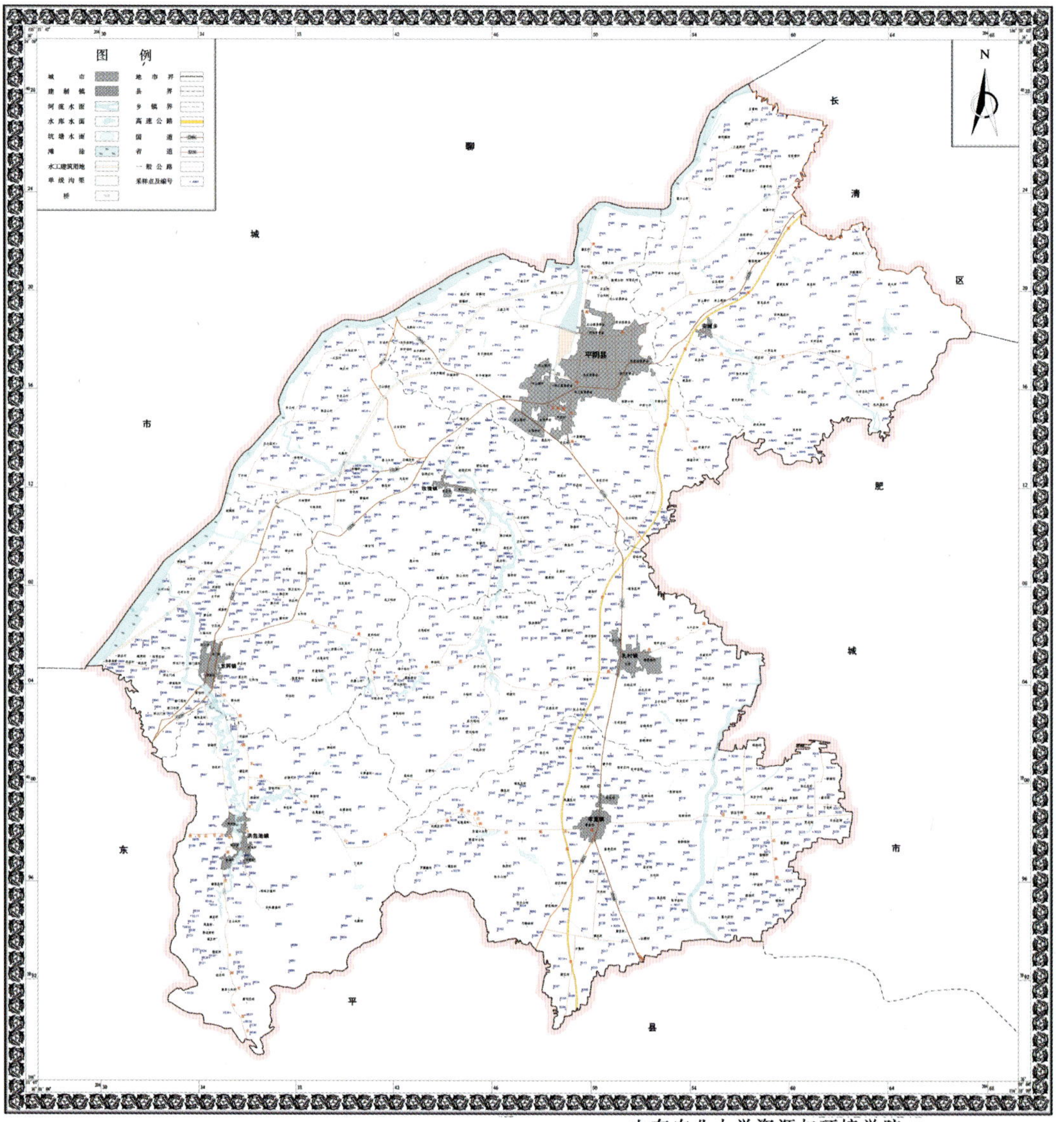

1954年北京坐标系　1956年黄河高程系　　比例尺1：300000　　山东农业大学资源与环境学院　山东天地亚太国土遥感有限公司　二〇〇九年十月

平阴县耕地地力评价等级图

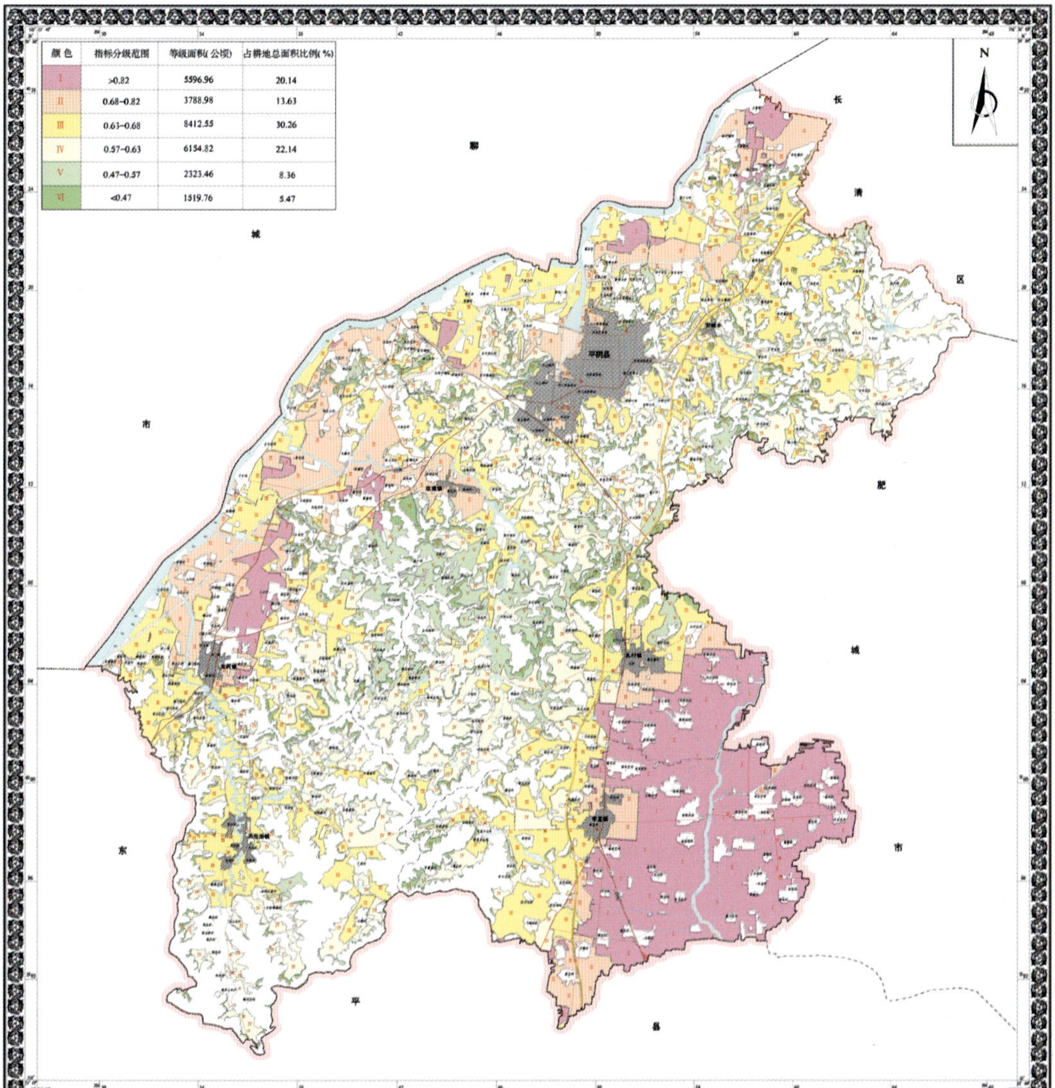

1954年北京坐标系　1956年黄河高程系　　比例尺1：300000　　山东农业大学资源与环境学院
山东天地亚太国土遥感有限公司　二〇〇九年十月

平阴县土壤pH分布图

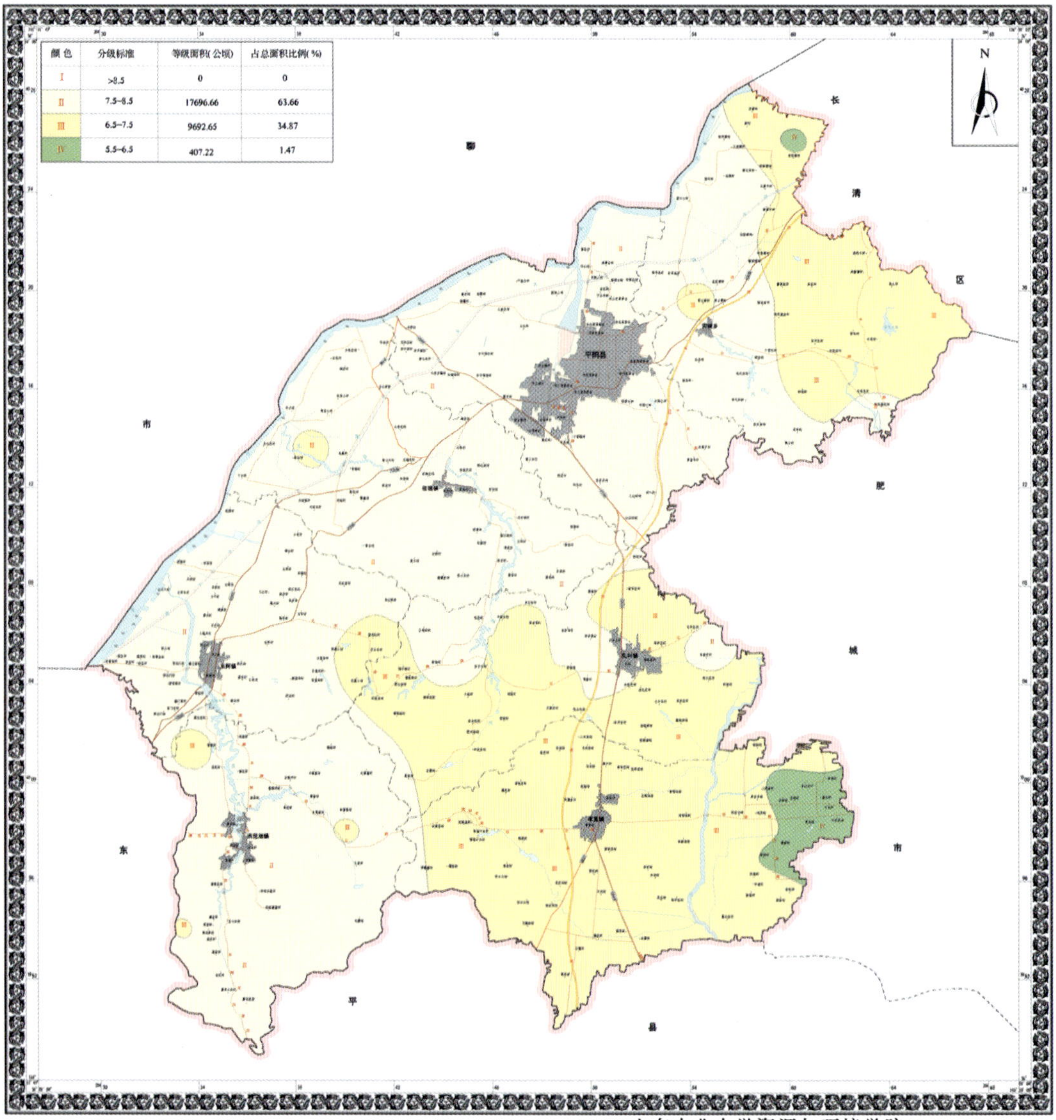

1954年北京坐标系 1956年黄河高程系 比例尺1：300000 山东农业大学资源与环境学院 山东天地亚太国土遥感有限公司 二〇〇九年十月

平阴县土壤全氮含量分布图

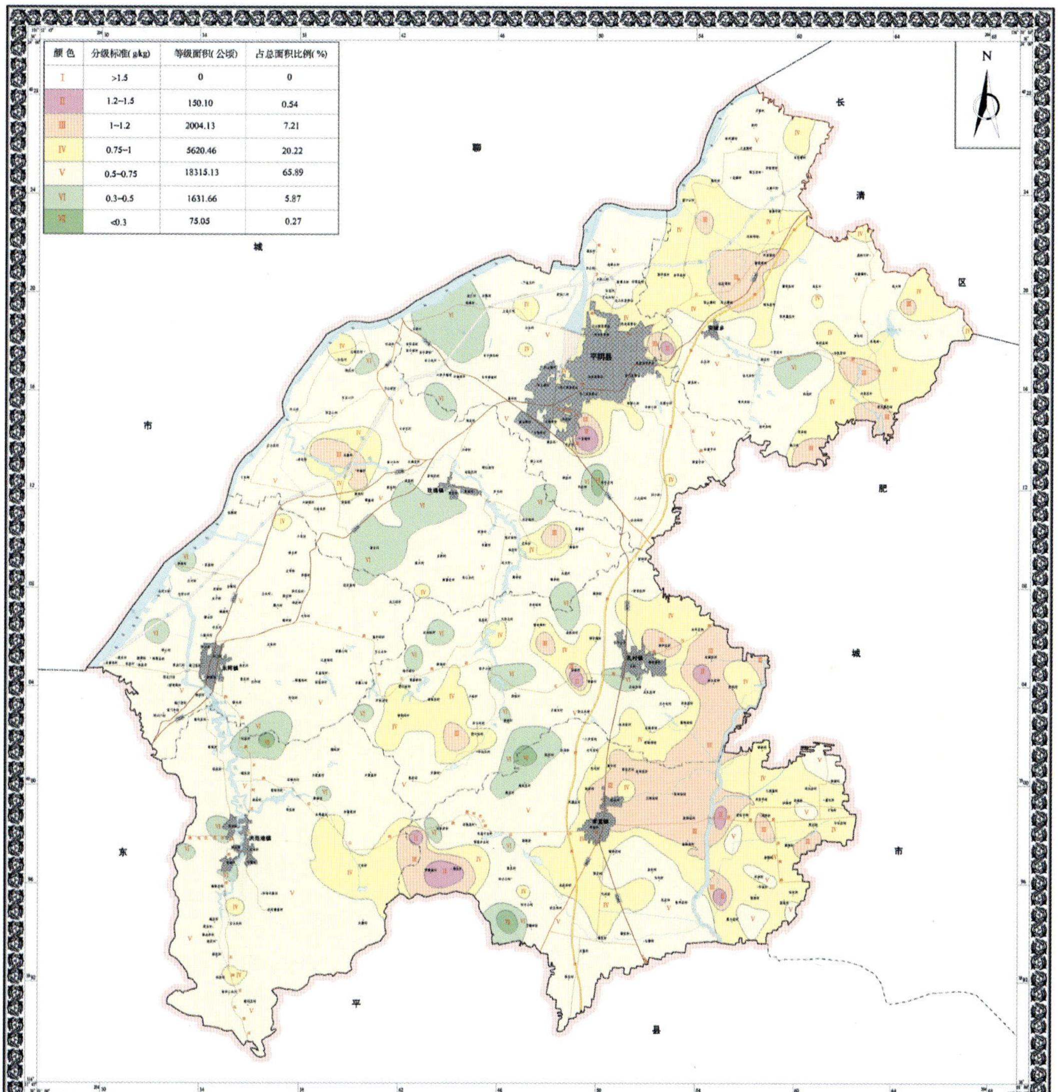

颜色	分级标准(g/kg)	等级面积(公顷)	占总面积比例(%)
Ⅰ	>1.5	0	0
Ⅱ	1.2~1.5	150.10	0.54
Ⅲ	1~1.2	2004.13	7.21
Ⅳ	0.75~1	5620.46	20.22
Ⅴ	0.5~0.75	18315.13	65.89
Ⅵ	0.3~0.5	1631.66	5.87
Ⅶ	<0.3	75.05	0.27

1954年北京坐标系　1956年黄河高程系　　比例尺1：300000　　山东农业大学资源与环境学院
山东天地亚太国土遥感有限公司　二〇〇九年十月

平阴县土壤有效硫含量分布图

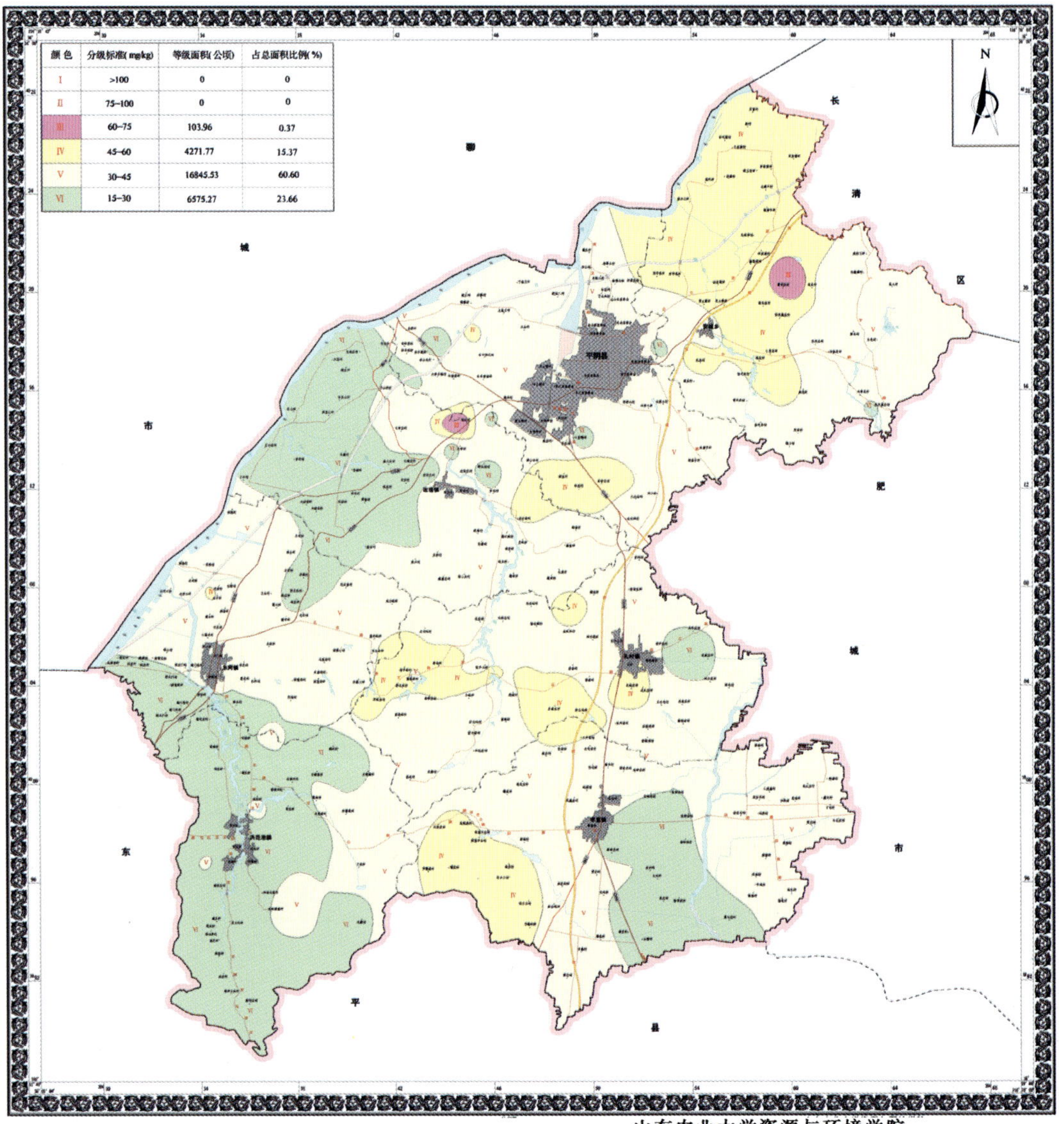

颜 色	分级标准(mg/kg)	等级面积(公顷)	占总面积比例(%)
Ⅰ	>100	0	0
Ⅱ	75~100	0	0
Ⅲ	60~75	103.96	0.37
Ⅳ	45~60	4271.77	15.37
Ⅴ	30~45	16845.53	60.60
Ⅵ	15~30	6575.27	23.66

1954年北京坐标系 1956年黄河高程系 比例尺1：300000 山东农业大学资源与环境学院 山东天地亚太国土遥感有限公司 二〇〇九年十月

平阴县土壤有效硼含量分布图

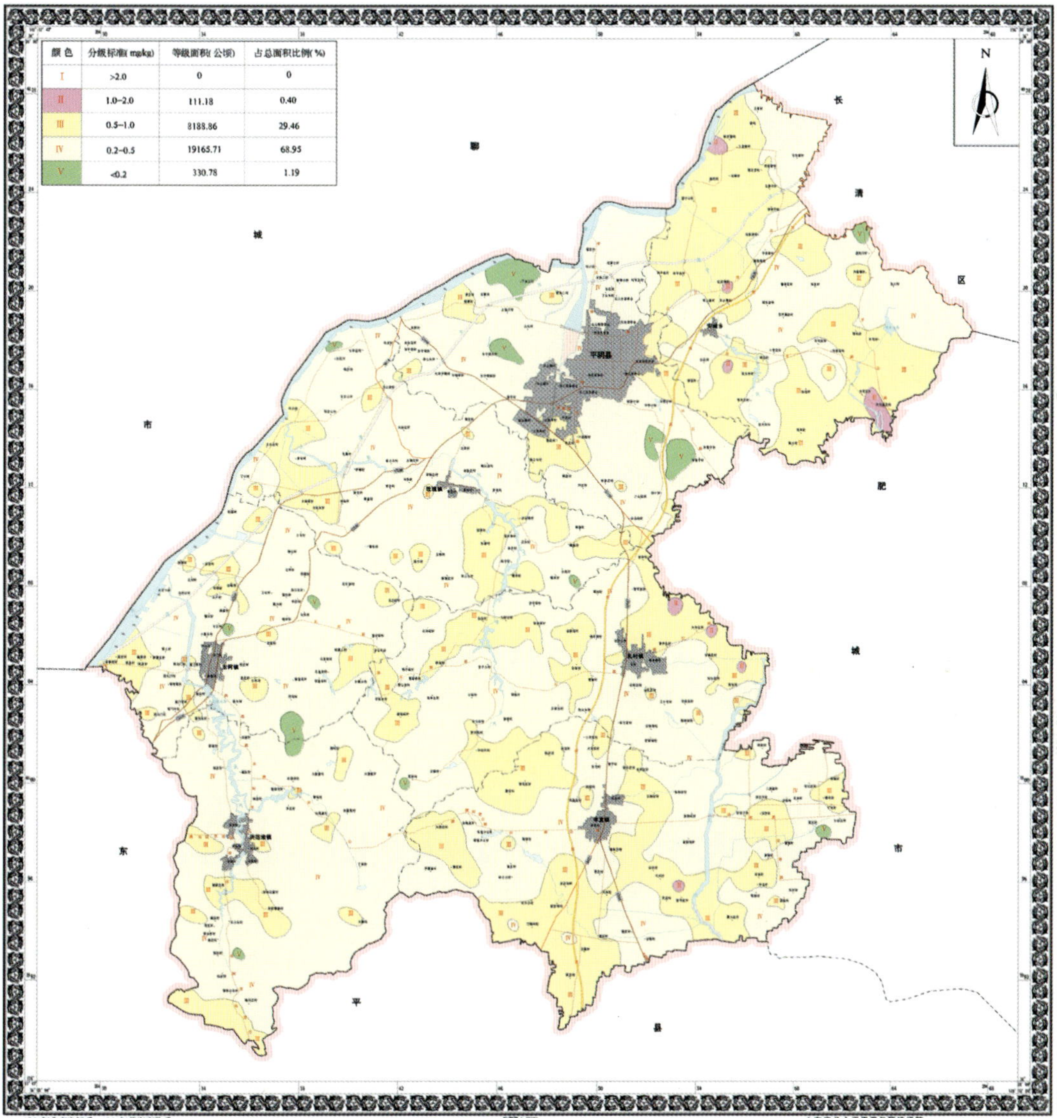

1954年北京坐标系　1956年黄海高程系

山东农业大学资源与环境学院
山东天地亚太国土遥感有限公司　二〇〇九年十月

平阴县土壤有效磷含量分布图

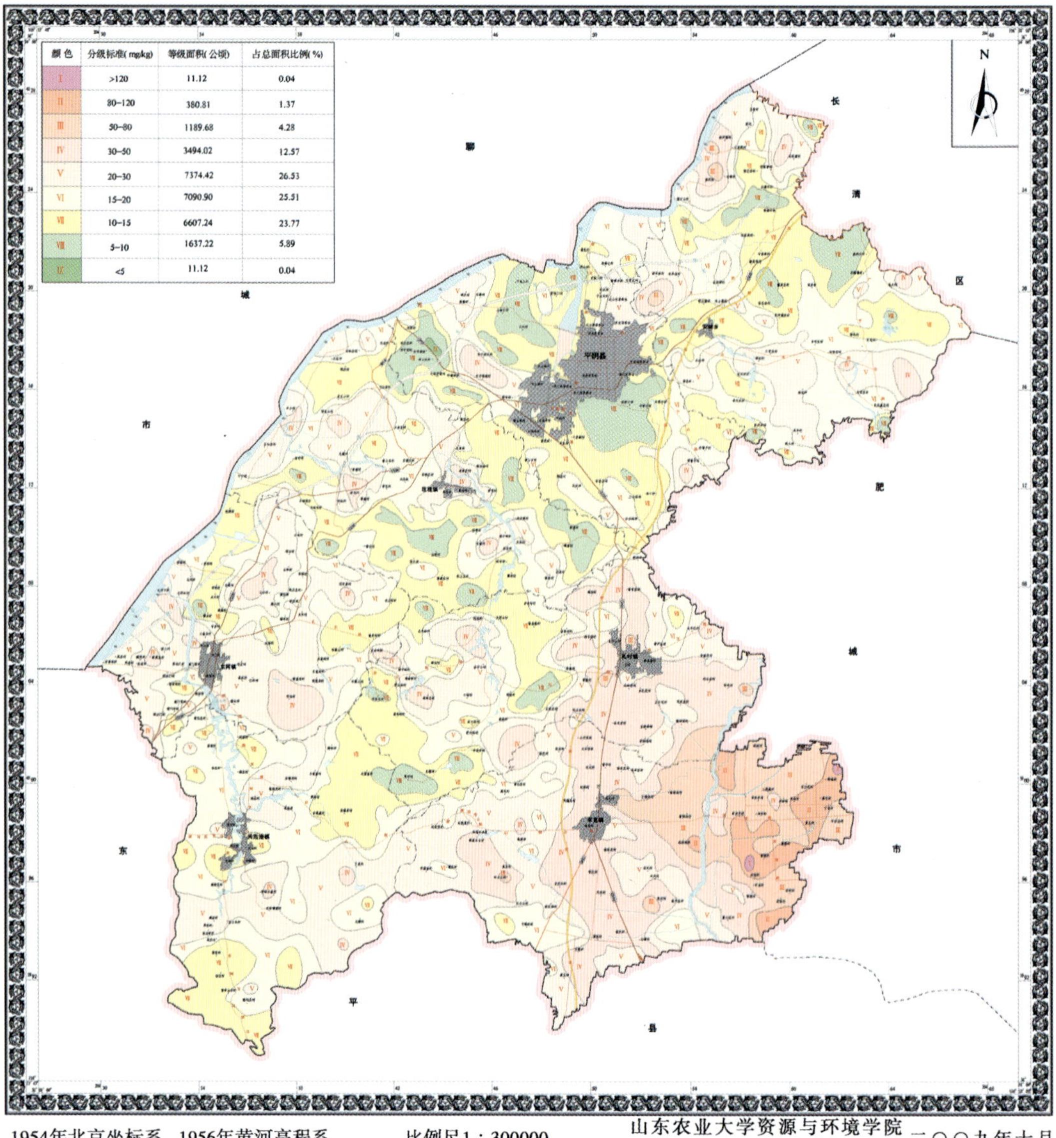

颜色	分级标准(mg/kg)	等级面积(公顷)	占总面积比例(%)
Ⅰ	>120	11.12	0.04
Ⅱ	80~120	380.81	1.37
Ⅲ	50~80	1189.68	4.28
Ⅳ	30~50	3494.02	12.57
Ⅴ	20~30	7374.42	26.53
Ⅵ	15~20	7090.90	25.51
Ⅶ	10~15	6607.24	23.77
Ⅷ	5~10	1637.22	5.89
Ⅸ	<5	11.12	0.04

1954年北京坐标系　1956年黄河高程系　　比例尺1：300000　　山东农业大学资源与环境学院　山东天地亚太国土遥感有限公司　二〇〇九年十月

平阴县土壤有效铁含量分布图

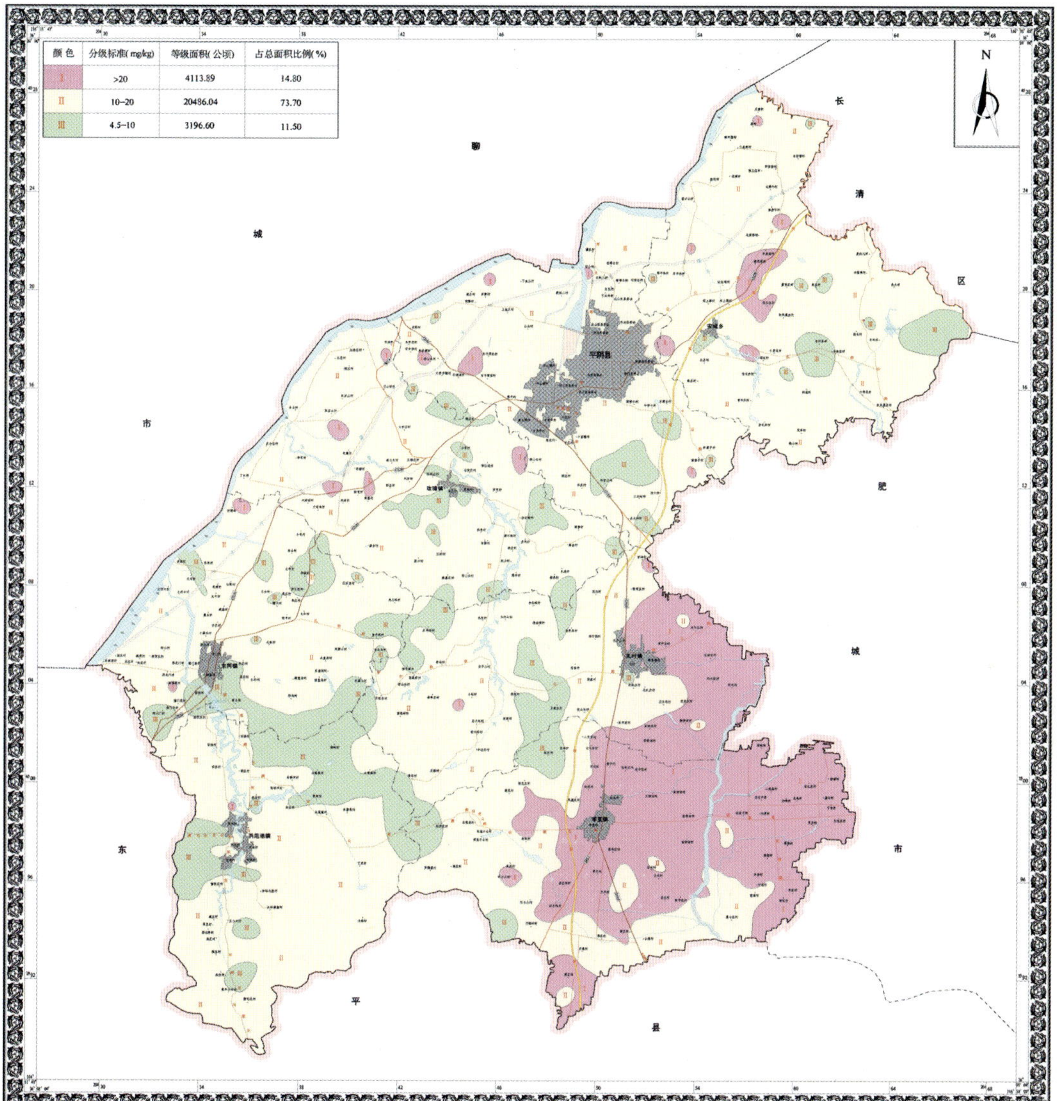

1954年北京坐标系　1956年黄河高程系　　比例尺1：300000　　山东农业大学资源与环境学院　山东天地亚太国土遥感有限公司　二〇〇九年十月

平阴县土壤有效铜含量分布图

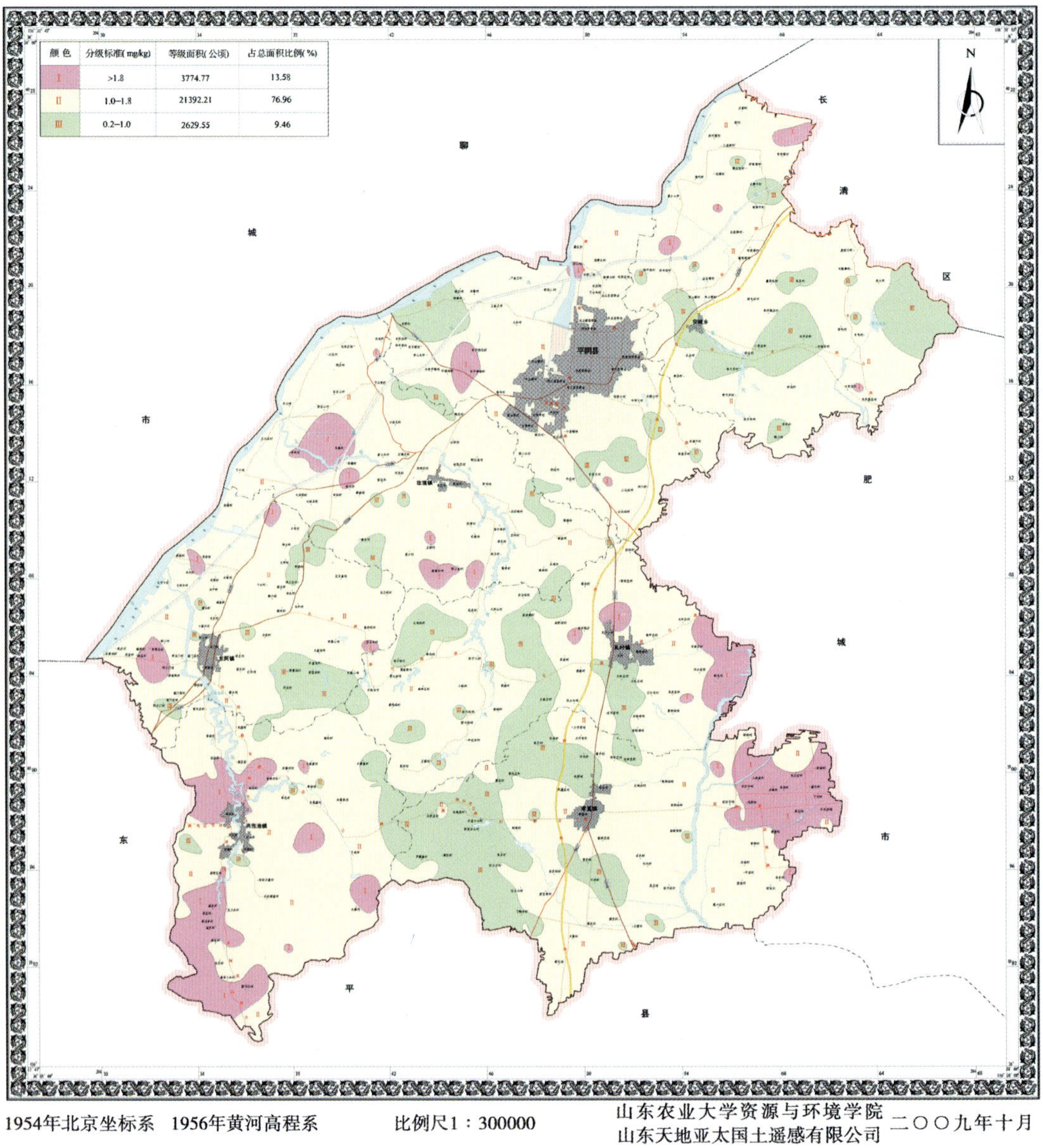

1954年北京坐标系　1956年黄河高程系　　比例尺1：300000　　山东农业大学资源与环境学院　山东天地亚太国土遥感有限公司　二〇〇九年十月

平阴县土壤有效锌含量分布图

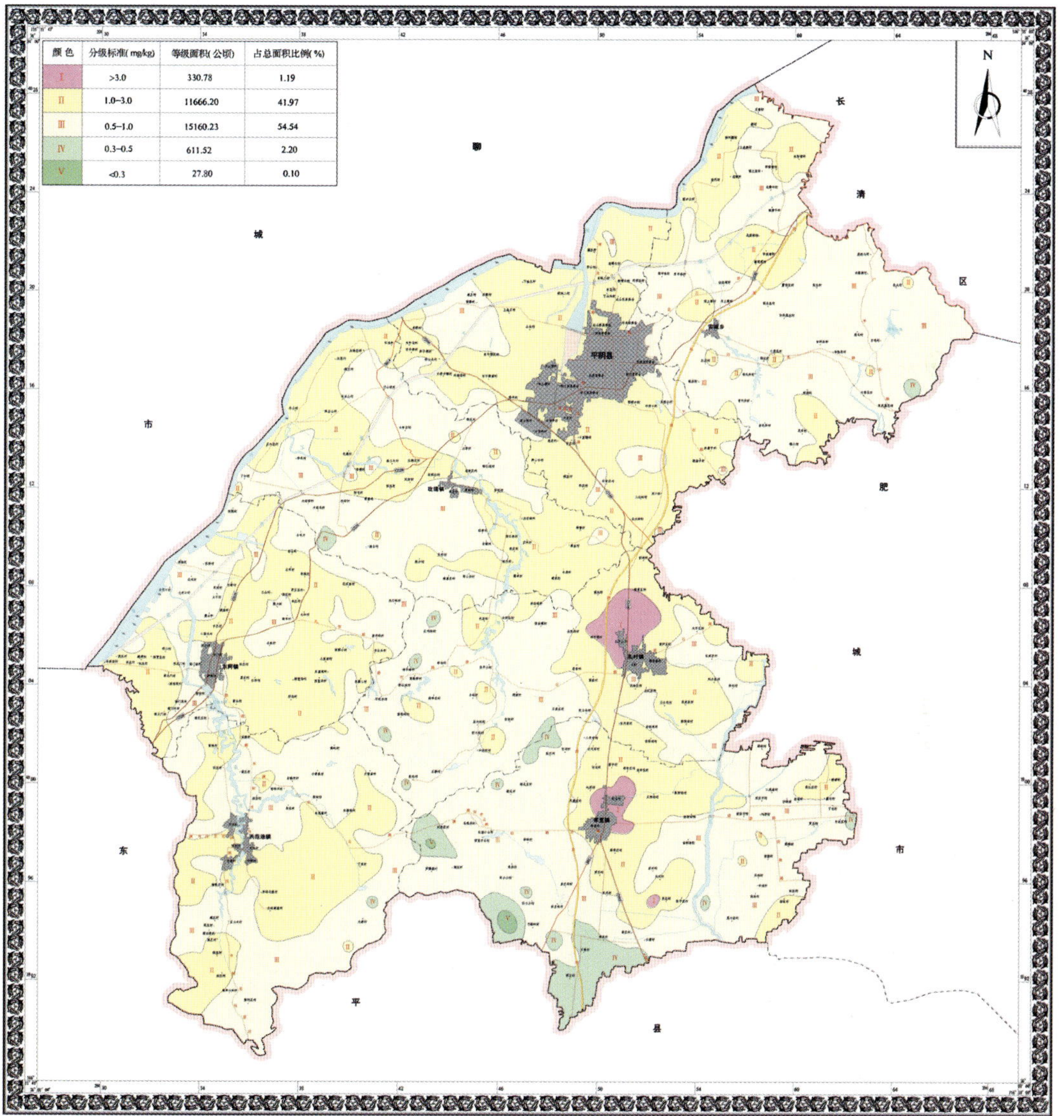

颜色	分级标准(mg/kg)	等级面积(公顷)	占总面积比例(%)
I	>3.0	330.78	1.19
II	1.0~3.0	11666.20	41.97
III	0.5~1.0	15160.23	54.54
IV	0.3~0.5	611.52	2.20
V	<0.3	27.80	0.10

1954年北京坐标系　1956年黄河高程系　　比例尺1：300000　　山东农业大学资源与环境学院
山东天地亚太国土遥感有限公司　二〇〇九年十月

平阴县土壤有效锰含量分布图

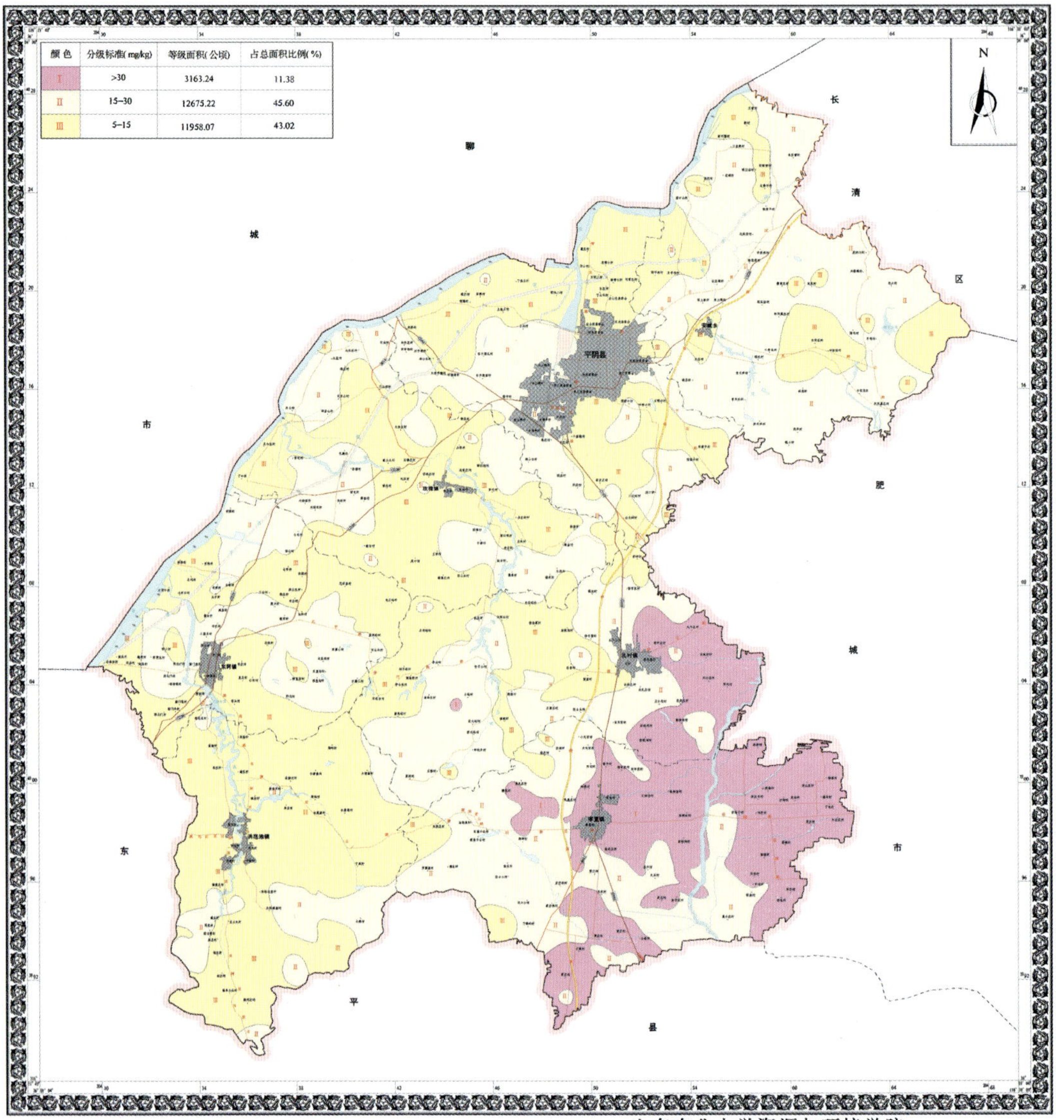

1954年北京坐标系　1956年黄河高程系　　比例尺1：300000　　山东农业大学资源与环境学院　山东天地亚太国土遥感有限公司　二〇〇九年十月

平阴县土壤有机质含量分布图

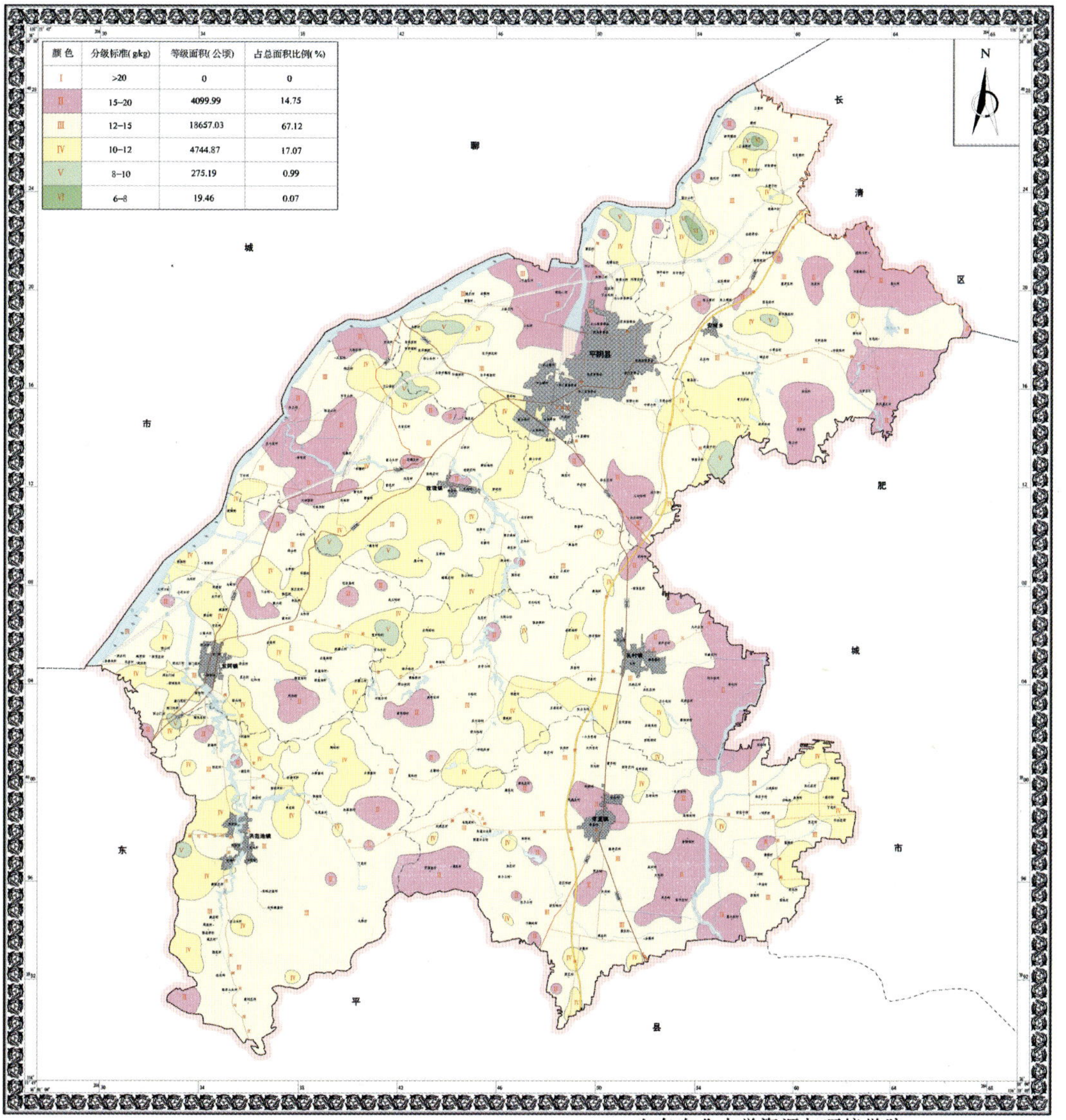

颜色	分级标准(g/kg)	等级面积(公顷)	占总面积比例(%)
Ⅰ	>20	0	0
Ⅱ	15~20	4099.99	14.75
Ⅲ	12~15	18657.03	67.12
Ⅳ	10~12	4744.87	17.07
Ⅴ	8~10	275.19	0.99
Ⅵ	6~8	19.46	0.07

1954年北京坐标系　1956年黄河高程系　　比例尺1：300000

山东农业大学资源与环境学院
山东天地亚太国土遥感有限公司　二〇〇九年十月

平阴县土壤碱解氮含量分布图

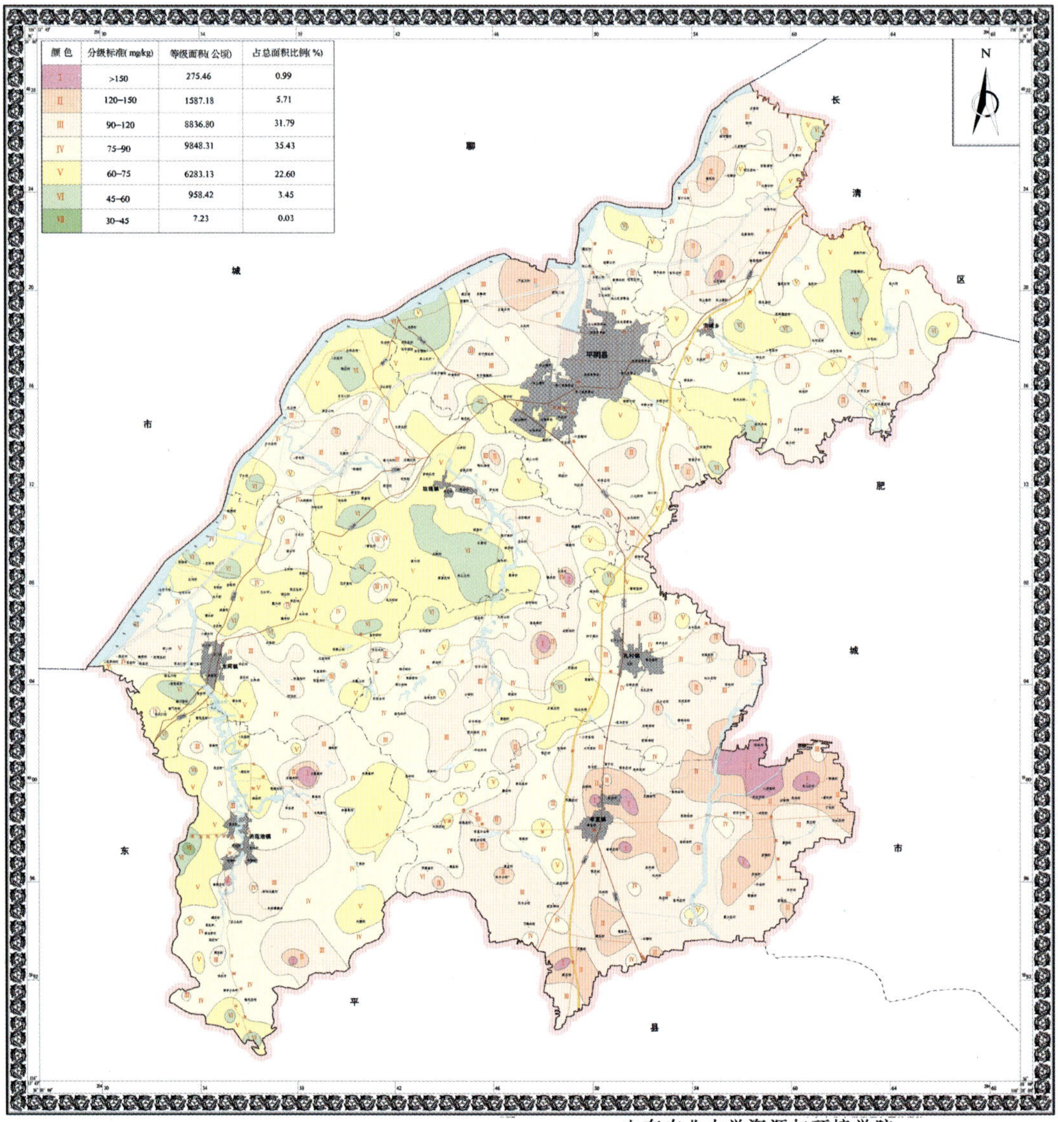

颜色	分级标准(mg/kg)	等级面积(公顷)	占总面积比例(%)
Ⅰ	>150	275.46	0.99
Ⅱ	120–150	1587.18	5.71
Ⅲ	90–120	8836.80	31.79
Ⅳ	75–90	9848.31	35.43
Ⅴ	60–75	6283.13	22.60
Ⅵ	45–60	958.42	3.45
Ⅶ	30–45	7.23	0.03

1954年北京坐标系　1956年黄河高程系　　　比例尺1：300000　　　山东农业大学资源与环境学院　山东天地亚太国土遥感有限公司　二〇〇九年十月

平阴县土壤缓效钾含量分布图

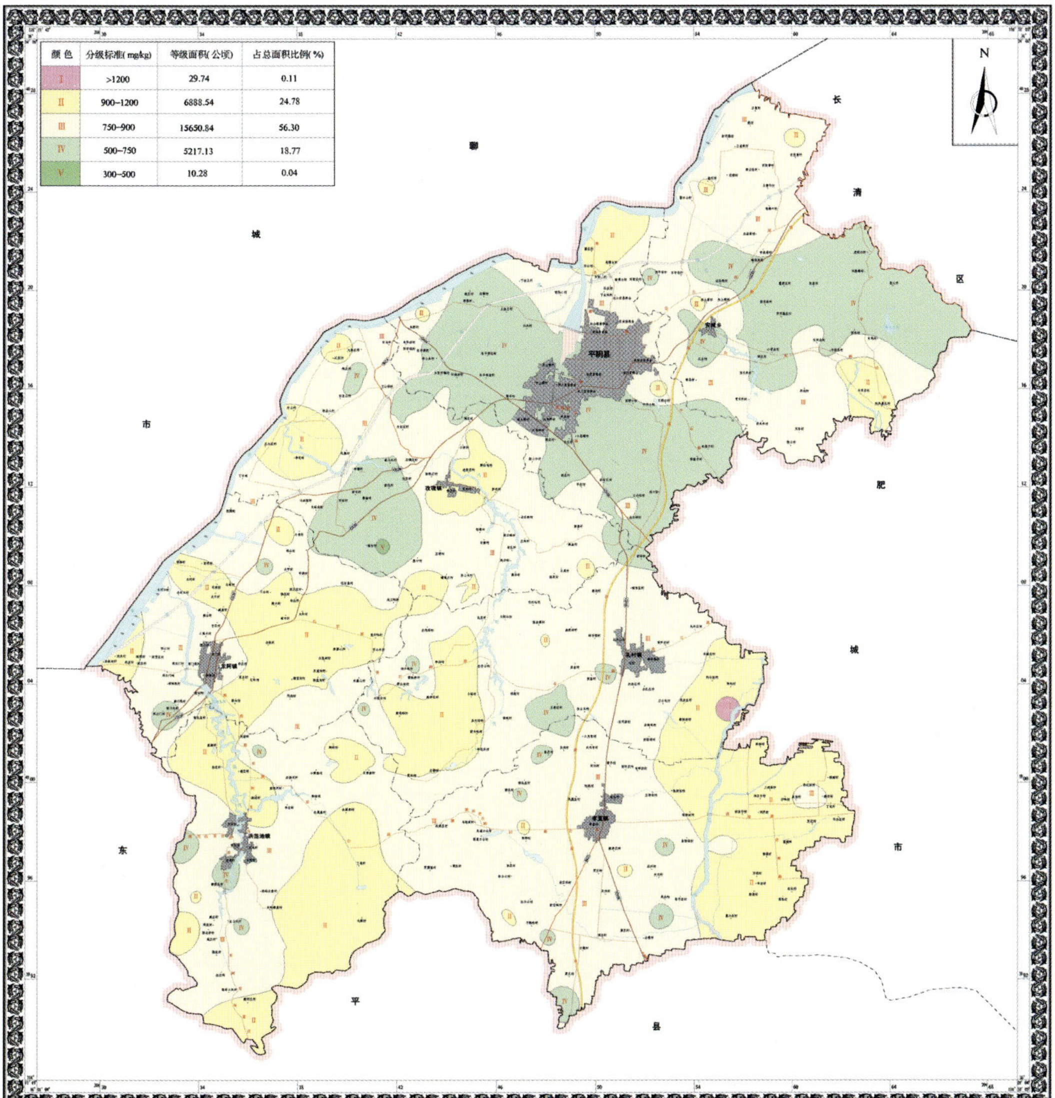

颜色	分级标准(mg/kg)	等级面积(公顷)	占总面积比例(%)
I	>1200	29.74	0.11
II	900~1200	6888.54	24.78
III	750~900	15650.84	56.30
IV	500~750	5217.13	18.77
V	300~500	10.28	0.04

1954年北京坐标系　1956年黄河高程系　　比例尺1：300000　　山东农业大学资源与环境学院
山东天地亚太国土遥感有限公司　二〇〇九年十月

平阴县土壤速效钾含量分布图

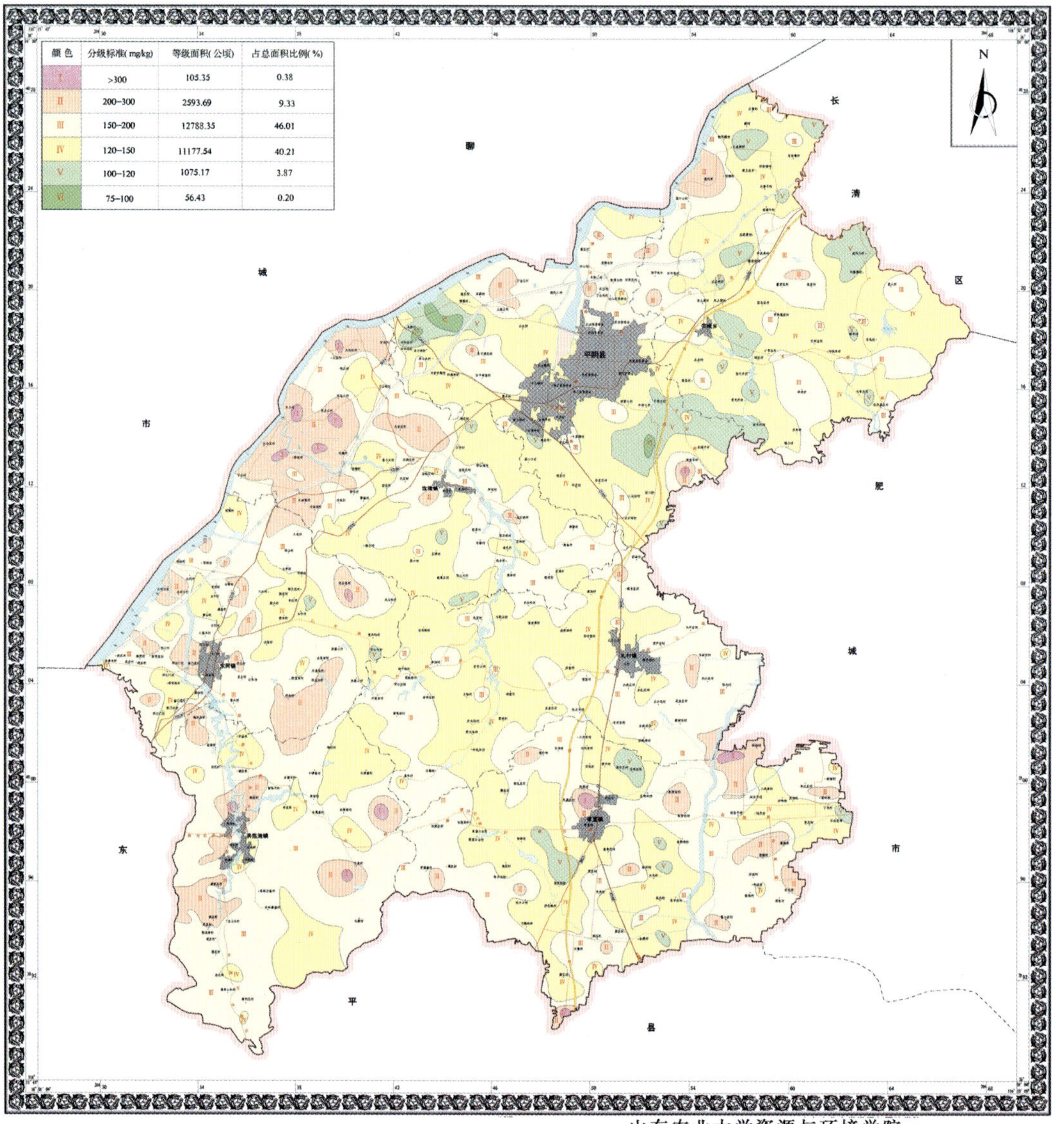

颜色	分级标准(mg/kg)	等级面积(公顷)	占总面积比例(%)
Ⅰ	>300	105.35	0.38
Ⅱ	200~300	2593.69	9.33
Ⅲ	150~200	12788.35	46.01
Ⅳ	120~150	11177.54	40.21
Ⅴ	100~120	1075.17	3.87
Ⅵ	75~100	56.43	0.20

1954年北京坐标系　1956年黄河高程系　　比例尺1：300000　　山东农业大学资源与环境学院　山东天地亚太国土遥感有限公司　二〇〇九年十月

平阴县土壤交换性钙含量分布图

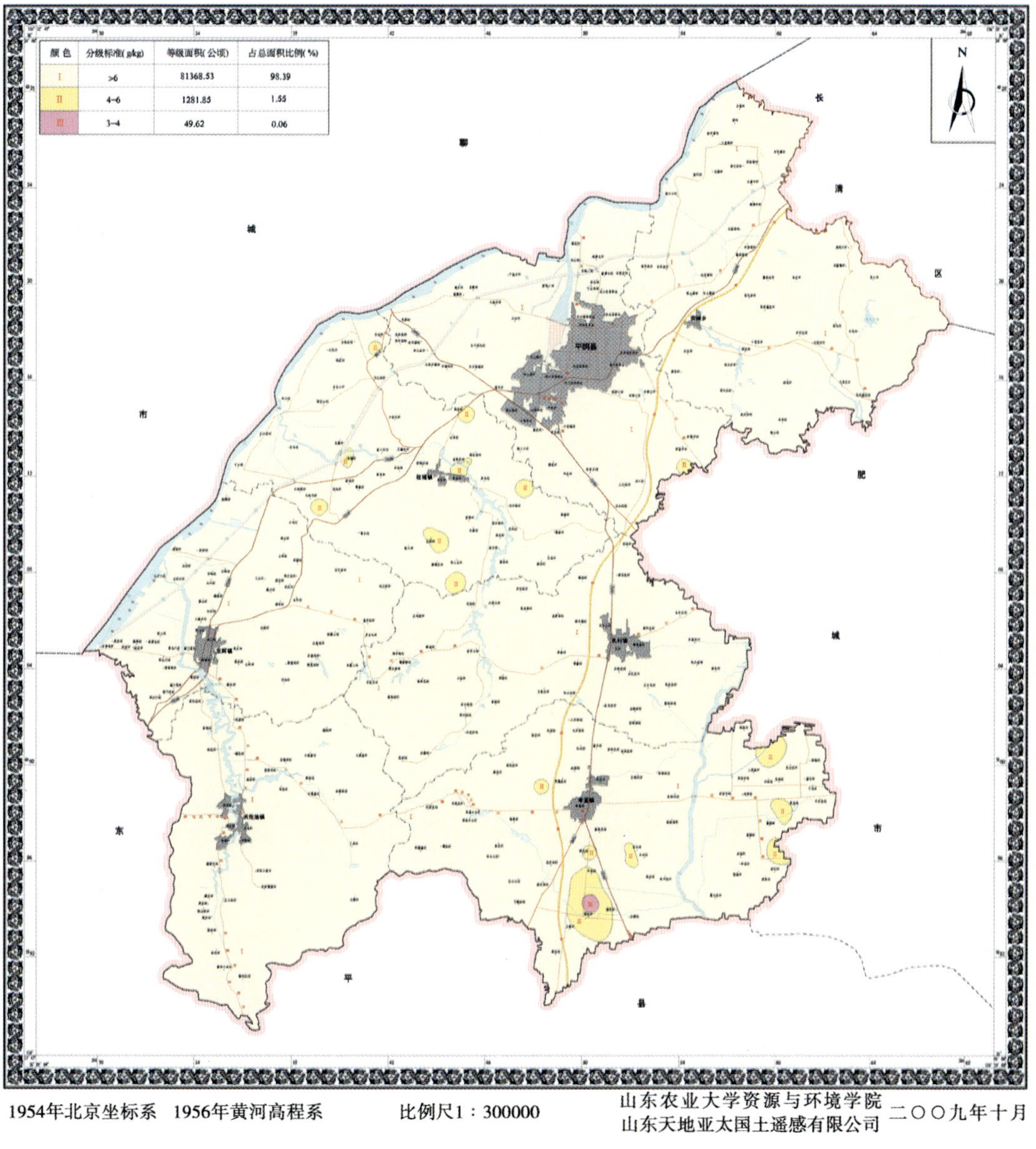

1954年北京坐标系　1956年黄河高程系　　比例尺1：300000　　山东农业大学资源与环境学院
山东天地亚太国土遥感有限公司　二〇〇九年十月

平阴县土壤交换性镁含量分布图

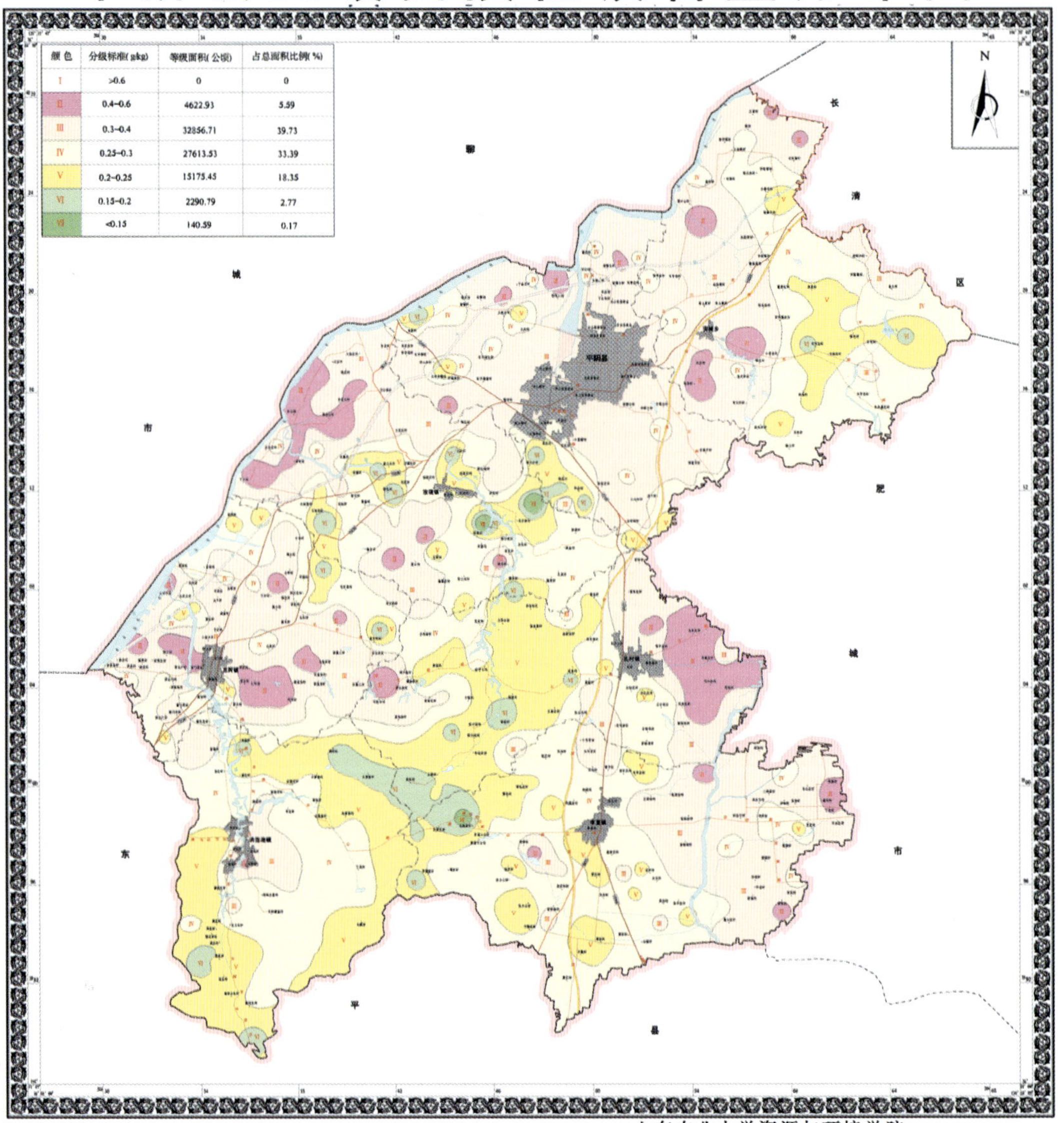

颜色	分级标准(g/kg)	等级面积(公顷)	占总面积比例(%)
Ⅰ	>0.6	0	0
Ⅱ	0.4~0.6	4622.93	5.59
Ⅲ	0.3~0.4	32856.71	39.73
Ⅳ	0.25~0.3	27613.53	33.39
Ⅴ	0.2~0.25	15175.45	18.35
Ⅵ	0.15~0.2	2290.79	2.77
Ⅶ	<0.15	140.59	0.17

1954年北京坐标系　1956年黄河高程系　　比例尺1：300000　　山东农业大学资源与环境学院　山东天地亚太国土遥感有限公司　二〇〇九年十月

平阴县土壤有效钼含量分布图

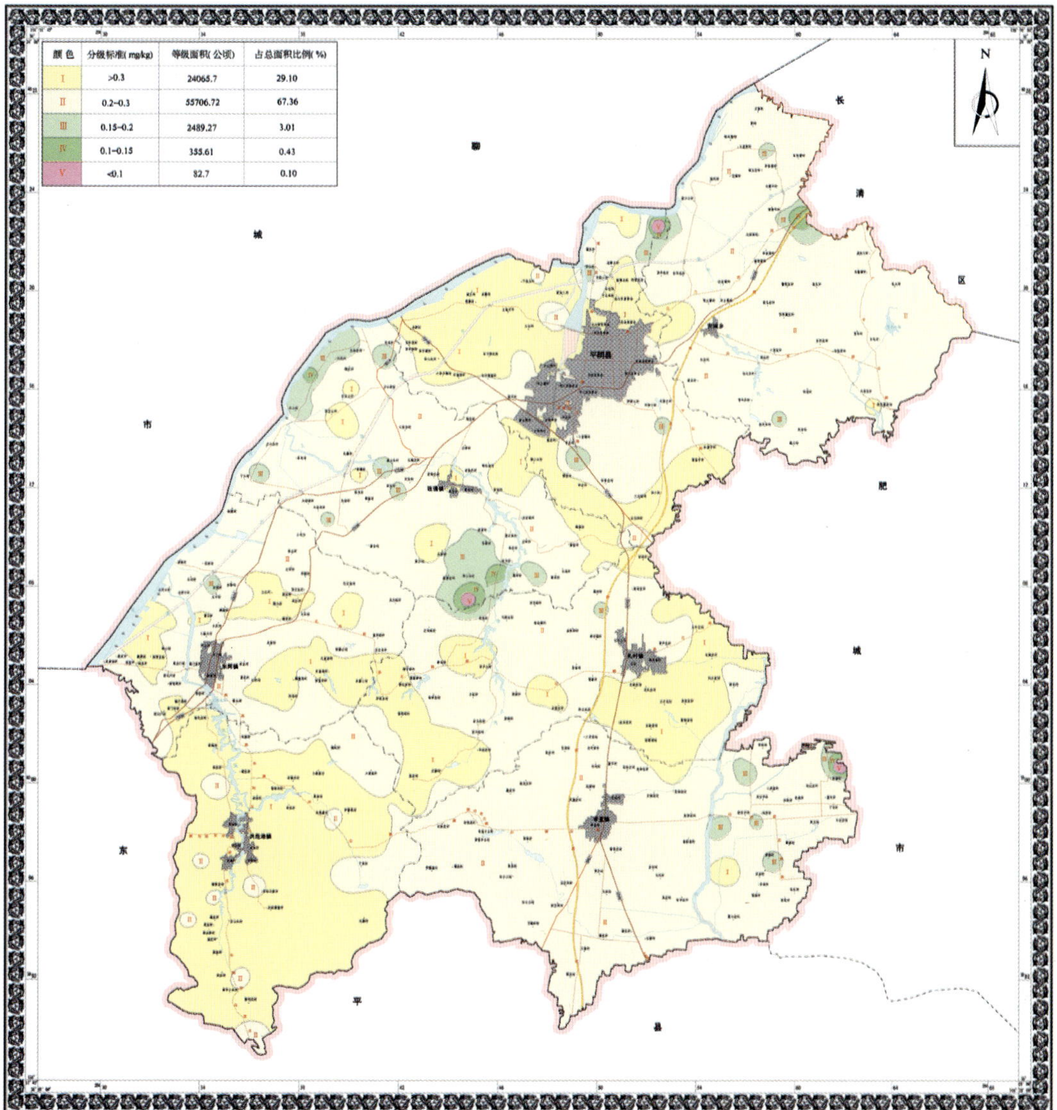

颜色	分级标准(mg/kg)	等级面积(公顷)	占总面积比例(%)
Ⅰ	>0.3	24065.7	29.10
Ⅱ	0.2~0.3	55706.72	67.36
Ⅲ	0.15~0.2	2489.27	3.01
Ⅳ	0.1~0.15	355.61	0.43
Ⅴ	<0.1	82.7	0.10

1954年北京坐标系　1956年黄河高程系　　比例尺1：300000　　山东农业大学资源与环境学院　山东天地亚太国土遥感有限公司　二〇〇九年十月

主要参考书目

[1]沈其荣．土壤肥料学．北京:高等教育出版社,2001

[2]山东省土壤肥料工作站．北京:山东土壤．中国农业出版社,1994

[3]山东省土壤肥料工作站．山东土种志．北京:农业出版社,1993

[4]山东省土壤肥料总站．山东省测土配方施肥工作暨培训会议材料,2006

[5]济南市土壤肥料工作站．济南市土壤（内部资料）,2004

[6][日]大久保隆弘．作物轮作技术与原理．北京:农业出版社，1982

[7]中国耕作制度研究会．耕作制度研究论文集．北京:农业出版社，1981

[8]平阴县农业局土肥站．平阴土壤(内部资料),1984

[9]南京土壤研究所．中国土壤系统分类(修订方案)．北京:中国农业科技出版社,1995

[10]岳玉德,李涛．青州耕地．济南:山东大学出版社,2004

[11]平阴县水务局．平阴县水利志（内部资料），2004

[12]平阴县气象局．历年气象资料(内部资料)，2004

[13]平阴县统计局．平阴县统计年鉴（内部资料），1985～2008

[14]平阴县国土资源局．土地面积年报表（内部资料),2007

[15]杨彦程．农业测土配方施肥工作实务全书．2005

[16]褚天铎等．化肥科学使用指南．北京:金盾出版社,2002

[17]张炳宁等．县域耕地资源管理信息系统数据字典(第2版)．北京:中国农业出版社,2008

[18]张绍迎,李涛,吴兵．章丘耕地．济南:山东大学出版社,2006